ANNALES DE BRETAGNE ET DES PAYS DE L'OUEST

ANJOU · MAINE · POITOU-CHARENTE · TOURAINE

2010

Tome 117

Numéro 1

PRESSES UNIVERSITAIRES DE RENNES
UNIVERSITÉ DE HAUTE-BRETAGNE – RENNES 2
CAMPUS DE LA HARPE
2, RUE DU DOYEN-DENIS-LEROY
35044 RENNES CEDEX

www.pur-editions.fr

Annie Antoine
Secrétaire de l'Association
pour la publication des *ABPO*

ISBN : 978-2-7535-1146-0 ISSN : 0399-0826

Commission paritaire : 08122

Dépôt légal : avril 2010

Sommaire

Seconde partie

L'étranger dans les ports septentrionaux et méridionaux de l'Europe atlantique : éléments de comparaison

Introduction

Essai de définition de l'extranéité au travers de l'exemple rochelais

Mathias TRANCHANT
Maître de conférences d'histoire médiévale
université de La Rochelle
Centre de Recherche en Histoire Internationale et Atlantique – EA 1163

Les *Annales de Bretagne et des Pays de l'Ouest* nous font l'honneur et l'amitié de réunir dans ce numéro spécial les résultats des travaux présentés lors du séminaire d'histoire économique et maritime organisé à l'université de Nantes le 17 octobre 2008, sous l'égide du laboratoire CRHIA[1]. Depuis 2006, un groupe d'une vingtaine de chercheurs français et étrangers se réunit chaque automne pour étudier un aspect du programme de recherches pluriannuel, animé par Mathias Tranchant, et consacré à la gestion du risque chez les populations usagères des mers du Ponant (XIIe-XVIe siècles). Après avoir abordé le problème de la sécurisation des accès portuaires[2] puis le thème de la pluriactivité[3], l'équipe d'historiens médiévistes et modernistes s'est penchée sur la question de l'extranéité selon l'intitulé suivant : « Au risque de l'étranger chez les sociétés littorales : le protéger et s'en protéger. »

Quelques explications préalables doivent entourer l'usage du terme central de ce sujet. En premier lieu, rappelons-le, le mot « étranger » renvoie à une notion complexe, alimentée par l'ensemble des sciences humaines et sociales. En substance, disons qu'elle est construite individuellement et collectivement, au travers de représentations conscientes et inconscientes,

1. Centre de Recherches en Histoire Internationale et Atlantique (EA 1163). Ce laboratoire co-habilité réunit des enseignants-chercheurs des universités de La Rochelle et de Nantes. Je remercie vivement mon collègue et ami Michel Bochaca qui a bien voulu se charger de réunir et de relire les articles présentés dans le présent volume.

2. Les travaux de ce séminaire organisé à l'université de La Rochelle les 12 et 13 octobre 2006 ont donné lieu à la publication d'un numéro de la *Revue d'Histoire Maritime* consacré au *Risque, sécurité et sécurisation maritimes depuis le Moyen Âge* (n° 9, 2008).

3. Séminaire organisé à l'université de La Rochelle le 12 octobre 2007 et dont la publication des études est en cours.

qui d'une part tendent à séparer le dedans du dehors selon des frontières psychologiques, physiques, ethniques, géographiques, politiques, juridiques, sociales, religieuses et culturelles, et d'autre part visent à qualifier et désigner à la fois l'Autre et l'Inconnu. Elle développe pour cela des référents et des normes dont l'objet est de distinguer l'indigène de l'exogène, le semblable du dissemblable, l'homogène de l'hétérogène, comme de circonscrire l'étrange, l'inhabituel, l'incompréhensible. Instrumentalisée par des intérêts politiques, religieux, économiques ou sociaux, elle devient simplificatrice voire caricaturale, réduisant les individus externes à une typologie de différences. Dans cette perspective, elle peut alors servir à reporter sur l'ailleurs l'origine de peurs, de périls et de crises, comme à définir, consolider et louer la singularité de l'individu ou du groupe qui la produit. En somme, elle couve intrinsèquement la crainte d'un danger réel ou supposé dont seraient porteurs les allochtones. La notion d'étrangeté s'apparente donc fortement à la problématique du risque. Elle contient habituellement l'appréhension d'une menace potentielle (l'aléa) qu'un individu ou un groupe (la vulnérabilité) projette sur l'étranger ; elle induit en conséquence la nécessité de réagir et de trouver des solutions : se distancier de l'étranger, s'en protéger, le contrôler, l'intégrer, le combattre, etc.

La sémantique du verbe « estrangier » rassemblait d'ailleurs, selon Frédéric Godefroy, les actions d'écarter, d'éloigner, de repousser, d'empêcher et d'aliéner. La notion d'extranéité fut dotée au cours du Moyen Âge de nombreuses nuances contenues non seulement dans les langues mais aussi dans les usages et les normes. L'identité d'un voyageur, et donc son degré d'étrangeté, était déterminée selon sa famille, son origine (son *origo*, sa *patria*), son lieu de domiciliation, son appartenance à une communauté et à une autorité publique, sa religion, sa culture (langue, tenue vestimentaire) et son activité professionnelle. Aussi, il existait une multitude de silhouettes étrangères, du pèlerin ou de l'ouvrier venu temporairement chercher du travail à l'universitaire ou au marchand, en passant par l'exilé, le missionnaire, le soldat, l'agent administratif, etc. Le champ lexical, qui est marqué par un abandon du terme *peregrinus* au profit des termes *extraneus* et *alienus* pour les désigner, demeure ambigu[4]. Cela signifierait-il que l'étranger n'était plus d'abord le voyageur, l'individu de passage, mais devenait davantage l'Autre, celui qui provenait de l'extérieur ? D'un point de vue politique et juridique, la définition de l'extranéité fut évolutive et plurielle, parfois confuse, au point qu'il est impossible de lui donner une véritable unité. L'étranger pouvait être qualifié d'hôte, d'aubain, d'épave ou de forain, sans que ces termes ne soient sémantiquement tout à fait distincts. Il semble qu'il faille trouver l'origine du régime juridique de l'étranger dans le droit romain, qui fut ensuite progressivement pénétré par le droit coutumier, de sorte que la territorialité l'emporta bientôt sur la personnalité. Ainsi, l'étranger fut d'abord celui qui ne relevait pas de l'autorité directe du roi

4. Le Jan, Régine, « Remarques sur l'étranger au Haut Moyen Âge », *L'Image de l'autre dans l'Europe du Nord-Ouest*, Villeneuve-d'Ascq, 1996, p. 23-32.

franc ; puis, suite au démantèlement de la monarchie carolingienne, il reçut le statut d'aubain, celui qui n'était pas soumis au pouvoir de ban exercé dans le cadre de la seigneurie ; enfin, au cours des XIVe et XVe siècles, selon un processus de glissement qui tendit à privilégier le domicile de l'individu au détriment de son origine, il devint le non-régnicole, celui qui n'habitait pas le royaume[5]. En réalité, cette territorialisation de la condition juridique de l'étranger toucha dès le XIIe siècle toute l'échelle des communautés d'individus, qu'il s'agisse d'un village, d'une ville, d'une seigneurie, d'une principauté ou d'un royaume. Un paysan limousin se déplaçant à La Rochelle y était à la fois français et étranger à la commune. Il exista donc une sorte d'emboîtement des statuts d'étranger selon que l'on considérait comme référence la dimension locale, seigneuriale ou royale. Ces transformations paraissent d'ailleurs avoir concerné toute l'Europe occidentale. Au demeurant, cette inclination des pouvoirs laïques se trouvait en contradiction avec la doctrine canonique médiévale. Cette dernière préconisa en effet, à la fin du XIIe siècle, que l'étranger de passage, et en particulier le pèlerin, soit exempté de la loi du territoire[6].

À La Rochelle, les étrangers et leurs biens relevaient de plusieurs autorités : du roi bien entendu par l'intermédiaire du gouverneur et de son prévôt, de l'échevinage ensuite autant que ses statuts le lui permettaient, de structures propres à certaines communautés étrangères représentées toute l'année dans la ville et qui en avaient reçu le privilège. Ensemble, elles étaient chargées de déterminer selon leurs compétences et de faire appliquer un vaste éventail de droits et de devoirs qui touchaient aussi bien l'accès, la circulation et la résidence des personnes, des navires et des marchandises, l'achat et la vente des denrées, l'usage de la monnaie, le régime fiscal, la capacité d'ester et de tester, l'exercice des droits de réunion et du culte, la propriété des biens naufragés ou aubains.

Les étrangers ne sont que rarement désignés comme tels dans la documentation rochelaise. C'est qu'ils se définissaient par défaut, comme non ressortissants d'un groupe d'individus dont les contours et les prérogatives étaient, eux, clairement établis. Par ailleurs, il va de soi que les représentations de l'extranéité varient selon les sociétés et l'échelle politique envisagée. Considérant la population de son royaume, un souverain concevait nécessairement l'alloch-

5. Voir : GANSHOF, François-Louis, « L'étranger dans la monarchie franque », *L'Étranger. Recueil de la Société Jean Bodin*, t. X, 2e partie, 1958, p. 5-36 ; BOUTEL-SAUTEL, Marguerite, « L'aubain dans la France coutumière du Moyen Âge », *L'Étranger..., op. cit.*, p. 65-100 ; *Dictionnaire du Moyen Âge,* articles « aubain » et « étranger », Paris, 2002 ; CONTAMINE, Philippe, « Qu'est-ce qu'un « étranger » pour un Français de la fin du Moyen Âge ? Contribution à l'histoire de l'identité française », *Peuples du Moyen Âge. Problèmes d'identification*, Aix-en-Provence, 1996, p. 27-43. ALTEROCHE, Bernard d', *De l'étranger à la seigneurie à l'étranger au royaume, XIe-XVe siècles*, Paris, 2002. Citons également la récente thèse de Laurence MOAL : *L'étranger en Bretagne aux XIVe et XVe siècles. Présence, attitudes, perceptions*, thèse de doctorat sous. la dir. de Jean Kerhervé, Université de Bretagne Occidentale, Brest, 2007, 3 vol.

6. ONCLIN, W., « Le statut des étrangers dans la doctrine canonique médiévale », *L'Étranger..., op. cit.*, p. 37-64.

tone à un autre degré qu'un châtelain, un maire ou le prud'homme d'un village. Étudier l'étranger dans une ville, c'est donc en premier lieu devoir reconstituer les différentes formes et degrés d'étrangeté qui s'y manifestaient.

Malgré la prééminence des conceptions juridiques dans la documentation, on ne saurait réduire la notion d'étranger à cette seule dimension. Échanges et migrations se trouvant au cœur des principes de fondation et de développement de La Rochelle, l'ethnicité, c'est-à-dire la différenciation sociale, politique et culturelle des individus, ne paraît pas avoir joué ici de rôle prépondérant. Ainsi les Bretons, présents en masse depuis le XIIIe siècle, furent de loin les étrangers les plus nombreux qu'ait accueillis la ville durant la fin du Moyen Âge. Or, ils n'y constituèrent jamais de véritable communauté identifiée, avec son quartier, son organisation, ses usages et ses droits. Au contraire, ils s'y intégrèrent avec une remarquable facilité, à tous les niveaux de l'échelle sociale. Seule la communauté juive connut, comme partout dans le Royaume, les affres de l'isolement et du rejet. Pourchassés puis expulsés du Centre-Ouest à partir de 1236, les Juifs n'y vivaient plus qu'en petit nombre après le XIIIe siècle. À La Rochelle, selon ses privilèges, l'échevinage était en droit de leur interdire d'y habiter. En 1317, ils furent accusés avec les lépreux d'avoir empoisonné les puits de la ville. Arrêtés puis jugés, beaucoup d'entre eux furent reconnus coupables et punis. Et pourtant, en 1467, on faisait toujours paver la rue de la *Juiverie*[7]. Certes, l'autorité anglaise suscita aussi un profond rejet de la part de la municipalité, en particulier durant « l'occupation » de 1360-1372. Mais la réaction de l'échevinage s'explique par son attachement indéfectible à la couronne française dont, selon un privilège continuellement réaffirmé depuis 1224, La Rochelle ne pouvait être séparée. La commune ne supporta pas plus le détachement temporaire de la ville au profit de Charles de France, duc de Guyenne, entre 1469 et 1472, ou la cession de plusieurs revenus attachés au gouvernement de La Rochelle pour l'entretien des reines douairières, Marie d'Anjou et Anne de Bretagne. En réalité, si leur couronne était ennemie aux yeux des Rochelais, les Anglais restaient en revanche des partenaires recherchés et, à ce titre, ils étaient autant que possible protégés. En dehors de rixes et de déprédations qui relevaient davantage de malfaiteurs et de conflits sporadiques, la documentation ne fait pas état d'une inimitié rochelaise caractérisée à leur égard. Le degré d'étrangeté était par contre intensifié lorsqu'à des critères politiques et culturels s'ajoutaient des considérations économiques. Aussi, les Bordelais, attachés à la couronne anglaise et concurrents sur le marché du vin, paraissent avoir été particulièrement rejetés par les Rochelais. Quant aux Portugais, alliés de l'Angleterre et sans liens commerciaux avec l'Aunis, ils furent longtemps ignorés. On peut sans doute considérer que, au contraire des villes continentales, le communautarisme économique l'emportait ici sur le communautarisme ethnique[8].

---

7. Médiathèque de La Rochelle, ms 45-46, p. 175, 599, 623.

8. TRANCHANT, Mathias, *Le Commerce maritime de La Rochelle à la fin du Moyen Âge*, Rennes, 2003, 3e partie.

Aux derniers siècles médiévaux, à l'intérieur d'une ville, l'étranger n'était pas seulement le ressortissant d'une couronne étrangère, à plus forte raison d'une puissance ennemie, il était plus largement celui qui n'appartenait pas juridiquement à la communauté d'habitants. Chez les sociétés rurales, relativement closes, tout individu provenant d'au-delà des limites de la franchise était étranger. Il pouvait être considéré en intrus, et donc source potentielle de danger, ou en membre en devenir de la collectivité, comme il est observé dans le comté de Forez[9]. Dans le monde plus ouvert des villes, la situation n'était pas sensiblement différente. À La Rochelle comme chez toutes les communautés ayant reçu à partir du XIIe siècle des franchises, les capacités juridiques et libertés accordées identifiaient et soudaient positivement les bénéficiaires, tandis qu'elles distinguaient, en négatif, les populations qui en étaient démunies. L'extranéité frappait donc le non-bourgeois, celui qui n'avait pas intégré le corps des co-jurés et qui, de ce fait, ne pouvait prétendre aux privilèges, exemptions et règles de ce groupe. Étaient ainsi repoussés au nombre des étrangers, avec des nuances selon la proximité de leur origine géographique, politique et juridictionnelle, tous les individus vivant au-delà des fortifications urbaines. Conformément au droit médiéval, les personnes résidant et exerçant une activité temporaire dans l'enceinte, mais dont le domicile principal était ailleurs, ne pouvaient pas davantage être considérées comme rochelaises. En revanche, il faudrait inclure par extension de la qualité de bourgeois certains « manans et habitants de la ville », c'est-à-dire les membres de la parentèle, les familiers, les domestiques et les apprentis des co-jurés. Enfin, bien qu'exclus du droit commun s'appliquant aux bourgeois, tous les étrangers n'étaient pas soumis à La Rochelle aux mêmes conditions juridiques. Des critères d'appartenance politique, économique et sociale restreignaient ou ouvraient l'accès à certains droits, facilités et immunités.

Selon les termes mêmes de l'article 30 des « établissements » de Rouen-La Rochelle, « nul ne doit demeurer au-delà d'an et jour à l'intérieur de la cité s'il n'est juré de la commune; pendant ce séjour et avant d'avoir juré, il ne pourra jouir de quelque liberté de la cité que ce soit et il ne doit être reçu dans la commune et la jurer, si ce n'est par-devant le maire et les échevins siégeant en échevinage. Mais après avoir juré, il aura les libertés de la cité ». Cette disposition était complétée par la teneur de l'article 20 qui stipulait que « si quelqu'un se dit notre juré, et que nous n'en soyons pas certain, il devra prouver ce qu'il dit par témoignage de deux jurés[10] ». La forme élémentaire de l'étrangeté se définissait donc juridiquement par la non-appartenance à la commune. L'accès à la bourgeoisie était initialement conditionné par le seul critère de domiciliation, sensé garantir en même

9. EXCOFFON, Sylvain, « L'étranger et les communautés d'habitants en Forez à la fin du Moyen Âge », *Le barbare, l'étranger : images de l'autre*, Actes du colloque du CERHI (Saint-Etienne, 14 et 15 mai 2004), Saint-Etienne, 2005, p. 177-183.

10. « Chartes de libertés et de communes de l'Angoumois, du Poitou et de la Saintonge (fin XIIe-début XIIIe siècle), éd. Georges Pon et Yves Chauvin, *Bonnes villes du Poitou et des pays charentais (XIIe-XVIIIe siècles)*, Poitiers, 2002, p. 107-125.

temps l'honorabilité de l'impétrant, ses capacités matérielles et sa disponibilité nécessaires au devoir de garde de la ville. Réunissant ces qualités, il ne pouvait être reçu que sur proposition d'un membre du corps de ville, sur demande faite auprès du premier magistrat, et moyennant le paiement d'un droit d'entrée[11]. Selon le livre de la mairie de 1356 et de nouvelles dispositions prises par Charles VII en 1422, il lui fallait enfin prêter serment, sur les Saintes Évangiles, au roi par l'intermédiaire de son représentant, puis au maire et à l'échevinage, de se conformer à des règles élémentaires : rester fidèle au souverain, à son fils et à la commune, garder la ville et ses privilèges, obéir au maire et au collège des cent pairs, ne se livrer à aucune fraude sur les marchandises, dénoncer toute trahison dont il aurait connaissance[12]. L'institution communale fut attentive au strict respect de ces règles d'accession qu'elle dut plusieurs fois préciser. L'obligation de se fixer à demeure dans la ville fut notamment rappelée par les décisions échevinales de 1377, 1399 et 1401[13]. En 1399, un « paigner » de Toulouse se vit refuser l'accès à la bourgeoisie au motif qu'il n'avait pas respecté les délais de résidence[14]. Depuis cette même année, l'entrée en bourgeoisie échappait au seul assentiment du roi et du maire, mais nécessitait l'accord préalable du collège des cent pairs, afin d'assurer que le postulant était bien « digne et suffizant pour porter les charges de ladicte ville[15] ». En cas de doute, et en particulier lorsque le prétendant n'était pas natif du royaume de France, on pouvait lui demander des garanties quant à sa loyauté à l'égard de la couronne et de la commune. C'est ainsi qu'en 1347 l'échevinage ordonna à Mondor Le Cordier, bourgeois demeurant dans le quartier du Pérot, de se porter garant pour Ordische de Dordincho, originaire de Saint-Sébastien (Espagne). Ce dernier reconnut à cette occasion « qu'il seroyt doresnavant amy et subiect du Roy nostre sire et que pour tel il se tiendroist a iamays en la ville et qu'il se contiendroyt comme bonne personne[16] ». Afin qu'il puisse produire la preuve de son appartenance à la commune, tout nouveau juré recevait sa lettre de bourgeoisie et son nom était également inscrit dans un registre spécialement dédié à cet effet, établi chronologiquement par année de mairie[17]. Notons pour finir sur ce point qu'en 1422, Charles VII assouplit quelque peu la règle de domiciliation préalable d'un an et un jour. À la discrétion du maire et du collège des pairs, les « estrangiers venus demeurer en ladite ville pour vendre denrées en détail » pouvaient en être exonérés[18]. En ces temps d'insécurité chronique, la municipalité porta les plus grandes attentions au respect du devoir de surveillance et de défense des remparts

11. BnF, NAF 7285, f° 67-71.
12. BnF, ms fr. 16908, f° 253-254; NAF 7285, f° 1 v°, 68 r° et v°, 186 v°-187.
13. Médiathèque de La Rochelle, ms 45-46, p. 369, 428 et 435.
14. *Ibidem*, p. 426.
15. *Ibid.*, p. 428.
16. *Ibid.*, p. 293.
17. BARBOT, Amos, *Histoire de La Rochelle*, éd. Denys d'Aussy, Paris/Saintes, 1886, p. 129. BnF, ms fr. 16906, f° 120 ms fr 18970, f° 53 v°.
18. BARBOT, Amos, *Histoire de La Rochelle*, *op. cit.*, p. 285. BnF, NAF 7285, f° 186 v°.

auquel sa population était tenue, de jour et de nuit ; tant et si bien que ce sujet devint un critère déterminant « d'embourgeoisement ». C'est ce qu'il ressort d'une décision de 1377 selon laquelle les habitants de La Rochelle qui acquittaient le devoir de guet et de garde sans appartenir à la commune pouvaient prétendre devenir jurés, pourvu qu'ils payassent la redevance idoine[19]. Cette dernière donna lieu également à quelques précisions. En 1335, il fut arrêté que tout nouveau bourgeois devait payer un droit d'entrée, dont le montant était fixé par le conseil de ville selon les revenus de chacun[20]. Il varia longtemps entre un et trois écus, certains en étant même dispensés ; jusqu'à ce qu'en 1457 on statua que le serment était conditionné au paiement de trois écus pour ceux « de qualité basse, mecanique ou d'aulcung mestier », six écus pour ceux de condition moyenne, un montant supérieur pour les « puissans et de grande faculté » selon la volonté du corps de ville[21]. Seuls les fils d'échevins en étaient exonérés. Il est aussi à noter que l'origine des bourgeois avait encore au XIVe siècle, dans l'esprit des juristes du roi, un effet discriminant. L'administration semble avoir longtemps distingué les jurés natifs de La Rochelle et ceux nés hors du royaume. C'est ce qu'il ressort de lettres de bourgeoisie délivrées en 1322 par Philippe V à Ottobon de Barga. Italien de naissance, ce dernier obtint ainsi l'assurance d'être considéré « comme si lui et ses ancêtres eussent tiré leur origine de La Rochelle, afin qu'il jouisse de tout privilège, liberté dont jouissent les bourgeois originaires de La Rochelle[22] ». En réalité, cette naturalisation élaborée par le pouvoir central ne faisait que confirmer une situation déjà existante, puisque l'homme fut élu maire de la ville à deux reprises, en 1318 et 1322[23]. Ce cas singulier indique combien la conception de l'étrangeté, même d'un point de vue juridique, variait selon le niveau d'observation et de pratique politique. Ajoutons enfin que la bourgeoisie ne paraît pas avoir été uniquement ouverte aux hommes. C'est ce qu'indique une disposition de 1399. C'est ce que confirmerait l'obligation faite aux veuves de bourgeois d'assumer leur devoir de guet et de garde[24]. De surcroît, les jurés représentaient ceux dont ils avaient la tutelle ou dont ils étaient garants, c'est-à-dire les membres de leur famille, leurs domestiques, valets et apprentis, et de ce fait rattachaient leur entourage familier à leur condition bourgeoise[25].

Si habiter dans les murs de La Rochelle était un préalable nécessaire à l'appartenance au corps communal, il n'était pas suffisant. Ainsi, à la

19. Médiathèque de La Rochelle, ms 45-46, p. 370.
20. *Ibidem*, p. 267.
21. BnF, ms fr 16908, f° 255 v° ; NAF 7285, f° 68 v°-69 v°.
22. BOIZET, Jacques, *Les lettres de naturalité sous l'Ancien Régime*, Paris, 1943, PJ n° 2, p. 166. Cité par ALTEROCHE, Bernard d', *De l'étranger à la seigneurie…*, *op. cit.*, p. 71.
23. BARBOT, Amos, *Histoire de La Rochelle*, *op. cit.*, p. 130 n. 2. Peut-être souhaitait-il être assuré, par cette reconnaissance royale, de sa capacité à tester et de son exemption de droit d'aubaine.
24. Médiathèque de La Rochelle, ms 45-46, p. 267, 428.
25. Voir en particulier : BnF, ms fr. 18970, f° 53 r° et v°.

fin du XIVe siècle, de nouvelles dispositions du corps de ville exclurent les membres du clergé. En 1399, sous la mairie de Jean Cheillon, puis en 1401, il fut décidé que dorénavant plus aucun prêtre ni religieux ne serait fait bourgeois[26]. Les nobles eux-mêmes, en dehors de la noblesse rochelaise de cloche, paraissent avoir été progressivement rejetés de la représentation urbaine[27]. Les juifs, plusieurs fois chassés de la région durant le XIIIe siècle, restaient à la merci de l'échevinage qui à tout moment pouvait sur ordre les faire évacuer hors de l'enceinte[28]. En revanche, chaque habitant, en dehors des mendiants et des lépreux, était tenu de participer à la défense de la ville. En 1368 et 1461, c'est ce que rappelèrent les administrateurs municipaux aux officiers du roi résidants mais non bourgeois – statut qu'il leur fut permis obtenir à partir de 1423[29]. Au total, si l'on considère comme premier degré d'extranéité juridique l'exclusion du groupe des co-jurés, les étrangers étaient très nombreux dans la ville.

En dépit des restrictions d'accès au statut de bourgeois, la juridiction de la ville dépassait de beaucoup le cadre strict de ses co-jurés, débordant même de l'enceinte pour couvrir une large partie de l'Aunis. D'un point de vue purement territorial, elle fut progressivement étendue pour former durant le XIVe siècle une banlieue. Ce processus, sous-jacent dans l'article 34 des établissements de Rouen-La Rochelle, débuta en 1229, lorsqu'il s'agit de distinguer les vins rochelais des vins étrangers. Puis, une succession de décisions et de contestations survenues en 1278, 1323, 1337, 1339 et 1343 imposa progressivement l'idée que certaines compétences de La Rochelle couvraient ses faubourgs et sa proche campagne. En 1347, cette réalité fut entérinée par Philippe VI qui définit l'étendue de son ressort selon un rayon de trois lieues autour de la ville[30]. Le 8 janvier 1373, par lettres royaux de Charles V, les contours de cette banlieue furent précisément et définitivement énoncés[31]. L'adjonction de ce territoire répondait vraisemblablement, dans l'esprit de la couronne, à la volonté d'améliorer la défense de cette zone stratégique et sensible du royaume. La commune se vit ainsi confier des prérogatives militaires importantes. À partir de 1347, il lui fut permis de lever une taxe de huit sous par tonneau de vin produit dans la banlieue, afin de financer les fortifications de la ville. Cette décision fit date puisque, jusqu'à la fin du XVe siècle, une dizaine de nouveaux droits établis sur la banlieue furent attribués dans ce but à la municipalité, malgré les résistances des paroisses concernées[32]. Par ailleurs, ce territoire fut reconnu en 1463 et

26. Médiathèque de La Rochelle, ms 45-46, p. 435.

27. TRANCHANT, Mathias, *Le Commerce maritime…*, *op. cit.*, p. 186-187.

28. Médiathèque de La Rochelle, ms 45-46, p. 599.

29. BARBOT, Amos, *Histoire de La Rochelle*, *op. cit.*, p. 283. Médiathèque de La Rochelle, ms 50, p 343, 597.

30. BnF, NAF 7285, f° 63-65 v°.

31. TRANCHANT, Mathias, « La constitution de la banlieue rochelaise à la fin du Moyen Âge », *Histoire urbaine*, n° 8, 2003, p. 26-27.

32. Médiathèque de La Rochelle, ms 45-46, p. 346. TRANCHANT, Mathias, « La constitution de la banlieue rochelaise… », art. cit., p. 36-39.

1491 comme juridiction fiscale de la commune pour les aides, équivalents et subsides levés pour la fortifier et la défendre[33]. Dans le même temps, les habitants du territoire suburbain furent placés sous le commandement du maire qui était déjà capitaine de La Rochelle. Le 8 janvier 1373, Charles V ordonna qu'ils soient contraints d'effectuer leur devoir de guet dans la ville, ce que rappela la municipalité trois ans plus tard. En 1412, Charles VI renouvela pour trente ans cette disposition qui fut encore prorogée puisqu'en 1457, pour faire face à la menace anglaise, l'échevinage fit faire les montres des paroissiens de la banlieue et indiqua à chacun la place qu'il devait désormais tenir dans le dispositif de défense[34]. En 1467, Charles, duc de Guyenne, reconduisait le droit communal de « contraindre ceulx de la banlieue à la garde de la ville[35] ». Ainsi, tous – nobles, bourgeois, agents du roi ou simples paroissiens alentour – étaient tenus de faire, à tour de rôle, la garde de La Rochelle[36]. L'extension de la juridiction militaire de la ville, doublée de prérogatives fiscales, repoussait donc les limites de l'extranéité non plus à l'enceinte mais aux frontières de la banlieue. La participation commune de l'ensemble des habitants de cette circonscription à l'effort de défense les soudait avec force. Certes, la municipalité n'y avait pas toute autorité, mais son influence, renforcée par les liens économiques et sociaux qui unissaient les populations voisines aux viticulteurs et marchands rochelais, lui permettait d'initier de nouvelles règlementations, en matière agricole en particulier[37]. Sous sa forme juridique, la non-appartenance à la banlieue constituait le second degré d'étrangeté pour un Rochelais.

Au-delà de ce périmètre, on entrait dans la juridiction propre du roi, dont l'étendue réelle fluctua selon les évènements politiques des XIVe et XVe siècles. À cette échelle, les étrangers ne provenaient pas nécessairement de l'extérieur du royaume, mais appartenaient à une puissance politique insoumise à la couronne. Ce qui les différenciait des habitants de La Rochelle ou de sa banlieue, c'est qu'ils n'étaient pas directement sujets du roi. Tant que leurs principautés restèrent indépendantes de la souveraineté française, les ressortissants de Flandre, de Bretagne ou de Guyenne étaient alors, selon plusieurs considérations juridiques, des étrangers au même titre que les Castillans ou les Hanséates. Cela est particulièrement manifeste dans le domaine économique. Sans être véritablement étrangère au royaume, la Flandre ne resta longtemps attachée à la couronne française qu'en tant que fief mouvant, ce qui lui réserva une place à part dans la législation commerciale et fiscale française. Au contraire des régnicoles naturellement placés sous la protection du roi, les Flamands ne bénéfi-

33. Médiathèque de La Rochelle, ms 45-46, p. 606-607, 715.

34. Barbot, Amos, *Histoire de La Rochelle op. cit.*, p. 209. Médiathèque de La Rochelle, ms 45-46, p. 366-367, 463, 560.

35. Barbot, Amos, *Histoire de La Rochelle*, *op. cit.*, p. 389.

36. Tranchant, Mathias, « La constitution de la banlieue rochelaise... », art. cit., p. 35-36. Médiathèque de La Rochelle, ms 50, p. 597, 697.

37. Tranchant, Mathias, *Le Commerce maritime...*, *op. cit.*, p. 95 ; « La constitution de la banlieue rochelaise... », p. 28-34.

ciaient de sa sauvegarde générale et de la liberté de négoce qu'au moyen de privilèges spécifiques, comme n'importe quels ressortissants étrangers. Cette assistance fut pour la première fois accordée en 1206 par Jean sans Terre aux six villes de Flandre qu'étaient Saint-Omer, Arras, Gand, Ypres, Bruges et Lille, afin que leurs bourgeois puissent venir commercer librement à La Rochelle. Durant la période anglaise de 1360-1372, Edouard III la renouvela, puis après lui Charles V en août 1373 et Charles VII le 10 août 1441[38]. D'un point de vue fiscal, les Flamands paraissent avoir également été soumis, parfois du moins, au même régime que celui appliqué aux marchands forains. Dans un de ses deux rapports rédigés vers 1330, le commissaire général François Jacques, constatant l'importance des fraudes pratiquées à l'encontre du droit de *rêve*, proposa pour y remédier que des espions soient missionnés à Anvers, à Londres et à Bruges. Ils devaient être chargés de vérifier si les propriétaires des fûts poitevins, aunisiens et saintongeais déchargés dans ces villes avaient bien acquitté au départ de La Rochelle ou d'un des ports voisins les dix sous par tonneau perçus théoriquement sur les vins conduits hors du royaume. La Flandre aurait donc été soumise, à l'instar de l'Angleterre, à la taxe sur les exportations. Appelée Traite des vins après que la royauté, ayant abandonné le droit de rêve en 1332-1333, eût réussi à en faire accepter le principe, nous ne savons pas si cette aide continua de frapper les acheminements flamands. Dans le principe, cela paraît vraisemblable. En effet, le 30 juillet 1456, réaffirmant les principes de la Traite, Charles VII prit le soin d'en dédouaner la Flandre, la Normandie, la Bretagne et la Picardie. Cette décision, renouvelée en 1461 et 1484 par les deux souverains suivants, témoigne du hiatus qui exista jusqu'à la fin du XVe siècle entre l'étrangeté au royaume et l'étrangeté à la couronne[39]. En réalité, le traitement réservé aux « extranationaux » variait selon qu'ils étaient amis ou ennemis du roi, selon aussi les privilèges et exemptions dont ils étaient spécialement bénéficiaires. Il faut attendre la seconde décennie du XVIe siècle pour que le royaume, longtemps demeuré une entité de pouvoir symbolique, soit vêtu pleinement de ses attributs politiques efficients, et qu'il constitue une frontière tangible et claire de l'étrangeté. En somme, sous sa forme juridique, l'extranéité s'exerçait à La Rochelle selon trois degrés de représentation : l'on pouvait être étranger à la commune, à la banlieue et à la couronne.

Cette structuration concentrique de l'étrangeté était plus schématique que strictement efficiente. Dans les faits, elle ne permettait pas de régler tous les problèmes juridictionnels, et les conflits ne manquèrent pas au sujet des compétences exercées par la municipalité d'une part, par les agents du roi d'autre part. Il n'est pas question de reprendre ici tous les détails de

38. Médiathèque de La Rochelle, ms 45-46, p. 327, 359, 527. « Procès-verbal de délivrance à Jehan Chandos commissaire du roi d'Angleterre des places françaises abandonnées par le traité de Brétigny », éd. Abel Bardonnet, *Mémoires de la Société des statistiques, sciences et arts du département des Deux-Sèvres*, 2e s., t. VI, 1866, p. 274.

39. Médiathèque de La Rochelle, ms 45-46, p. 557, 601, 697.

procédure qui entachèrent leurs relations dès le XIIIe siècle. Selon les établissements de Rouen-La Rochelle, la municipalité avait seulement juridiction sur les bourgeois, dans la ville comme dans sa banlieue. En matière pénale, elle était essentiellement saisie des cas de police de l'ordre public ou de basse justice. En matière civile, elle avait compétence contentieuse et gracieuse sur les questions de droit des contrats. D'autres causes concernant la bourgeoisie relevaient des autorités ecclésiastiques (adultère), seigneuriales (certaines questions de terre et de dette) et surtout royales. Pour le reste, toute la justice des non-bourgeois était entre les mains du roi[40]. La cour du sénéchal, puis du gouverneur, jugeait en première instance les cas privilégiés, et en appel les causes qui lui étaient renvoyées par les autres cours de justice. À partir du dernier tiers du XIIIe siècle, c'est à la cour souveraine du parlement que revint la compétence de rendre l'ultime jugement[41]. Ces principes généraux furent par la suite profondément amendés au profit du corps de ville. En 1317 puis 1319, Philippe V reconnut que la commune possédait, en première instance et dans les limites de l'enceinte, toute la justice civile et criminelle, haute, moyenne et basse, sur les bourgeois, leurs familiers et leurs biens. Il lui confirma également la justice criminelle « sur les forains et estrangers ». Ces dispositions excluaient bien entendu les cas de lèse-majesté et furent reconduites à plusieurs reprises, jusqu'à la fin du XVe siècle. En 1343, elles furent même élargies aux faubourgs, sans que l'on puisse savoir si elles englobèrent ultérieurement toute la banlieue[42]. Une affaire traitée par la commune en 1302 nous laisserait penser qu'en la matière la juridiction rochelaise couvrait bien l'ensemble de l'espace suburbain. Un bourgeois nommé Simon Barbier, entremetteur, qui « estoit soullier et soutenoit bourdeau en sa maison », ainsi que deux maquerelles, « abrogueresses et soullieres de plusieurs putains », furent non seulement bannis de la ville mais en même temps de la banlieue[43]. Toutefois, en 1461, au moment de la confirmation des privilèges de la ville, Louis XI se contenta de rappeler, sans plus de précisions, que la juridiction du maire s'étendait « jusques hors ladicte ville[44] ». Et une description de certains privilèges rochelais produite en 1501 la limitait aux *suburbes*, terme vague qui pouvait désigner aussi bien les faubourgs que la banlieue elle-même. Les règlements de plusieurs litiges survenus en 1406-1409, 1422 et 1460-1461 entre la commune et l'administration royale, rappelèrent ou précisèrent les compétences de chacun, déjà édictées en 1317. En matière criminelle, les non-bourgeois arrêtés par le prévôt étaient laissés entre ses mains ; il était

40. SEGALA, Solange, « Le régime juridique des Etablissements de Rouen », *Bonnes villes du Poitou et des pays charentais (XIIe-XVIIIe siècles)*, Poitiers, 2002, p. 172-173.

41. FAVREAU, Robert, « Commune et gens du roi à La Rochelle (début XIIIe-début XVe siècle) », *La ville au Moyen* Âge, sous. la dir. de Noël Coulet et Olivier Guyotjeannin, Paris, Éditions du CTHS, 1998, p. 108-109.

42. BARBOT, Amos, *Histoire de La Rochelle*, *op. cit.*, p. 129-131, 145, 337, 387. BnF, ms fr. 18970, f° 26 v°-27, 52 r° et v° ; NAF 7285, f° 2.

43. BnF, ms fr. 16908, f° 272 r° et v°.

44. Médiathèque de La Rochelle, ms 45-46, p. 588.

responsable de l'enquête et c'est le corps de ville qui devait ensuite, en cour royale, rendre son jugement[45]. En matière civile, le maire ne pouvait faire arrêter un étranger malfaiteur ni saisir ses biens, sauf s'il était en fuite ou pris en flagrant délit. La municipalité pour les bourgeois, le prévôt pour les non-bourgeois, avaient en charge, dans l'enceinte, la levée des corps, les inventaires après décès, les infractions à l'interdiction de faire trotter les chevaux. Toutefois, le prévôt ne pouvait faire arrêter un étranger sans l'avis du maire ni obtenir ses marchandises et ses meubles, si ce n'est par les mains du premier magistrat urbain[46]. De surcroît, la commune se vit reconnaître par Edouard III en 1360, Charles VII en 1422, 1424, 1446 et 1461, et le duc de Guyenne en 1472, tous les droits de police dans l'enceinte[47]. Elle détenait notamment le contrôle « des poids et aulnes », celui des vivres dont elle fixait les prix, la connaissance de toutes les maisons de La Rochelle et de ses faubourgs, le pouvoir d'alignement des rues, des *chafaulx* et des bâtiments, la police du nettoyage des rues, et possédait du même coup juridiction sur les étrangers en matière de poids et mesures, de métiers, d'alimentation et d'urbanisme[48]. En 1446, ses compétences en matière de police furent même élargies de sorte qu'elle obtint pouvoir de « faire statuts et ordonnances polliticques et punir les contrevenants, civilement et criminellement, et faire mettre à exécution les sentences sur ce données[49] ».

L'examen rapide des formes et degrés d'extranéité développés depuis La Rochelle rend compte de la complexité du problème. L'étrangeté à la ville, dont certains contours restaient flous, mouvants et contestés, n'en était qu'une des formes juridiques, la banlieue et la couronne (plus que le royaume), produisant elles aussi des frontières à l'Autre. Il est également à noter que la municipalité, loin de céder aux velléités d'empiètement de ses droits quand nombre de villes reculèrent devant les assauts des autorités royales, sut élargir au cours des XIVe et XVe siècles ses prérogatives juridictionnelles, en particulier celles qui touchaient les non-bourgeois. Par ailleurs, les liens économiques et sociaux noués par les bourgeois avec des individus réputés étrangers en droit, ou au contraire les rapports concurrentiels qui les opposaient, modifiaient sensiblement l'appréciation et la représentation qu'avaient les Rochelais des allochtones. Ce qui est évident c'est que, fondamentalement et nécessairement ouverte sur l'extérieur pour des raisons commerciales, la ville ne faisait pas de cette question l'instrument manichéen de défense de ses intérêts. Mesurant les risques

45. BnF, ms fr. 18970, f° 54 v° ; NAF 7285, f° 3.

46. BARBOT, Amos, *Histoire de La Rochelle*, *op. cit.*, p. 129-130, 337. Médiathèque de La Rochelle, ms 50, p. 157, 231, 487. *Ordonnances des roys de France*, t. II, Paris, 1777, p. 425-434.

47. BnF, ms fr 18970, f° 27; NAF 7285, f° 2. BARBOT, *Histoire de La Rochelle op. cit.*, p. 287, 290, 387, 398. Médiathèque de La Rochelle, ms 45-46, p. 494, 537, 587-588.

48. BnF, ms fr. 18970, f° 27, 50, 51 v°, 56-57, 88-93 v° ; ms fr. 16906, f° 102-109 v°, 118-139. BARBOT, *Histoire de La Rochelle*, *op. cit.*, p. 265, 284-288. Médiathèque de La Rochelle, ms 45-46, p. 157, 217, 327-328, 359, 494, 537, 587-588, 593, 682-683. TRANCHANT, Mathias, *Le Commerce maritime*..., *op. cit.*, p. 193-195.

49. BARBOT, Amos, *Histoire de La Rochelle*, *op. cit.*, p. 312. BnF, NAF 7285, f° 197-200.

que pouvaient potentiellement faire peser la venue et l'établissement de forains, la municipalité chercha néanmoins à améliorer les conditions policières de leur séjour afin de les encourager à venir.

•

L'extranéité a souvent été étudiée par les médiévistes à partir des conceptions juridiques et politiques élaborées par les puissances publiques de l'époque, ce qui les a conduits à établir une typologie des régimes juridiques. Dès le haut Moyen Âge, les composantes de la problématique étaient posées : « L'étranger est une personne qui n'est pas sujet du roi des Francs, qui n'est pas fixée héréditairement ou de son plein gré à perpétuelle demeure, dans le *Regnum Francorum*, qui le plus souvent n'appartient pas à l'un des groupements ethniques constituant la population du *Regnum* et qui normalement devrait être tenue pour le sujet d'un chef d'État étranger[50]. » Du point de vue des juristes, l'étranger était essentiellement un non-régnicole, c'est-à-dire un individu qui, soit n'était pas naturel de la seigneurie, de la principauté ou du royaume, soit n'était pas sujet du détenteur du ban. Le débat qui en découle, autour du rapport entre personnalité et territorialité du droit, pour essentiel qu'il soit pour comprendre l'essence et les évolutions du contenu, de la légitimité et de l'exercice du pouvoir, tend à éluder la réalité et la variété des représentations établies par les populations elles-mêmes. Concrètement, pour un bourgeois rochelais, il existait plusieurs formes et une intensité variable de l'extranéité, qui procédaient d'une subtile et complexe combinaison de critères discriminants d'ordre ethnique, géographique, politique, juridique, économique, social, religieux et culturel. Au final, l'étrangeté était établie et vécue selon les limites concentriques des cercles de solidarités : à partir du groupe étroit de la parentèle, elle s'élargissait d'abord aux membres du métier et de la paroisse, puis à la communauté des jurés, à la population suburbaine, aux sujets de la couronne, aux amis ou ennemis du roi. En dehors de ce schéma, se trouvaient enfin les esclaves, les incurables, les inconnus, les excommuniés, les infidèles.

L'évolution générale du statut juridique des étrangers ne saurait masquer la grande disparité des représentations et des comportements, selon les types de société et la nature de leurs activités. Il est ainsi établi qu'en matière d'extranéité s'est affirmée au cours du Moyen Âge une opposition nette entre villes et campagnes. Les communautés rurales, jalouses de leur sol et de leurs usages, organisées en cellules closes et hiérarchisées, avaient en général un comportement méfiant, voire de rejet, à l'égard des forains et des gens de passage. Pour les milieux urbains au contraire, la venue ou l'établissement d'allochtones était absolument nécessaires à la pérennité de leur économie et de leur population. En conséquence, les gouvernements des villes furent davantage favorables aux étrangers. Cependant, même en milieu urbain, la construction de l'étrangeté prenait des formes variables. Pour des raisons politiques et technologiques, les

50. Ganshof, F.-L., « L'étranger dans la monarchie franque », *L'étranger. Recueil de la Société Jean Bodin*, t. X, 2e partie, 1958, p. 7.

communautés urbaines installées dans les terres ne sortaient guère de leur région, du territoire dominé par leur autorité publique de tutelle, et n'attiraient d'ailleurs que marginalement des étrangers à cette juridiction. En d'autres termes, le non-bourgeois qui venait s'installer dans ces villes « de l'intérieur » parlait en général la même langue, connaissait la coutume locale, était, « ethniquement » parlant, sans altérité. Par ailleurs, dans le cadre de leurs activités économiques, ces bourgeoisies ne s'exposaient qu'assez peu au danger. Elles cherchaient à sécuriser et à stabiliser leur situation au moyen, par exemple, de l'établissement de métiers (contrôle des prix, limitation de la concurrence) ou d'investissements dans la terre (thésaurisation foncière). Bien que tenues d'ouvrir leurs portes aux allochtones pour des raisons économiques et démographiques, elles restaient souvent méfiantes à l'égard des inconnus, parce qu'elles se les représentaient comme les porteurs potentiels d'une insécurité. Elles réduisaient traditionnellement ce risque au moyen de normes politiques et religieuses conservatrices, par le cloisonnement des statuts et l'expulsion de tout individu constituant une menace réelle ou supposée. Aussi, dans ces villes, l'étranger, soumis « au terrible couple, exclusion/inclusion[51] », était-il soit un ennemi, soit un futur citoyen[52].

Ces comportements et représentations propres aux villes « de l'intérieur » paraissent trancher avec l'expérience que les historiens maritimistes ont des populations urbaines vivant « par la mer ». La question posée aux chercheurs intervenant ici peut être résumée ainsi : quels rapports spécifiques les populations littorales ou usagères de la mer entretenaient-elles avec l'extranéité ? Pour expliquer cette différence, il faut en particulier, – ce qui n'a pas été fait pour le moment –, examiner le rapport à la mobilité et aux risques qu'avaient les communautés littorales, ce rapport contribuant nécessairement à structurer les représentations de l'Autre. Les sociétés usagères de la mer et de ses rivages avaient en effet une expérience singulière de la mobilité et du risque, et par extension de l'extranéité. L'internationalisation des échanges conduisait les marchands bien au-delà du périmètre de leur province, de leur principauté ou de leur royaume. Marins, armateurs et négociants, différents par leurs origines, leurs langues, leurs « nationalités », leurs cultures, vivaient en contact permanent, travaillaient ensemble, non seulement dans les mêmes ports mais aussi au sein des mêmes équipages. Le danger était de surcroit une donnée intrinsèque de leur existence qu'il fallait sans relâche tenter d'évaluer et de dépasser. La pêche, le transport maritime ainsi que le commerce ne pouvaient se pratiquer qu'à ce prix. Aussi, il est tentant de penser que les sociétés attachées au littoral, les sociétés urbaines en particulier, développèrent durant le Moyen Âge une relation originale à l'extranéité, marquée

51. GAUVARD, Claude, « Avant-propos », *L'étranger au Moyen Âge*, Actes du XXXe Congrès de la SHMESP (Göttingen, juin 1999), Paris, 2000, p. 8.

52. OURLIAC, Paul, « La condition des étrangers dans la région toulousaine au Moyen Âge », *L'étranger...*, *op. cit.*, p. 107-108.

par un esprit d'ouverture et d'entreprise. C'est ce que nous essayerons de vérifier, à travers notamment l'étude des pratiques et des législations. Parfois ennemi en temps de guerre ou lors d'attaques pirates, souvent concurrent commercial, l'étranger suscitait bien évidemment par sa venue la prise de mesures de défense. Mais il pouvait être aussi, et tout autant, un client potentiel ou un éventuel partenaire économique, et dans ces cas il convenait de protéger sa venue et ses activités. C'est ce jeu complexe et ambigu de situations, de représentations et de réactions qui constituera l'objet principal de nos analyses et de nos conclusions.

RÉSUMÉ

La notion d'« étranger » s'apparente fortement à la problématique du risque : elle contient l'appréhension d'une menace potentielle qu'un individu ou un groupe projette sur un autre ; elle induit en conséquence la nécessité de réagir et de trouver des solutions : se distancier de l'étranger, s'en protéger, le contrôler, l'intégrer, le combattre, etc. À partir de l'exemple de La Rochelle, il est possible de définir les différentes formes d'extranéité qui structuraient la vie politique et sociale des populations d'une ville-port. Il existait au Moyen Âge une grande disparité des représentations de l'étranger et des comportements développés à son égard, selon les types de sociétés et la nature de leurs activités. Quelles relations spécifiques les populations littorales ou usagères de la mer entretenaient-elles avec les étrangers ? Pour les étudier, il faut en particulier examiner le rapport à la mobilité et aux risques qu'avaient les communautés littorales, ce rapport contribuant nécessairement à structurer les représentations de l'Autre. Au final, il est tentant de penser que les sociétés attachées au littoral – les sociétés urbaines en particulier – développèrent durant le Moyen Âge une relation originale à l'extranéité, marquée par un esprit d'ouverture et d'entreprise.

ABSTRACT

The concept of "alien" is closely related to the issue of risk: it contains the apprehension of a potential threat which an individual or group projects onto another; consequently, it induces the need to react and find solutions: distance oneself from the foreigner, be protected from him, control him, integrate him, fight him, etc. From the example of La Rochelle, it is possible to define different forms of aliens which structured political and social conditions in a sea-port. There was a great medieval disparity of representations of the alien and behaviours developed for him, according to the social structures and the nature of their activities. What specific relationships did the littoral populations or coastal marine users maintain with foreigners? To study them, we must especially consider the relation with mobility and risk which the coastal communities had, this relation necessarily contributing to structure representations of the Other one. Ultimately, it is tempting to think that companies tied to the coast – urban societies in particular – developed during the Middle Ages an original relation to the concept or "alien", marked by a spirit of openness and enterprise.

Première partie

L'étranger dans les ports et sur les rivages français de l'Atlantique

L'étranger à Dunkerque à la fin du Moyen Âge à travers une source comptable (fin XIVe-début XVe siècle)

Stéphane CURVEILLER
Maître de conférences d'histoire médiévale
Université d'Artois – EA 1911

Définir l'étranger au Moyen Âge relève de la gageure; cette notion n'a d'ailleurs fait l'objet que de quelques rares études[1], souvent marginales. Appréhender alors ce sujet dans le contexte d'une ville de moyenne importance[2], qui plus est à partir d'une source sérielle comptable[3], pourrait être vu comme une « prouesse contemporaine ». Cependant, quel ne fut pas notre étonnement quand nous avons découvert qu'un certain nombre d'éléments pouvaient enrichir cette approche plutôt novatrice. L'exemple des comptabilités dunkerquoises à la fin du Moyen Âge nous ramène à nos « premières amours » et servira d'éprouvette à cette expérience[4].

Une nouvelle approche des comptes de bailliage et la notion d'étranger

Cette étude s'appuie sur une série manuscrite s'échelonnant de 1358 à 1407. L'ordonnateur est ici le pouvoir comtal, détenu successivement avant 1394 par la comtesse Yolande de Bar et de Cassel, puis par le comte

1. « La notion d'étranger au Moyen Âge est très imprécise. Il peut s'agir simplement d'aubains venus d'une autre seigneurie, de gens du plat pays, de Français du Nord émigrés en terre d'oc, mais aussi d'étrangers qui relevaient initialement d'une autre domination politique (sens actuel) » : voir MARTIN, Hervé, *Mentalités médiévales (XIe-XVe siècles)*, Paris, PUF, 1996, p. 440.

2. C'est le cas de la plupart des villes de l'époque. À la fin du Moyen Âge, on peut, selon nous, estimer le nombre d'habitants entre 5 000 et 8 000 âmes : voir DESPORTES, Pierre, « Les villes », dans FAVIER, Jean (dir.), *La France médiévale*, Paris, 1983, p. 201-205.

3. Arch. dép. du Nord, B 5968 à B 5980.

4. CURVEILLER, Stéphane, *Les grands problèmes de Dunkerque dans la Flandre Maritime au Moyen Âge*, mémoire de maîtrise, Lille III, 1977.

Robert, son fils[5]. Tous deux sont représentés par leur bailli; cet agent réside dans la « cité », mais son séjour dans cette fonction demeure précaire. Seul le cas de Jean de Le Oye va à l'encontre de ce constat avec huit années consécutives d'exercice. En fait, le seigneur bénéficie depuis 1320 de l'apanage, mais *de facto* les comptabilités ne font transparaître que les taxes et les préoccupations du pouvoir comtal, ce qui rend en partie « borgne » la série manuscrite, aussi riche soit-elle.

Les comptes rédigés en français[6] sont globalement bien conservés; leur disposition est claire et classique. D'un côté les recettes, de l'autre les mises ou dépenses réparties en différents postes budgétaires. Après une rapide présentation comptable, chaque rubrique financière est détaillée. Dans le premier grand ensemble, les recettes, on voit se succéder dans un ordonnancement relativement régulier les amendes judiciaires (plaintes, injures, rixes), les droits de *lagan*[7] et de forfaiture de mer[8], le droit de bâtardise (*formorture*)[9] et de forfaiture de terre[10], les infractions à la loi urbaine (*amendes aux communes keures*)[11] et enfin les taxes commerciales, les assises d'abord, puis les tonlieux (fig. 1). En revanche, le second ensemble, les dépenses (*mises*), met en valeur successivement les frais de fonctionnement, de diplomatie, les frais de travaux, de réparations et d'armement, les frais somptuaires (notamment les dons et commandes seigneuriales). Face à la nécessité d'améliorer la défense de la ville et du port, l'équilibre budgétaire est difficilement réalisable même si le développement portuaire et commercial est désormais attesté[12].

Enfin, pour parfaire cette brève présentation, rappelons que depuis 1320, Dunkerque fait partie intégrante de l'apanage de Cassel[13]. Ce terri-

5. Yolande (1326-1394) est seigneur de Dunkerque de 1332 à 1394 (mort de son frère Jean au bout d'un an de pouvoir), puis c'est Robert de Bar et de Cassel, son fils, de 1394 à 1411.

6. Les comptes de bailliage sont rédigés en vieux français, langue administrative. En revanche, le flamand est utilisé dans les comptabilités urbaines, donc d'un niveau subalterne sur le plan administratif.

7. PAVIOT, Jacques, *La Politique navale des ducs de Bourgogne (1384-1482)*, Lille, Presses universitaires de Lille, 1995.

8. Il s'agit ici de la piraterie mais surtout de la course dont la législation se développe en cette fin du Moyen Âge.

9. Le droit de bâtardise ne porte que sur la succession mobilière et immobilière des bâtards, enfants nés hors mariage tant que la tache de bâtardise n'est pas effacée : voir GILLIOTS-VAN SEVEREN, Louis, *Coutumes et usances de Nieuport*, rubrique XX, n° 19, 20 et 21, Bruxelles, 1901, p. 125.

10. Au sens de trahison, en particulier de fuite en direction du territoire ennemi, en particulier vers le *Pale*, territoire anglais en Calaisis depuis 1347.

11. Il s'agit des infractions à la loi urbaine garantissant l'ordre public dans la cité maritime.

12. CURVEILLER, Stéphane, *Dunkerque, ville et port de Flandre à la fin du Moyen Âge*, Presses universitaires de Lille, Villeneuve-d'Ascq, 1989. Le démarrage portuaire est amorcé à la fin du XIVe siècle, surtout sous les ducs de Bourgogne (après 1384).

13. L'apanage est né d'un acte du 2 juin 1318 (Arch. dép. du Nord, B 465 et B 468) à Courtrai, le comte de Flandre, Robert de Béthune déclarait qu'après son trépas (ce fut

Figure 1 – *Les recettes et leur répartition comptable*
(Arch. dép. du Nord, B 5968-5980)

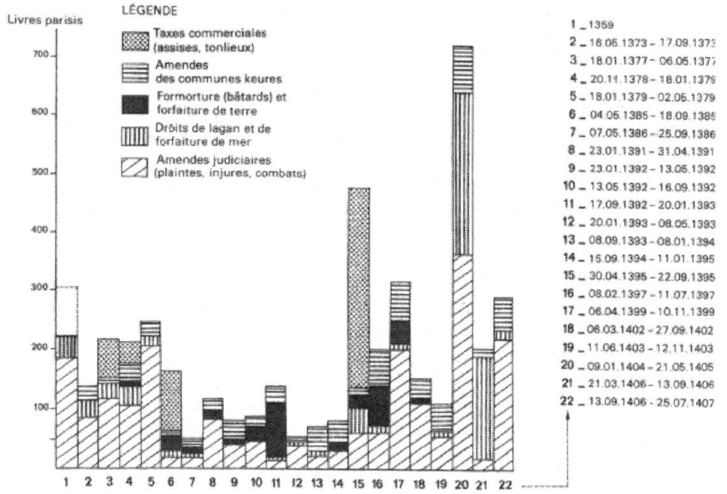

toire assez vaste, intégré au comté de Flandre, s'étend sur environ 120 kilomètres à l'intérieur des terres et possède une façade littorale d'environ 80 kilomètres avec une enclave autour de Warneton[14]. L'apanage dès le milieu du XIVe siècle prend une importance stratégique accrue puisqu'il est riverain du *Pale*, zone sous présence anglaise[15], délimité par l'Aa que l'on peut considérer, selon nous, comme une véritable frontière, évoluant dans ce sens quand le comté de Flandre passe en 1384 sous la tutelle bourguignonne[16] !

En outre, la partie littorale de l'apanage voit encore son rôle se renforcer car, avec l'émergence de la notion de mer en tant que « frontière[17] », les ducs de Bourgogne sont amenés à développer une véritable politique navale[18]. Enfin, Dunkerque se trouve à la périphérie de la terre apanagiste, le pôle central se

---

le cas en 1320) son comté reviendrait à son aîné, Louis de Nevers (qui mourut d'ailleurs en 1322), tandis que le second fils, Robert de Cassel, obtiendrait l'apanage de Cassel en renonçant à tout droit sur la succession en lignée collatérale. En réalité, la fille de Robert de Cassel, Yolande de Flandre en épousant Henri, comte de Bar, apportait l'apanage de Cassel à la maison de Bar.

14. Ville située entre Ypres et Armentières, proche de l'ancienne frontière franco-belge.

15. CURVEILLER, Stéphane, « Calais and Dunkirk : two sentinels, two geo-stategic states », *International Journal of Maritime History*, XIX, n° 2 (December 2007), p. 287-297.

16. SCHNERB, Bertrand, *L'État bourguignon (1363-1477)*, Villeneuve d'Ascq, Éd. Perrin, 1999.

17. Jean Froissart a parlé de « ceste riche frontière de mer », t. II, chap. CCVII, LUCE, Siméon (éd.), Paris, 1869-1975.

18. PAVIOT, Jacques, *La Politique navale des ducs de Bourgogne…*, *op. cit.*

localisant dans la forêt de Nieppe[19] ; à ce propos, la multiplicité des déplacements du bailli vers le receveur général de la comtesse Yolande atteste une surveillance plus étroite du pouvoir apanagiste sur les comptabilités.

Mais subsiste la délicate notion d'étranger. Certes, on met en exergue la désignation de l'autre, de l'inconnu, de celui qui est différent, mais également on insiste davantage sur la séparation du dedans et du dehors. L'étranger est à la fois l'Anglais, le marchand au long cours, mais aussi le bailli. N'est-il pas lui aussi étranger à la cité[20] ? En outre, le fait de ne pas appartenir au bailliage pose déjà problème ; ainsi trois individus de Coudekerque, petite localité éloignée de 4 à 5 kilomètres du port, sont signalés dans les comptabilités[21]. Le bailliage de Dunkerque est restreint, très limité dans l'hinterland, c'est un bailliage littoral, s'étirant parallèlement à la côte, dont l'autorité ne s'exerce que sur une bande restreinte, profonde de 2 à 3 kilomètres dans l'hinterland. La puissante châtellenie de Bergues-Saint-Winoc, plus ancienne, confère un pouvoir prépondérant à cette ville la plus proche de l'intérieur, accordant ainsi à son bailli-châtelain un pouvoir plus vaste et plus rural (fig. 2)[22]. Le bailliage de Dunkerque nous est décrit de façon précise dans plusieurs manuscrits : « Premièrement le chastel et ville de Dunkerke avec ses appartenances et dépendances [...] ». « Item nous appartient avoir en icelle ville et seigneurie d'icelle le droit de tonlieu [...] en la dicte ville et par tout le bailliage du dit Dunkerke et aussi la ville de Le Hidde et les appartenances et deux pièches de terre ». « Duinkerke et la wastine et les apartenanches de ces lieux[23]. »

Mais l'avant-port dunkerquois, d'importance limitée à l'origine, prend son essor à la fin du XIVe siècle et surtout au début du XVe siècle, ce qui n'est pas sans conséquence sur les relations avec sa proche voisine Bergues ; de facto, les conflits juridiques entre les deux cités se développent[24]. Le fait donc de préciser que trois individus sont originaires de Coudekerque nous éclaire sur les limites du bailliage, sur la notion d'étranger alors que ce n'est pas le cas pour les résidents dunkerquois évidemment[25] !

19. Il s'agit du château de la Motte au Bois, devenu aujourd'hui le centre Amaury Delagrange. En outre, lire l'article de SOMMÉ, Monique, « Règlements, délits et organisation des ventes de la forêt de Nieppe », *Revue du Nord*, t. 72, n° 27, 1990, p. 511-528.

20. NOWE, Henri, *Les Baillis comtaux de la Flandre des origines à la fin du XIVe siècle*, Bruxelles, 1928.

21. Arch. dép. du Nord, B 5970, 5971, 5973, 5976, 5984, 5986 et 5989. Il s'agit de David, Hennekin et Michel.

22. La châtellenie s'étend de Teteghem à Ledringhem, si l'on excepte le bailliage de Dunkerque.

23. Plusieurs manuscrits nous renseignent sur ce point : il s'agit du rachat de Dunkerque en 1288 (7 novembre) par Guy de Dampierre, en 1397 d'un rapport et dénombrement sous Robert de Bar et en 1458 d'un manuscrit identique mais plus précis sous Louis de Luxembourg. Arch. dép. du Nord, B 1316, B 3886, B 5934.

24. CURVEILLER, Stéphane, « Les relations d'une ville du littoral flamand et de son hinterland : Bergues et Dunkerque au Moyen Âge », *La Ville au Moyen Âge*, t. I, *Ville et espaces*, Paris, CTHS, 1998, p. 213-231.

25. Il s'agit de David, Hennekin et Michel de Coudekerque (Koudekerke).

Figure 2 – *La châtellenie de Bergues au* xii*e siècle*

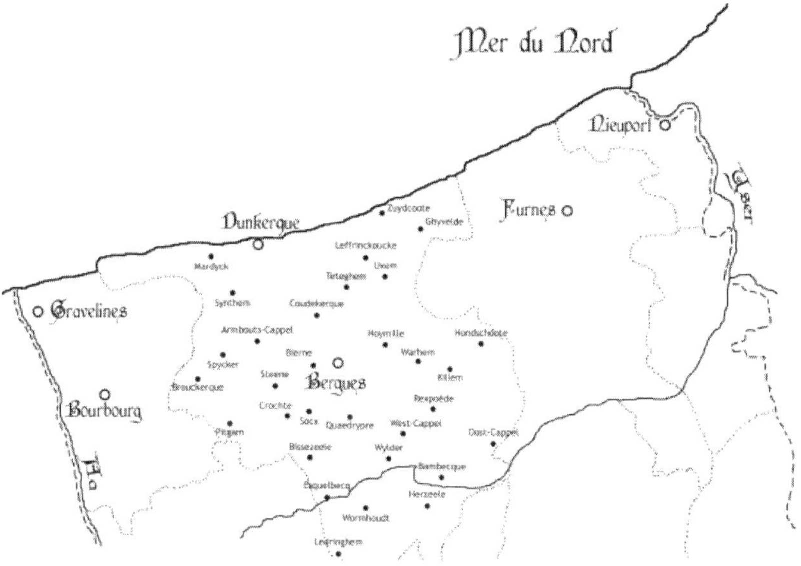

La qualité d'étranger, prise à l'excès, très restrictive, vise tout individu extérieur au bailliage ; n'est-ce pas contradictoire pour un port en cours de développement qui par essence est fréquenté évidemment par l'étranger, en dépend, en est même nourri ! En réalité, c'est encore plus complexe car les Flamands extérieurs au bailliage de Dunkerque bénéficient, pour certains d'entre eux, de privilèges dans la cité maritime au même titre que les Dunkerquois dans le comté de Flandre[26]. Le poisson par exemple paraît sur ce point obtenir des faveurs particulières. Rappelons que Dunkerque fait partie intégrante du comté de Flandre et que la pêche demeure une activité prépondérante pour les autochtones du littoral[27] ; les villes créées dans la seconde moitié du xiie siècle sont toutes issues de hameaux de pêcheurs[28]. La renommée de ces villes tient à la préparation du poisson, à sa conservation,

26. Ainsi le manuscrit B 7806 (Arch. dép. du Nord) mentionne que les droits d'issue sont dus, à l'exception de ceux qui sont exemptés de toute taxe à Dunkerque, tels les marchands de Biervliet, de l'Écluse, de Nieuport, de Gravelines et de Bergues, sauf si la conjoncture exige le contraire. De même, les Audomarois bénéficient de certains avantages à Dunkerque tandis que les Dunkerquois en profitent à Poperinghe (Curveiller, Stéphane, *Dunkerque, ville…*, *op. cit.*).

27. Danhieux, Luc, « La pêche sur les côtes flamandes », *Revue des Amis du Vieux Dunkerque*, n° 7, 1977, p. 21-27 ; Degryse, Roger, « Le convoi de la pêche à Dunkerque aux xve et xvie siècles », *Revue du Nord*, t. XXXIII, 1951, p. 117-127 ; Sicking, Louis, *Beyond the catch. Fisheries of the North Atlantic, the North Sea and the Baltic (900-1850)*, Leiden, Ed. Brill, 2009.

28. Bourgade située près de Dunkerque à l'extrémité d'un long cordon dunaire, d'où l'étymologie qui s'y réfère, West-Duynkerke : voir Lemaire, Louis, *Histoire de Dunkerque*, Dunkerque, 1976, p. 16.

comme en témoignent plusieurs sceaux, et notamment pour Dunkerque[29]. C'est ainsi que l'exemption de taxes induit des comptabilités borgnes, occultant l'importance d'un trafic commercial fondamental pour la cité maritime. Être flamand devenait plus avantageux qu'être extérieur au comté. Mais pour parfaire ce tableau déjà complexe, la loi commune ne prévoit-t-elle pas d'exclure le Dunkerquois qui s'est mal comporté lors d'une rixe, qui s'est rendu coupable d'une blessure grave, voire d'un homicide, en le bannissant du bailliage parfois définitivement[30]? La notion d'étranger est finalement toute relative et à géométrie variable. Dès lors, à quels niveaux peut-on déceler la place de l'étranger dans les comptabilités dunkerquoises? Sa présence est-elle attestée de façon égale au travers de la série manuscrite?

L'étranger dans les comptes

En affinant l'analyse des recettes et dépenses, on constate que l'étranger est présent dans les deux parties comptables, mais qu'il est totalement occulté dans certains postes budgétaires. En effet, il est absent dans les infractions à la loi urbaine qui frappe davantage les autochtones que les marchands au long cours. Les Dunkerquois s'adonnent essentiellement encore à l'artisanat local et à la pêche, voire à la course à partir de ce moment, mais le grand commerce profite surtout aux étrangers qui créent par leur venue un dynamisme extérieur. Les taxes commerciales nous éclairent plus nettement sur cet aspect. Tonlieux et assises représentent parfois une part importante du budget du bailliage, voire de la ville. Mais qui sont-ils, ces marchands étrangers? Par leur biais, nous appréhendons une fois encore le « dedans » et le « dehors » de la cité. Certes, les Flamands demeurent importants, même s'ils ne figurent pas toujours en raison de l'octroi de franchises régulières ou occasionnelles. Cependant, leur nombre a tendance à régresser face aux Hollandais[31] qui paraissent de plus en plus incontournables[32].

Le déclin de Gravelines[33] profite alors à Dunkerque et un véritable monopole hollandais s'implante dans la cité jusqu'alors peu convoitée (fig. 3). Les

29. Sanderus, *Flandria Illustrata*, Bergues, 1732.

30. Sous menace de perdre « 1 oreille », en cas de retour dans le bailliage dunkerquois. La sentence était sans appel pour cent ans et un jour! (un seul cas). Parfois, la durée est plus limitée : le 28 avril 1392 « furent banni hoirs de l'eschevinage de Dunkerke les prisonniers et par la maniere qui s'ensuit : Boidine Pagaens 1 an sur sen droit oraille... Wilkin Waelpont dit Raeskin 3 ans sur ses yeux » (Arch. dép. du Nord, B 5976).

31. La marine flamande est moins performante que la hollandaise et se voit l'objet d'agressions maritimes pendant la guerre de Cent Ans de la part des Anglais. Il faut distinguer cependant les périodes de trêve et de guerre.

32. Ceci est confirmé aussi par Tranchant, Mathias, *Le Commerce maritime de La Rochelle à la fin du Moyen Âge*, Rennes, Presses universitaires de Rennes, 2003; Sicking, Louis, « La maîtrise de la mer. Coopération navale entre l'Angleterre et l'empire des Habsbourg pendant la première moitié du XVIe siècle », *Centre européen d'études bourguignonnes*, 1995, n° 35, p. 187-197; et Mollat, Michel, *L'Europe et la mer*, Paris, Seuil, 1993.

33. Déclin dû à l'ensablement de l'Aa et donc du port. Une nouvelle tentative eut lieu au milieu du XVe siècle pour créer un nouveau tracé à l'estuaire du petit fleuve : Curveiller,

Figure 3 – *Un aperçu du trafic dunkerquois (fin XIVᵉ-début XVᵉ siècle)*

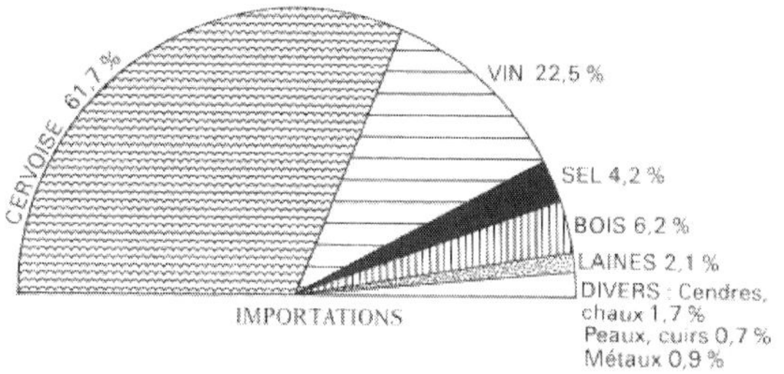

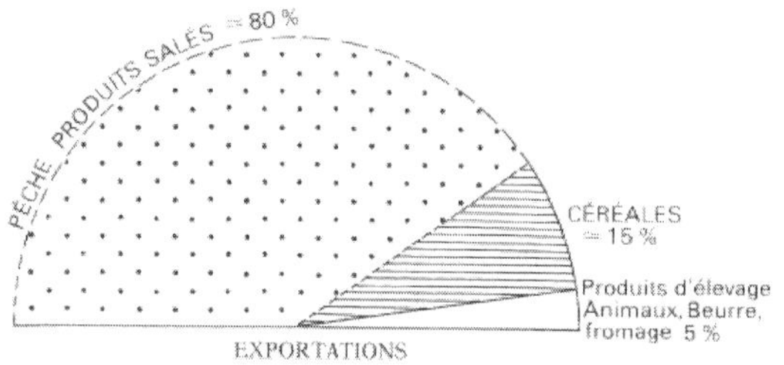

marchands hollandais orientent le commerce dunkerquois essentiellement vers les exportations alimentaires, répondant ainsi à la forte urbanisation à laquelle ils sont confrontés[34]. En revanche, ils bénéficient du déclin des Hanséates[35], des difficultés de la marine flamande[36] arraisonnée par les navires anglais, mais surtout de leur neutralité en ces temps difficiles. Les Hollandais ne se contentent pas d'importer à Dunkerque leurs propres produits comme la cervoise[37], mais ils s'imposent aussi comme intermédiaires, transportant le vin ou le sel de France[38] ou les matières premières des pays nordiques[39].

Ainsi un dénommé Aernout Blankaert de Kampen dans l'Overijssel prend un chargement de vin à La Rochelle pour l'acheminer à Southampton

Stéphane, *Gravelines de la place forte à la ville contemporaine,* « Gravelines au Moyen Âge », Éd. Ville de Gravelines et musée du Dessin et de l'Estampe, 2007, p. 9-33.

34. De Voogd, Christophe, *Histoire des Pays-Bas : des origines à nos jours* , Paris, Fayard, 2003, p. 54 : l'auteur insiste sur le contraste entre les régions littorales et intérieures des Pays-Bas tant sur le plan des activités que des densités humaines.

35. Dollinger, Philippe, *La Hanse (XIIᵉ-XVIIᵉ siècles)*, Paris, Aubier, 1964.

36. La marine flamande est souvent arraisonnée par les navires anglais pendant la guerre de Cent Ans. Voir Paviot, Jacques, *La Politique navale des ducs de Bourgogne..., op. cit.*

37. La cervoise de Hollande l'emporte très nettement. Occasionnellement les comptes font allusion à la cervoise d'Angleterre ou à celle de Brême (le Brémart).

38. Sneller, Zeger Willem et Unger, Willem Sybrand, « Le développement du commerce entre les Pays-Bas septentrionaux et la France jusqu'au milieu du XVᵉ siècle », *Revue du Nord*, t. VIII.

39. En particulier, du bois (des « dais de bois ») du Danemark comme le mentionnent les comptabilités dunkerquoises.

avant de poursuivre sa route vers Dunkerque, puis la Hollande[40]. De même, Jan de Claeyssone de Tholen en Zélande transporte du sel à destination de Faversham et reprend la route vers Dunkerque, puis vers la Zélande[41]. En 1378, un compte de bailliage nous informe que sur 17 voyages entrepris par les Hollandais, 12 le sont par Ghisebrecht de Delft, et en 1389, sur 11 voyages, 9 sont faits par Pierkin de Weide et Wautrekin Loppenare[42]. En 1395, Gheerkin Loppenare transporte 36 % des importations de cervoise à Dunkerque (48 lasts, sur un total de 133 lasts et 3 tonnes)[43]. Quant aux Anglais, ils se manifestent plutôt lors des périodes de trêves. Ainsi en 1386, une trêve ayant été signée depuis un an[44], 600 à 700 balles de laine passent exceptionnellement par Dunkerque; selon Jacques Heers, les navires anglais auraient multiplié la fréquentation des ports flamands[45]. Si pour Gravelines[46], cela semble vérifié, ce n'est pas aussi net pour Dunkerque : aucun Hanséate, aucun Espagnol, aucun Italien, à l'exception d'un Lombard dans les comptabilités dunkerquoises[47]. Mais de nouveaux intermédiaires arrivent sur le marché : en 1386, un navire breton d'Adrien le Mol, chargé de sel, passe par Dunkerque, et au xve siècle[48], des Bretons livrent des vins de La Rochelle et du sel de Saint-Jean-d'Angély tandis que des Normands apportent des vins de Bourgogne, puis affirment leur présence au siècle suivant[49]. De même, à la fin du xive et au début du xve siècle, à plusieurs reprises, des marchands d'Artois et du Vermandois passent par Dunkerque pour se rendre en Angleterre. Quant aux Flamands, leur présence est certes attestée mais le déclin de leur marine limite leur action.

---

40. Fagart, André, *Le port de Dunkerque au xive siècle*, DES Lettres, Lille, 1956.

41. Les comptes de bailliage relatifs au commerce sont répertoriés aux Arch. dép. du Nord, B 5970, 5971, 5973, 5982/83, auxquels on peut ajouter d'autres manuscrits fort intéressants tels que Arch. dép. du Nord, B 7806 et 7807 ou Archives municipales de Dunkerque, série 245/1 et 2.

42. Arch. dép. du Nord, B 5971.

43. Arch. dép. du Nord, B 5982.

44. Arch. mun. de Dunkerque, série 245/1. Cet arrivage est exceptionnel car il s'agit d'une période de trêve depuis un an entre la Flandre et l'Angleterre; en général, la laine anglaise passe en partie par Calais avant la fin du xive siècle (Étape des laines), sinon directement à partir du xve siècle vers la Flandre drapière.

45. Heers, Jacques, *L'Occident aux xive et xve siècles. Aspects économiques et sociaux*, Paris, PUF, 1973. Selon cet auteur, les Normands auraient été plus nombreux en Flandre que les Flamands à Rouen. Cette affirmation est confirmée par Mollat, Michel, *Le Commerce maritime normand à la fin du Moyen Âge*, Paris, 1952.

46. Dupas, Georges, *Histoire de Gravelines, porte de Flandre, et de ses hameaux, des origines à la Libération*, Dunkerque, 1981.

47. Curveiller, Stéphane, *Dunkerque, ville et port…, op. cit.*

48. Le sel provient essentiellement de la baie de Bourgneuf; il permet la conservation du poisson qui fait la renommée de la ville. Voir Hocquet, Jean-Claude (dir.), *Le roi, le marchand et le sel*, Dunkerque, Éd. des Beffrois, 1980.

49. Mollat, Michel, *Le commerce maritime normand…, op. cit.*; Heers, Jacques *L'Occident aux xive et xve siècles…, op. cit.*; Tranchant, Mathias, *Le Commerce maritime de La Rochelle…, op. cit.*; Kerhervé, Jean, *Bretagne-Flandres : relations économiques, politiques et artistiques (xive-xvie)*, Morlaix, 1989, p. 17-31.

Les relations avec les villes les plus proches sont attestées, mais les marchands flamands semblent intervenir dès lors modestement au niveau du grand commerce. De même, les autochtones, à l'exception d'un Michel de Koudekerque, propriétaire de quelques bâtiments, font défaut[50]. Mais la présence de marchands audomarois figurant au niveau des droits de « lagan » et « jets de rivière », pour lesquels ils sont l'objet de plusieurs affaires à la fin du XIVe et au début du XVe siècle, démontre que Dunkerque a capté le trafic par l'Havendyck, la Colme et l'Aa *via* Saint-Omer[51]. Les commandes de vin qui nous sont connues grâce au droit d'issue font apparaître les marchands audomarois ainsi que les abbayes de l'hinterland : les manuscrits de Saint-Omer accréditent cette interprétation[52] et font le pendant des comptabilités dunkerquoises.

Le cas de Bergues, ville très proche, est fort intéressant. Dès le début, la cause essentielle de la faillite de la draperie réside dans l'absence de l'élément capitaliste, c'est-à-dire du marchand qui disposera de capitaux suffisants pour introduire en ville la matière première exotique, pour exporter via des grands marchés le produit manufacturé[53]. À maintes reprises, le problème du marchand se pose et à chaque fois, les autorités locales tentent d'y remédier mais en vain jusqu'au milieu du XVIe siècle. Sans la présence de commerçants disposant de capitaux suffisants pour acheter les *sayes*, le problème subsiste également[54].

En revanche, l'expérience d'Hondschoote est riche d'enseignements[55]. L'autorité municipale est à la solde des marchands et si la clientèle est lointaine (Espagne, Portugal, Italie, Turquie) les relations sont ici assurées par les marchands d'Allemagne du sud, des Pays-Bas du nord et de l'Angleterre. À Bergues comme à Hondschoote, la présence de marchands brabançons est prouvée. Ainsi une femme de Tétéghem a volé un marchand du Brabant sur le marché de Hondschoote en janvier 1388. Cette fréquentation semble se renforcer au XVe siècle, davantage pour Hondschoote et par à-coups à Bergues[56].

50. Celui-ci semble aussi recevoir ou héberger plusieurs marchands ou négociants hollandais. « Jacob Minne le ost Michiel de Coudekerke », il en est de même de Jehan Ghisebrecht (reçu une première fois par un Dunkerquois Jehan Wellenpot) ou encore Pieter Jehanzone (Arch. dép. du Nord, B 5970, année 1377).

51. CURVEILLER, Stéphane, « Évolution de Dunkerque au Moyen Âge du XIIe au XIVe siècle », *Revue des Amis du Vieux Dunkerque,* n° 14, Dunkerque, mai 1982, p. 29-38.

52. Arch. mun. de Saint-Omer, B 44, 142, 201 et 243.

53. COORNAERT, Émile, *Une Industrie urbaine du XIVe au XVIIe siècle. L'industrie de la laine à Bergues-Saint-Winoc*, Paris, 1930.

54. ESPINAS, Georges, PIRENNE, Henri et DE SAGHER, H. E., *Histoire de la draperie en Flandre française au Moyen Âge*, Bruxelles, t. I, 1923.

55. COORNAERT, Émile, « Hondschoote, de ses origines au début du XVIIIe siècle », *Revue des Amis du Vieux Dunkerque*, n° 8, 1978, p. 15-21. En 1374, le comte Louis de Mâle accorda à Hondschoote une franchise qui fut suivie immédiatement d'effet (Arch. dép. du Nord).

56. CURVEILLER, Stéphane, « Les relations d'une ville du littoral flamand et de son hinterland : Bergues et Dunkerque au Moyen Âge »…, art. cité.

Quant aux marchands, s'ils fréquentent nos petites agglomérations, ils jouent un rôle irrégulier, à l'exception des Hollandais très présents, et ce n'est qu'au hasard que les documents nous livrent de façon éparse des renseignements à leur sujet. D'autres thèses fort riches comme celles de Michel Mollat[57] ou de Jacques Paviot sur *La politique navale des ducs de Bourgogne* soulignent la participation de ces marchands au grand commerce international de l'époque[58]. Le rôle de Dunkerque y paraît croissant, et là encore, Normands et Hollandais semblent se côtoyer fréquemment.

Mais si l'aspect économique témoigne de la présence d'étrangers à Dunkerque, de marchands d'origine septentrionale, l'étranger s'impose quand on évoque dans les comptabilités les aspects militaires. Sur ce point, les mises ou dépenses sont davantage utiles à l'historien; les dépenses pour l'armement du château, pour la défense de la ville ainsi que les fortifications, font l'objet de préoccupations croissantes de la part du pouvoir seigneurial. Certains autres manuscrits corroborent cette évolution, même au niveau du pouvoir scabinal. L'adversaire n'est en fait désigné nommément que trois fois dans la série comptable. Mais l'Anglais est omniprésent sous des angles multiples. À maintes reprises dans les années 1385-1386[59], les tonlieux sont « vagues de cens », ne sont donc pas affermés et ne trouvent même plus de preneurs en raison de la chevauchée anglaise en 1383, à partir de Calais, sous la houlette de Henri Despencer[60]. L'impact sur la population autochtone est considérable et provoque la fuite ou la mort des habitants de Dunkerque, d'aucuns ont même parlé de terrorisme, à juste titre[61]. Rappelons cependant que le Calaisis est sous présence anglaise depuis 1347 et demeure une menace permanente[62]. La période apparaît donc comme particulièrement perturbée, à voir se succéder troubles et trêves, dont les chroniqueurs ou les actes diplomatiques se font l'écho. Ces circonstances instables sont lisibles dans les recettes puisque le chapitre des « jets de mer[63] » y fait allusion, ainsi que celui des forfaitures de mer ou de terre. Un Dunkerquois voit ses biens vendus après avoir quitté la cité maritime suite à la menace anglaise[64].

57. Mollat, Michel, *Le commerce maritime normand…, op. cit.*

58. Paviot, Jacques, *La politique navale des ducs de Bourgogne…, op. cit.*

59. Arch. dép. du Nord, B 5973 et 5974. Compte de François de le Bièque et de Jean Bastier de Leuringhem.

60. Chevauchée anglaise menée par Henri Despencer à partir du *Pale* calaisien. Lire Curveiller, Stéphane (dir.), *Histoire de Guînes*, « Guînes, un comté au Moyen Âge incontournable du xiie au milieu du xvie siècle », Éditions du Camp du Drap d'or, Balinghem, 2007, p. 19-82; voir *Fine et Patent Rolls*, Public Record Office, Londres.

61. Clauzel, Denis, « Terrorisme et contre-terrorisme à la fin du Moyen Âge : le singulier destin de Calais », *Bulletin historique et artistique du Calaisis*, n° 127-128, mai-juin 1992, p. 176-198.

62. Curveiller, Stéphane, (dir.), *Histoire de Guînes…, op. cit.*

63. Jets de mer et droit de lagan. Lire Jacques Paviot, *La politique navale des ducs de Bourgogne…, op. cit.*, p. 33-35.

64. En 1385, Pierre de la Place qui est avec « les Engles », de même pour Maes Caes (Année 1385, Arch. dép. du Nord, B 5973).

Une dernière rubrique complète encore ce tableau. Il s'agit des « frais superfétatoires ». Le seigneur fait preuve de générosité puisqu'il arrive que des dons soient offerts à Jehan Boit en 1405, résidant à Arras[65]; le lot comprend une quantité appréciable de poissons. Il a la même attention à l'égard des bourgeois audomarois[66]. Parfois, exceptionnellement, la *keure* (loi urbaine commune) concerne aussi les étrangers, si l'on se réfère à l'anecdote suivante qui ne manque pas d'originalité : un noble à cheval est molesté pour avoir heurté un passant, cas unique dans nos comptes, ce qui lui vaut une amende[67]. Précisons que la noblesse est peu représentée en Flandre maritime puisqu'il s'agit d'une zone récemment poldérisée[68]. Autre fait pittoresque, c'est la difficulté de trouver un bourreau pour l'unique exécution mentionnée pendant toute la durée comptable : finalement, on le trouve à Ypres[69]! On est bien loin de la récurrente vision négative des exécutions permanentes au Moyen Âge[70]!

Une approche ambiguë

Finalement, peut-on dresser un bilan de l'étranger à Dunkerque à partir d'une source sérielle datant de la fin du XIVe siècle-début XVe siècle? Sans revenir sur la définition d'« étranger » au Moyen Âge, si nous exceptons les Flamands et surtout les autochtones du bailliage dunkerquois, les choses paraissent claires *a priori*. Sur le plan économique, pour le grand commerce vers l'extérieur, les Hollandais ont déjà établi grâce à leur neutralité un véritable monopole commercial (fig. 4); ils vont d'ailleurs chercher les marchandises à La Rochelle[71] ou dans l'Ouest de la France pour les rapporter vers des terres plus septentrionales. Précisons simplement qu'au cours du XVe siècle les Normands[72] puis les Bretons[73] vont davantage faire parler d'eux dans les manuscrits relatifs à la cité maritime. Sur le plan militaire, rien d'exceptionnel; l'Anglais demeure la menace permanente à partir du Calaisis jusqu'en 1558[74]. Mais « le terrorisme » qu'il suscite contre les populations locales de la zone maritime, voire d'un hinterland, assez proche, perd de son intensité à partir du début du XVe siècle. Et ne peut-on

65. Compte Jean de le Oye : Arch. dép. du Nord, B 5988.

66. CURVEILLER, Stéphane, *Dunkerque, ville et port...*, *op. cit.*, p. 136.

67. La ville est à l'origine d'un différend car son cheval a heurté un passant. Voir CURVEILLER, Stéphane, *Dunkerque, ville et port...*, *op. cit.*, p. 234.

68. Même pour la période révolutionnaire, Albert Vion constatait encore le même phénomène pour le Calaisis.

69. « Item envoia le dit Hennekin Roland à Ypres pour un bourel lequel ne voult venir pour faire la dite justice mains d'un livre de gros », Arch. dép. du Nord, B 5978.

70. GAUVARD, Claude, *Crime, état et société en France à la fin du Moyen Âge*, Paris, Publications de la Sorbonne, 1991.

71. TRANCHANT, Mathias, *Le Commerce maritime de La Rochelle...*, *op. cit.*

72. MOLLAT, Michel, *L'Europe et la mer...*, *op. cit.*, p. 96-97.

73. KERHERVÉ, Jean, *L'État breton aux XIVe et XVe siècles*, Paris, Éd. Maloine, 1987, p. 102-115.

74. CURVEILLER, Stéphane, « La reprise de Calais en 1558 », *Société et religion en France et aux Pays-Bas (XVe-XIXe siècles)*, Arras, Presses Université Artois, 2000, p. 133-145.

Figure 4 – *Relations avec la Normandie (première moitié du XVe siècle)*
(d'après M. Mollat, Le commerce maritime normand à la fin du Moyen Âge, Paris, 1952 – schéma réalisé d'après l'index patronymique [S. Curveiller])

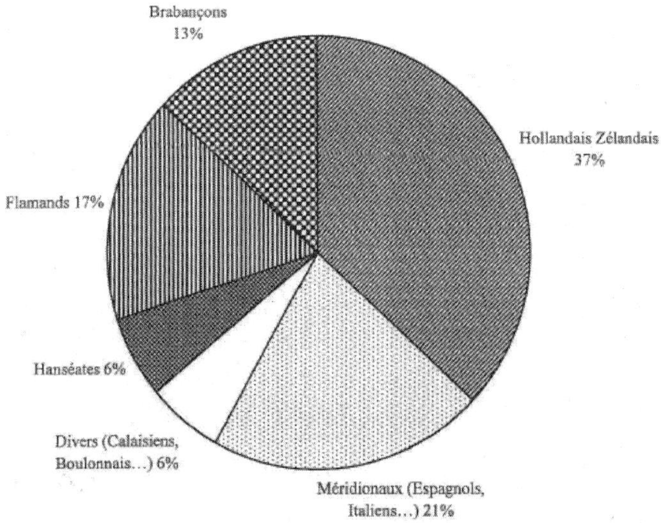

pas qualifier de « contre-terrorisme[75] » la politique franco-bourguignonne menée surtout après 1436[76], dernière véritable tentative de reprise de la ville avant celle réussie de 1558[77] ? Hélas, sur le plan juridique, point d'éléments à ce sujet, la *keure* de Dunkerque ayant disparu[78] ! En revanche, en nous appuyant sur celle de Nieuport, nous pouvons avancer qu'elle était vraisemblablement fort similaire, du moins dans les grandes lignes[79] ! Y a-t-il des étrangers artisans à Dunkerque pour le commerce local ? Probablement peu. Y a-t-il des marins étrangers sur les embarcations dunkerquoises ? Là encore probablement, il s'agit d'un grand nombre de Flamands venant de la zone littorale ou de son arrière-pays assez proche[80].

75. CLAUZEL, Denis, « Terrorisme et contre-terrorisme à la fin du Moyen Âge : le singulier destin de Calais »..., art. cité.

76. Il s'agit de la dernière tentative de reprise du *Pale* avant 1558. Ne valait-il pas mieux laisser l'ennemi au niveau du *Pale* afin de savoir où il se trouvait ? Lire SCHNERB, Bertrand, « Un projet d'expédition contre Calais en 1436 », *Les champs relationnels en Europe du Nord et du Nord Ouest*, Actes du colloque, Balinghem, t. I, 1994, p. 179-192.

77. DERVILLE, Alain et VION, Albert (dir.), *Histoire de Calais,* chap. III : « Le Pays Reconquis (1558-1789) », Dunkerque, Éditions des Beffrois, 1985, p. 92-161.

78. Elle datait probablement de la première moitié du XIIIe siècle.

79. GILLIOTS-VAN SEVEREN, Louis, *Coutumes et usances de la ville et du port de Nieuport..., op. cit.*

80. Probablement de la Flandre assez proche, des ports voisins flamands. Les rares études onomastiques et l'étude des champs relationnels en cours nous amènent à opter pour cette option (Bergues, Furnes, Nieuport...).

En réalité, la présence « d'étrangers » à Dunkerque est encore assez limitée même si leur nombre doit s'accroître ; rappelons que Dunkerque n'a jamais fait partie d'une Hanse à la différence de certaines de ses voisines. En outre, aucune trace de changeur n'est ici perceptible, si ce n'est la présence d'un lombard nommé Croc Gens de Lombardie en 1404-1405, ce qui est exceptionnel d'après nos sources, mais nous sommes au début du XVe siècle. Dunkerque connaît alors en ce début du XVe siècle un véritable premier essor commercial, mais il ne s'agit encore que d'une amorce[81].

Plusieurs études menées à partir des manuscrits de différentes localités voisines de Flandre maritime confirment globalement cette vision. Le rayon d'attraction est donc beaucoup plus limité qu'on ne l'a cru trop souvent. Précisons pourtant qu'il ne dépasse guère le plus souvent la trentaine de kilomètres au maximum. D'ailleurs une étude onomastique pour les années 1300 portant sur le Calaisis atteste déjà cette réalité alors que Calais était en plein développement au XIIIe siècle (fig. 5)[82]. Faut-il encore souligner que nous sommes en présence de villes très moyennes[83], même

Figure 5 – *Origine des Calaisiens cités à la fin du XIIIe siècle d'après leurs patronymes (d'après Maurits Gysseling et pierre Bougard, L'onomastique calaisienne à la fin du XIIIe siècle, Louvain, 1963)*

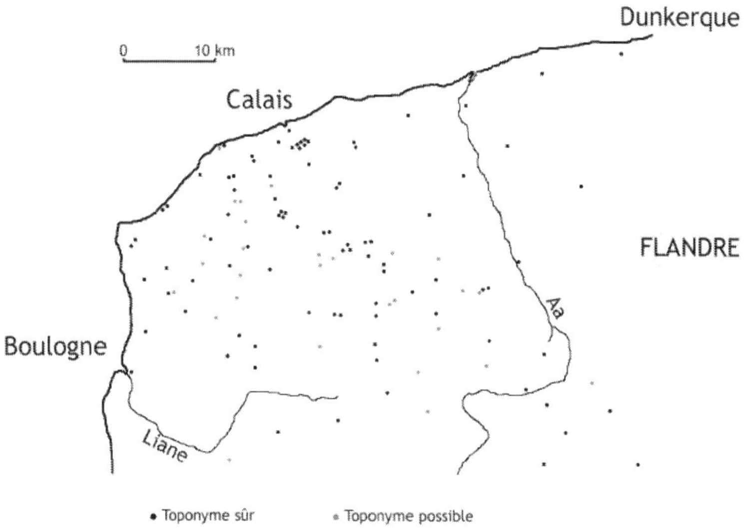

81. CURVEILLER, Stéphane, *Dunkerque, ville et port…*, *op. cit.*

82. Seuls un ralentissement économique et une crise urbaine caractérisent l'histoire de la ville à la fin du XIIIe siècle. Voir DERVILLE, Alain, *Histoire de Calais*, Dunkerque, Éd. des Beffrois, 1985.

83. DESPORTES, Pierre, « Les villes », *La France médiévale…*, *op. cit.*, p. 201-215. Ces villes constituent la trame essentielle du réseau urbain au Moyen Âge.

si elles prennent une importance incontestable, mais que l'axe économique se déplace alors davantage vers le nord[84].

Enfin, force est de constater, sur la base d'un index patronymique de plus de 1 400 noms[85], que si nous excluons les Flamands, la part des étrangers signalés dans les comptes avoisine 5 %, à notre avis. Par cette étude révélatrice, Dunkerque est le reflet classique de ces villes maritimes qui, tout en étant ouvertes vers l'extérieur (même si la mer a longtemps fait peur et peut représenter le danger de l'ouverture), ont eu besoin des étrangers pour s'épanouir, pour se développer et qui se sont méfiées d'une certaine façon de cette « étrangeté ». C'est toute l'ambiguïté du sujet, fort intéressant au demeurant, posé lors des rencontres de Nantes.

RÉSUMÉ

Grâce à une série de comptes de bailliage, nous avons pu appréhender l'étranger à Dunkerque à la fin du Moyen Âge. L'étude des différentes taxes et infractions ont révélé sa présence dans divers domaines : sur le plan commercial (les Hollandais), sur le plan militaire (les Anglais) ce qui n'est guère surprenant, mais aussi sur le plan social. Ce dernier point a particulièrement retenu notre attention car il concerne la vie quotidienne. Ainsi l'étranger n'est-il pas tout simplement celui qui est hors du bailliage ce qui confère à la notion un sens restrictif extrême? N'y a t-il pas une attitude duale dans cette localité maritime entre la peur et l'attirance du forain dont la présence participe au développement de ce petit port nouvellement créé (fin XIIe siècle)?

ABSTRACT

Thanks to a series of bailiwick accounts, we have been able to understand the presence of foreigners in Dunkirk at the end of the Middle Ages. A study of different taxes and offences shows their presence on various levels – commercial (for the Dutch), military (for the English) which is not surprising, but also on a social level. This last point is of particular interest as it concerns daily life. So, was a foreigner simply a person outside the bailiwick, which gives the notion a very restrictive meaning. Or was there, in this coastal area, both a fear of and a fascination for the foreigners (outsiders) whose presence contributed to the development of this small, newly-created port (late 12th century)?

84. À cause de l'ensablement du Zwin et avec le développement économique d'Anvers. Voir LAMPO, Jan, *Vermaerde coopstadt Antwerpen in de Middeleeuwen*, Leuven, 1999.

85. CURVEILLER, Stéphane, *Dunkerque, ville et port…*, *op. cit.*, p. 342-363.

Entre méfiance et accueil

L'attitude du pouvoir ducal à l'égard de l'étranger sur les côtes bretonnes à la fin du Moyen Âge

Laurence Moal
docteur en histoire médiévale
chercheur associée au Centre de recherche bretonne et celtique
Université de Bretagne occidentale

La mer et les rivages ont longtemps été les lieux de la peur et de l'invasion dans l'imaginaire médiéval. La Bretagne dispose d'un littoral étendu qui la rend vulnérable aux descentes étrangères. De nombreux passages des *chroniques* font ainsi référence à la « pollution » des Vikings qui « vindrent aux rivages de la mer de Bretagne pour gaster les terres prochaines[1] ». Aux XIVe et XVe siècles, la mer reste une frontière et la situation presque endémique de guerre et de piraterie donne à l'étranger ce même visage de l'ennemi, comme en témoignent les registres de chancellerie qui multiplient les plaintes à l'égard des écumeurs de mer de toutes origines[2]. La crainte de l'invasion ne relève donc pas uniquement d'une psychose ou d'une mémoire collective entretenue par une tradition littéraire, elle est aussi fondée sur une réalité. Pourtant, les chroniqueurs emploient abon-

1. Bouchart évoque les Normands qui « tenoient la mer », Bouchart, Alain, *Les Grandes chroniques de Bretaigne*, éd. par Auger, Marie-Louise, et Jeanneau, Gustave, sous la direction de Guenée, Bernard, Paris, CNRS, 1986-1997, t. I, p. 240, 291, 323. Le Baud parle quant à lui de la « pollution des peans », Le Baud, Pierre, *Histoire de Bretagne*, seconde version de l'œuvre, composée en 1505 et dédiée à Anne de Bretagne, éd C. d'Hozier, Paris, Gervais Alliot, 1638 p. 113, 114.

2. En 1462, en particulier, le duc appelle à résister « aux entreprinses desdits Angloys, noz ennemis, qui cothidiennement tendent et s'efforcent grever et dommaiger nous et nozdits païs », Venneuguès, Laurent, *Les Activités de la chancellerie du duché de Bretagne en 1462 : Transcription et étude du registre B 2 des lettres scellées*, Mémoire de maîtrise dactyl., Brest, 1988, n° 582. En 1473, les Bretons sont victimes d'attaques de toutes parts. Les nationalités sont très variées : les Anglais, surtout de la côte sud, de Fowey, de Dartmouth, mais aussi les Espagnols et Portugais ou encore les Danois, Flamands, Brémais et « Austrelins » (des possessions du duc de Bourgogne), Quero, Dominique, *Transcription et étude du registre des lettres scellées par la chancellerie bretonne en 1473*, Mémoire de maîtrise dactyl., Brest, 1988, n° 521, 711, 502.

damment l'expression « passer la mer », notamment entre l'Armorique et la Grande-Bretagne, signe d'une grande porosité des zones littorales[3]. À la fin du XIVe et au début du XVe siècle, en effet, les échanges augmentent et les ducs cherchent à accueillir les marchands étrangers. La Bretagne est alors un État princier, indépendant du royaume de France et, si on s'en tient à la définition des nations au sens médiéval du terme, on peut considérer comme étranger celui qui vient de l'extérieur du duché et qui ne relève pas de l'autorité du duc. La construction nationale passe par l'édification de frontières et l'opposition avec l'autre. Elle passe aussi par l'ouverture économique. Pour toutes ces raisons, la venue de l'étranger constitue un enjeu pour le pouvoir ducal[4]. Le littoral semble être un lieu spécifique, à savoir une zone de contact et en même temps une zone d'affrontement. Tout le problème pour les autorités consiste donc à concilier le développement du commerce maritime et la sécurité du territoire qui, étant donné la configuration géographique de la Bretagne, passe largement par la sécurisation des côtes.

Se protéger de l'étranger : surveillance et défense des côtes

Les paroisses côtières sont menacées par les débarquements militaires, les raids côtiers et les razzias. Les exactions sont connues surtout par les enquêtes pour estimer les dommages ou les rabais sur les fouages obtenus après des attaques[5]. Elles font état de pillages, d'incendies, de destructions, mais aussi des captures suivies de demandes de rançon par les Anglais[6]. On peut ainsi connaître les paroisses touchées. Les îles et les endroits les plus isolés sont particulièrement atteints. La côte nord du duché, stratégique pour le contrôle de la route océanique, se trouve en première ligne de la présence anglaise, notamment à partir des bases de Jersey et de Guernesey. Les environs de Saint-Malo forment aussi une zone soumise aux périls en tant qu'espace frontalier avec la Normandie et en raison de la proximité du Mont-Saint-Michel, soumis à un long siège par les Anglais

3. Bouchart, *Les Grandes chroniques…, op. cit.*, p. 84, 92, 97, 121, etc. ; Le Baud, *Histoire de Bretagne, op. cit.*, p. 6, 65, 67, 92.

4. Moal, Laurence, *L'Étranger en Bretagne au Moyen Âge. Présence, attitudes, perceptions,* Rennes, PUR, 2008.

5. Voir la descente des Anglais dans une enquête ordonnée le 16 septembre 1462 pour estimer les dommages subis par les habitants de Concarneau lors d'une attaque anglaise, Lejeune, Anne, *Le Conseil ducal de Bretagne au début du principat de François II (1459-1463). Étude institutionnelle et édition complète du registre des procès-verbaux du conseil (31 mars 1459-6 avril 1463),* Thèse pour le diplôme d'archiviste-paléographe, 1989, n° 425. De même, voir le « rabat fait tant à l'occasion des differens qui ont esté durant leurdite ferme que de la descense de certains Angloys de guerre descenduz es parties de France et en l'evesché de Saint-Malo, que mesmes a l'occasion de certains arrestz et empeschements faiz aux marchans d'Espaigne et sur leurs marchandises », Bihan, Yvon, *Transcription et étude du registre des lettres scellées par la chancellerie bretonne en 1477,* Mémoire de maîtrise dactyl., Brest, 1991, n° 1012.

6. Berthemet, Claire, *Transcription et étude du registre B 4 des lettres scellées à la chancellerie bretonne en 1466*, Mémoire de maîtrise dactyl., Brest, 1991, n° 265.

entre 1418 et 1450. Les exactions se poursuivent entre 1455 et 1468, avec comme toile de fond le conflit avec l'Angleterre[7]. En 1490, encore plusieurs localités obtiennent des abattements sur les fouages du fait des descentes maritimes et des dommages liés à la guerre contre la France. La récurrence des mandements ducaux qui exigent l'arrestation des malfaiteurs ainsi que les plaintes des marchands et des receveurs qui demandent une diminution de leur ferme témoignent d'une certaine impuissance des autorités[8]. Mais face à cette vulnérabilité, à ce risque présenté comme quotidien, le pouvoir ducal s'emploie tout de même à développer un arsenal défensif.

Marine de guerre et garde-côte : des institutions embryonnaires

La défense des côtes passe par le déploiement d'efforts institutionnels pour mettre sur pied une marine de guerre mais aussi par la mobilisation des sujets. L'amirauté devient une fonction permanente dans le courant du XIVe siècle. L'amiral, aidé par un vice-amiral, est chargé de la direction des armements maritimes. Mais c'est seulement dans la seconde moitié du XVe siècle que sont mentionnés des navires de guerre spécialement construits pour le combat naval. Ce sont des navires à fort tonnage en raison des progrès de l'artillerie, avec des capitaines nommés par le duc[9]. En 1487, l'amiral peut armer trois navires : deux de 300 tonneaux, le Grand Lyon et le Petit Lyon, ainsi qu'une barque de 80 tonneaux, la Bonnaventure[10]. Le nombre d'unités étant cependant très insuffisant pour soutenir une guerre maritime, le duc doit lever une armée, c'est-à-dire qu'il réquisitionne des navires marchands qui sont ensuite placés sous les ordres de son amiral puis armés pour la guerre. Les frais d'armement sont couverts par des prélèvements sur les recettes portuaires ou par des contrats avec des armateurs privés, plus rarement par une intervention du trésorier de la guerre[11]. Ces navires de guerre ou navires marchands réquisitionnés servent aussi pour le convoi ou « armée de la mer ». Il s'agit d'une escorte imposée dès le règne de Jean IV (1364-1399) aux marchands qui circulent sur la route du vin et qui devient une institution régulière fonctionnant presque tous les

7. En 1462, les Anglais détruisent les environs du Conquet et de Saint-Renan et sont également responsables d'incendies à l'Abbaye-près-Dol, Venneuguès, Laurent, *Les Activités…*, *op. cit.*, n° 795-796, 25 septembre 1462 ; Berthemet, Claire, *Transcription…*, *op. cit.*, n° 199, 15 mars 1466.

8. Le 15 novembre 1487, un mandement ducal somme des Flamands de libérer des Bretons capturés dans le golfe du Morbihan, Parrot, Ingrid, *Transcription du registre B 11 des lettres scellées à la chancellerie de Bretagne en 1487-1488*, Mémoire de maîtrise dactyl., Brest, 1999, n° 191 ; Archives municipales de Rennes, CC 65, 26 août 1485.

9. En 1472, François II fait armer une grande nef pour se protéger d'une descente des Écossais, Archives départementales de Loire-Atlantique (désormais, Arch. dép. de Loire-Atlantique), E 100, n° 4, 17 avril 1472.

10. Morice, Pierre-Hyacinthe, *Mémoires pour servir de preuves à l'histoire ecclésiastique et civile de Bretagne*, Paris, 1742-1746, t. III, col. 535.

11. Kerhervé, Jean, *L'État breton aux 14e et 15e siècles. Les ducs, l'argent, les hommes*, Paris, Maloine, 1987, t. I, p. 336-337 ; Planiol, Marcel, *Histoire des institutions de la Bretagne*, nlle éd. par Bréjon de Lavergnée, Mayenne, 1981-1982, t. IV, p. 57-58.

ans dès la fin du XIVe siècle[12]. Les frais sont normalement à la charge des marchands, mais au XVe siècle, on recourt à un prélèvement sur les vins importés. Il est interdit de naviguer jusqu'au départ de la première escadre, entre le 1er septembre et le 15 octobre[13]. En principe, trois flottes sont prévues, à l'automne, en février-mars et en avril-mai, mais il arrive qu'on en arme deux ou quatre. Le nombre des escorteurs paraît assez réduit, cinq à sept dans les années 1480 avec, en 1459, 800 soldats pour la première flotte, 500 pour la deuxième, 300 pour la troisième et 150 seulement pour la quatrième[14]. Il ne s'agit pas seulement une escorte puisque les capitaines des convois reçoivent aussi l'ordre de s'emparer de malfaiteurs[15]. Cette institution est pourtant vue de plus en plus comme une charge fiscale supplémentaire car imposée aux marchands qui naviguent de l'estuaire de la Loire au golfe du Morbihan, ce qui est mal supporté, surtout en dehors des périodes de conflit, d'autant qu'elle comporte beaucoup de failles et qu'elle est loin d'être efficace[16]. Elle est cependant maintenue par la royauté jusqu'en 1555[17].

Le système de défense repose largement sur la mobilisation des sujets. Les nobles et détenteurs de fiefs servent généralement dans l'arrière-ban, agrégé à l'armée de campagne, et des convocations sont régulièrement envoyées pour faire face à une descente anglaise, par exemple en 1462 (carte 1).

Ceux qui possèdent une résidence proche du littoral doivent servir sur place à la garde des côtes ou bien combattre en mer[18]. En 1466, il s'agit de lutter contre les Anglais et surtout contre les Espagnols qui sévissent sur la presqu'île de Rhuys et dans le golfe du Morbihan[19]. Si les feudataires ne suffisent pas, on fait appel aux gens de mer, qu'ils soient maîtres de navires, marins et autres sujets « frequentants la mer et residens esdites costes ». Ils doivent s'armer pour résister aux entreprises ennemis et « donner et avitailler leurs navires et faire la guerre a la mer et a la terre[20] ». On leur

12. JONES, Michaël, *Recueil des actes de Jean IV, duc de Bretagne*, Paris, Libr. C. Klincksieck, 1980-1983, n° 201, 365.

13. Voir notamment les convois contre les ennemis anglais, Arch. dép. de Loire-Atlantique, E 127 n° 17-20.

14. En 1462, la 1re flotte comprend 500 combattants (15 septembre-15 novembre), la 2e 400 (1er février-1er avril), et la 3e 300 (1er avril-1er juin), VENNEUGUÈS, Laurent, *Les activités…, op. cit.*, n° 704.

15. CORCUFF, Maire-Andrée, *Les Activités de la chancellerie du duché de Bretagne, d'après les registres des lettres scellées en chancellerie en 1486-1487,* Position des thèses de l'École Nationale des Chartes, 1987, n° 754.

16. Il arrive en effet que des marchands paient le devoir mais ne sont pas convoyés et sont pillés par des Anglais, VENNEUGUÈS, Laurent, *Les Activités, op. cit.*, n° 131.

17. KERHERVÉ, Jean, *L'État breton…, op. cit.*, p. 681-686.

18. CASSARD, Jean-Christophe, « Frontière de mer et marine ducale : l'exemple breton, fin du XVe et début du XVIe siècle », *Actes du Congrès des Sociétés savantes tenu à Nantes*, Paris, 2001, p. 37.

19. BERTHEMET, Claire, *Transcription…, op. cit.*, n° 940, 16< novembre 1466.

20. KERMARREC, Marion, *Transcription et étude des registres des lettres scellées à la chancellerie de Bretagne en 1468*, Mémoire de maîtrise dactyl., Brest, 1991, n° 584, 4 juillet 1468,

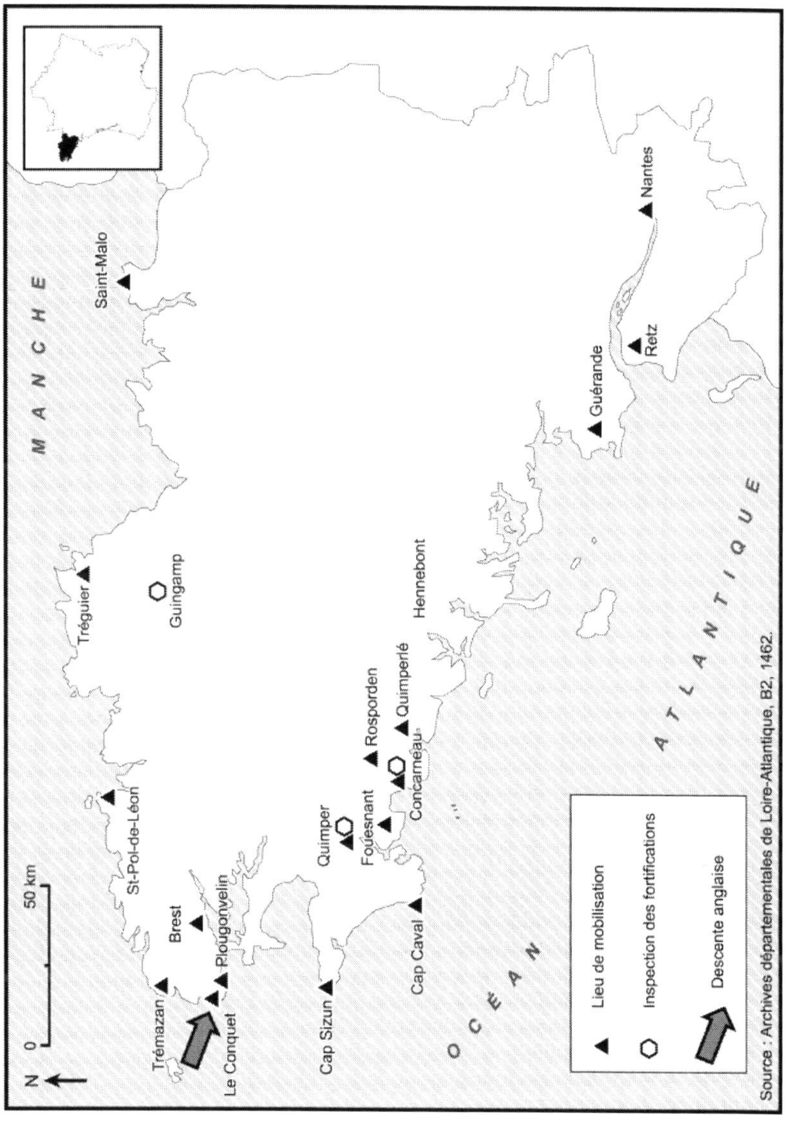

Carte 1 – *La descente anglaise en 1462 et la mobilisation sur le littoral breton*

demande de « se mettre et tenir en point armés et ambastonnez chacun selon sa faculté ». On les encourage aussi en les dispensant d'impôts ou en leur promettant une part du butin pris sur les ennemis. Mais en cas de désobéissance, des sanctions sont prévues, ce qui montre la mauvaise volonté à répondre à ces appels. Signe d'une montée des périls, les mesures de surveillance se multiplient, s'ajoutant ainsi aux prérogatives ducales de la mobilisation « contre les ennemys du duc[21] ». Les villes littorales, comme les villes frontalières d'ailleurs, disposent d'un réseau de messagers chargés de donner des renseignements sur l'avancée et le nombre des adversaires[22]. Mais le dispositif le plus étendu consiste en l'application d'un guet côtier qui touche surtout les roturiers, mobilisés à la fois pour prévenir un risque de descente étrangère et se tenir prêts à résister[23]. Ainsi, en 1477, « pour ce que pour le bien et sceürté de notre pays et duché, et obvier aux entreprinses que noz ennemys et adversaires y pourroint et vouldront par marceaige et force de navires dont ilz pourroint faire descense en notre pays, soit besoygn faire garder et donner provision de deffense sur les costes de la mer de notredit pays ». On donne l'ordre aux habitants de « se mectre et tenir en estat et appareill de deffense pour resister ausdites entreprinses[24] ». Les seigneurs locaux reçoivent parfois des pouvoirs étendus, comme le sire de Rays, autorisé à contraindre ses sujets à faire le guet parce que ses châteaux sont situés au bord de la mer et « en peril et avenement des ennemis[25] ». Le système reste cependant rudimentaire puisqu'il s'agit d'« allumer et tenir les feuz et fumees es lieux plus eminens et accoustumés en tel cas, avecques quand le cas le requerrra de sonner les cloches et campannes des eglises, faire les cris et autres signes, enseignes[26] ». De plus, ces dispositions, loin de répondre aux attentes des habitants, sont considérées comme une véritable contrainte pour les populations, mais elles permettent au pouvoir ducal de renforcer son contrôle du littoral. Indissociables de ces mesures de surveillance, les fortifications deviennent, dès le règne de Jean IV, une véritable priorité.

---

21. KERMARREC, Marion, *Transcription…, op. cit.*, n° 680.

22. WAQUET, Henri, « Extrait des comptes des miseurs de Quimper de 1478 à 1482 », *Bulletin de la Société archéologique du Finistère*, t. LV, 1928, p. 87.

23. Il arrive que les nobles y soient contraints également quand le danger est amplifié, KERMARREC, Marion, *Transcription…, op. cit.*, n° 650, n° 675.

24. BIHAN, Yvon, *Transcription…, op. cit.*, n° 540. De même, dans l'évêché de Vannes, en 1468, les sujets « tant gens de mer que autres du commun estat, pour les conduire, adrecer et gouverner par luy et ses commis, tant a la resistance des descentes des ennemis à la coste de la mer, que autrement, aussi pour faire guerre contre lesdits ennemis, par mer et par terre, et pour le guet et garde des costes et rives de la mer », KERMARREC, Marion, *Transcription…, op. cit.*, n° 654, 21 juillet 1468.

25. BLANCHARD, René, *Lettres et mandements de Jean V, duc de Bretagne*, Société des Bibliophiles bretons, vol. IV-VIII, Nantes, 1889-1895, n° 1047.

26. MORICE, *Mémoires, op. cit.*, t. III, col. 431-432. De même en 1477, il est ordonné de « faire continuelement guetz et gardes dedites costes, et a la foiz qu'ilz y verront mareer et venir gens d'entreprinse et malveillans pour y faire descense, faire feuz, fumees de son de canpanes, et autres signes pour mouvoir et advertir noz autres subgictz et y aller faire resistance », BIHAN, Yvon, *Transcription…, op. cit.*, n° 540.

Fortification et militarisation du littoral : des efforts inégaux

La menace en provenance de la mer est prise très au sérieux comme semble l'indiquer l'enluminure ci-dessous. Il s'agit, non pas d'une carte de la Bretagne, mais plutôt d'une représentation symbolique construite à partir d'éléments forts : la mer, un littoral accidenté et des châteaux qui semblent faire partie intégrante du paysage. Cette vision est pourtant excessive. Certes les Montfort s'attachent à renforcer la présence militaire sur le littoral, mais seulement sur quelques tronçons (carte 2)[27].

« *Une représentation de la Bretagne littorale* »
(Pierre Le Baud, Le bréviaire des Bretons, *Paris, BNF, ms fr. 25211, f° 18 v°, dans Michel Mauger,* Bretagne chatoyante, *Rennes, Apogée, 2002, p. 60)*

Dès la fin du XIVe siècle, en effet, on construit des tours ou des châteaux destinés à jouer le rôle de vigie, de surveillance, comme la tour Solidor près de Saint-Malo et celle de Cesson près de Saint-Brieuc ou le château de Trémazan[28]. Surtout, les autorités affirment leur volonté de verrouiller

27. Je tiens à remercier Patrick KERNÉVEZ pour ses informations qui m'ont aidée à réaliser cette carte.
28. RUSSON, Marc, « Trémazan et la mer au XVe siècle », *Le Trémazan des Du Chastel : du château fort à la ruine*, Actes du colloque de Brest, 10, 11 et 12 juin 2004, sous la direction

Carte 2 – *Les places fortes littorales en Bretagne pour se protéger des descentes ennemis*

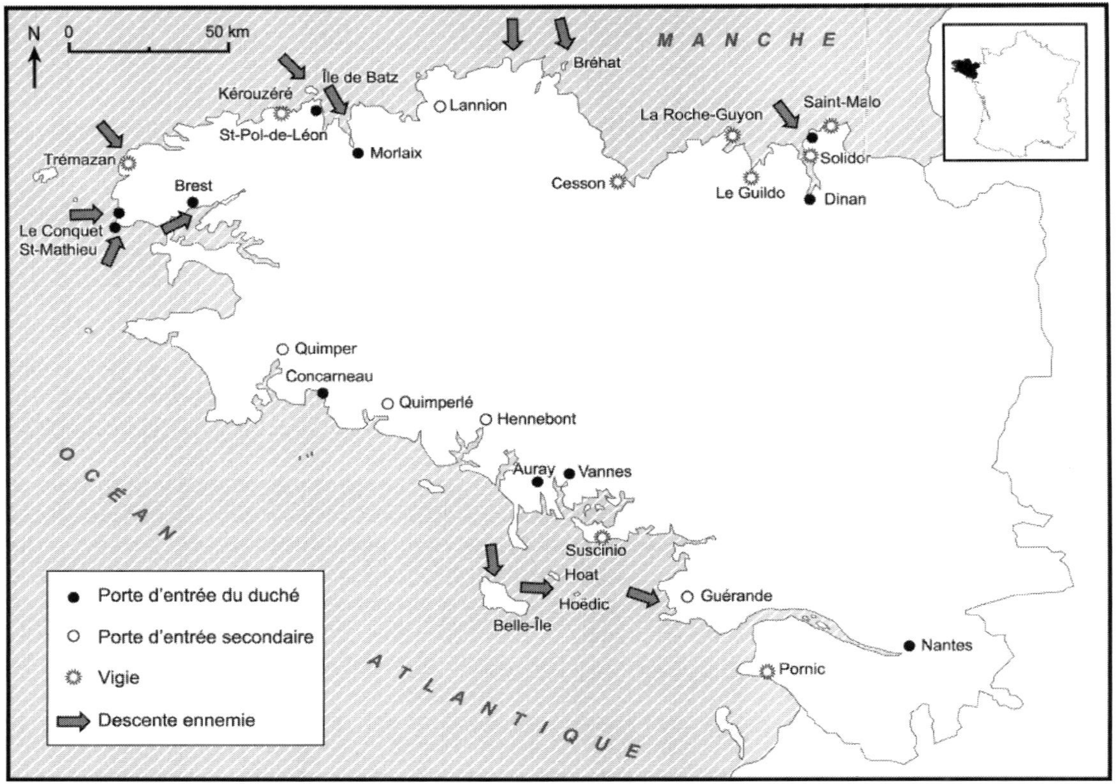

retenu prisonnier par Marguerite de Clisson, fait prendre et démanteler plusieurs forteresses en Penthièvre et en Trégor, Guingamp et Châteaulin-sur-Trieux, en particulier, les places de la Roche-Derrien et de Tonquédec ayant déjà été détruites par Jean IV. La place forte de Morlaix, confiée à l'amiral de Bretagne, assure désormais la défense de cette partie de la côte et s'affirme comme un verrou essentiel du duché[29]. On peut aussi repérer des portes de seconde ligne, plus en retrait du littoral. On observe ainsi la constitution de cordons fortifiés, cumulant à la fois « vigies » et places fortes : la région de Saint-Malo surtout en raison de sa position frontalière avec le Mont-Saint-Michel, le « triangle » Saint-Pol-Kérouzéré-Morlaix, celui constitué par Le Conquet-Saint-Mathieu-Trémazan-Brest, ainsi que le golfe du Morbihan. Parmi les villes du littoral, Dol et Tréguier échappent à une présence militaire ducale puisque ces cités ne relèvent que de leurs évêques. Les châteaux construits sans autorisation sont systématiquement détruits, la défense étant une responsabilité assumée par les autorités publiques[30]. Le maillage féodal perd donc de son utilité et certaines places, comme Châteaulin, sont peu à peu délaissées, même si des ouvrages modestes ont sans doute été entretenus pour assurer un minimum de protection[31]. Mais le dispositif d'ensemble est bien incomplet et des secteurs entiers sont laissés à la merci d'une descente[32].

Dans la seconde moitié du XVe siècle, face aux défis du canon, les efforts se concentrent encore plus. Une véritable prise de conscience a lieu en 1462, avec la menace d'une descente anglaise sur tout le littoral atlantique (carte 1). Les autorités font inspecter les forteresses côtières et un mandement ordonne des mesures de défense dans les châtellenies de Quimperlé, Fouesnant, Rosporden, Concarneau, « pour resister aux Angloys qui sont sur la mer[33] ». Des mandements sont envoyés aux nobles possédant des châteaux et forteresses pour les faire réparer et fortifier « pour ce que par temps d'ostilité les ennemis se y pourroint venir et loger et asubgetir autres

29. KERNÉVEZ, Patrick, « Morlaix, bourg castral : du *Mons Relaxus* à la citadelle », *Mémoires de la Société d'histoire et d'archéologie de Bretagne*, t. LXXX, 2002, p. 5-52.

30. JONES, Michaël et R., « La défense des duchés de Bretagne et Normandie vers 1400 : contrastes et comparaison », dans *Le château médiéval et la guerre dans l'Europe du Nord-Ouest, mutations et adaptations*, sous la dir. d'A. SALAMAGNE et Régine LE JAN, *Revue du Nord*, n° 5, H.S., coll. « Art et archéologie », 1998, p. 103-122, p. 106-107.

31. Nicolas Faucherre émet ainsi, dans une récente communication encore non publiée, l'hypothèse de l'existence d'une église fortifiée à Penmarc'h : « The fortified churches of the sea ford after the Hundred Years War: A first state-controlled structuring for the defence of the French western coast. The cases of Brouage, La Rochelle, Pen Marc'h and Caen », International Conference on Sea Coast Fortification, Avero (Portugal), décembre 2008.

32. Une bulle du pape du 23 décembre 1460 évoque ainsi les habitants de Camaret, Crozon, Roscanvel qui se plaignent que des pirates ont pu attaquer ces ports car ils ne sont pas entourés de murailles, WAQUET, Henri, « Pêcheurs cornouaillais du XVe siècle », *Bulletin de la Société archéologique du Finistère*, t. XL, 1913. Voir aussi POCQUET DU HAUT-JUSSÉ, Barthélémy-Amédée, *Les papes et les ducs de Bretagne. Essai sur les rapports du Saint-Siège avec un État*, Paris, 1928, rééd. Spézet, Coop Breizh, 2000, p. 510-511.

33. VENNEUGUÈS, Laurent, *Les Activités*..., *op. cit.*, n° 715.

places voisines d'icelles[34] ». Il est demandé au sénéchal de Tréguier d'inspecter une place nommé Coëtfrec appartenant au seigneur de Kerimel, laquelle est « indigente de reparacion », pour juger s'il est valable de la conserver ; dans le cas contraire, elle doit être détruite. Le seigneur de Coëtivy et Péan Gaudin doivent se charger de l'enceinte de Quimper, réputée alors médiocre, puis sont envoyés à Concarneau et à Hennebont pour remplir la même mission[35]. Mais le coût est lourd pour les habitants et les réparations sont souvent réalisées à la hâte, sous la contrainte. Ainsi le capitaine d'Auray oblige tous les habitants au guet et garde « d'icelle place a servir de beche, a faire rediffier lesdits domes et fossez et mesmes a porter et garnir de pierres les murailles et porteaulx de ladite place[36] ». Il faut entretenir ou réparer, approvisionner la place et payer la solde des garnisons. Pour renforcer la défense de la forteresse de Brest, il faut « contraindre partye des subgitz en habillement de guerre par la garde, tuycion et deffense de ladite forteresse avecques prandre en la coste de Leon blez, vins, farines et autres vivres pour la provision de ladite forteresse[37] ». Des impôts sont levés pour payer la solde des hommes d'armes comme à Concarneau, le 21 mars 1477, avec l'ordre d'y placer 40 francs-archers pour garder la ville[38]. L'artillerie est insuffisante et la plupart du temps, le renforcement d'une place se fait au détriment d'une autre. On retrouve finalement le même dispositif et les mêmes difficultés que pour les villes frontalières, où se portent les efforts à partir de 1468, le danger venant alors surtout de la France.

La surveillance et la défense des côtes ont pu renforcer l'idée d'une frontière maritime contre la menace ennemie, mais cette idée reste embryonnaire au XVe siècle. Le dispositif, bien que très incomplet, est subi comme une lourde contrainte par les habitants. Toutefois, les rivages ne sont pas vécus seulement comme des lieux de conflit. La Bretagne n'est pas coupée du monde, les échanges augmentent à la fin du Moyen Âge et les ducs comprennent l'intérêt de faire venir l'étranger. Pour cela, il faut leur assurer des conditions de sécurité.

Accueillir et protéger l'étranger : les efforts pour mettre en place une véritable politique maritime

La Bretagne a profité du développement des échanges maritimes dès le XIVe siècle. Le duché compte alors de nombreux ports qui sont autant

34. *Ibid.*, n° 668, 7 août 1462.

35. Il est déclaré que les villes de Quimper et de Concarneau « sont situees et assises sur portz de mer dangereux si noz ennemis vouloient faire descente », mais la forteresse de Quimper est « presque desemparee » et celle de Concarneau « reste partie a parachever », VENNEUGUÈS, Laurent, *Les Activités…*, *op. cit.*, n° 882.

36. KERMARREC, Marion, *Transcription…*, *op. cit.*, n° 690.

37. VENNEUGUÈS, Laurent, *Les Activités…*, *op. cit.*, n° 708.

38. Pour les entretenir, il est demandé de « leur faire poier par les fabriqueurs et parroessiens des parroiesses dont ilz seront a chacun d'eulx la soulde d'un moys a soixante soulz pour homme », BIHAN, Yvon, *Transcription…*, *op. cit.*, n° 300, 21 mars 1477.

de lieux d'escale, d'échanges, de transactions, et dont les infrastructures, même si elles restent rudimentaires pour la plupart, se multiplient (carte 3). Même au plus fort des conflits, les ducs de la dynastie Montfort cherchent à « atroire tous bons marchans a venir et frequanter marchandamment en noz païs » en raison des « grans profilcts que nous et tout le bien publique de nostre païs povaons avoir[39] ». Pourtant, l'insécurité ne disparaît pas et les marchands sont à la merci du climat politique. Il s'agit donc de protéger leur venue par un cadre diplomatique et judiciaire adapté. La question de l'existence d'un véritable statut juridique de l'étranger sur le littoral se pose alors.

Sauf-conduits et entrecours de marchandise : un arsenal diplomatique pour accueillir et protéger l'étranger

Pour obtenir une protection particulière des autorités bretonnes, les marchands peuvent se munir de congés ou de sauf-conduits, c'est-à-dire des sauvegardes individuelles, afin de faciliter leurs déplacements et assurer leur sécurité[40]. Les Bretons qui affrètent des bateaux étrangers ou qui se rendent hors du duché en ont également besoin et en sollicitent auprès des autorités ducales ou du pays de la destination prévue[41]. Ils sont délivrés par les services ducaux, notamment par la chancellerie, puis transcrits sur des registres avec les noms du bénéficiaire, son origine, le tonnage du navire. La protection s'étend à tout l'équipage, aux serviteurs et marins dont on donne le nombre approximatif. Les titulaires obtiennent parfois une dérogation aux représailles menées contre leurs compatriotes. Les Anglais en sont les principaux bénéficiaires, surtout durant la décennie 1460, pour laquelle sont conservés cinq registres de chancellerie, en 1462, 1464, 1466, 1467 et 1468 (graphiques 1-2). La diminution des sauf-conduits à partir de 1466 s'explique en grande partie par la fin des tensions et un rapprochement anglo-breton.

Ces autorisations personnelles sont en théorie dispensées par les traités, censés apporter de meilleures garanties de sécurité pour les échanges. La plupart des textes internationaux sont aussi des « entrecours de marchandises » et contiennent des clauses commerciales. Il s'agit d'abord d'assurer la protection aux marchands étrangers en Bretagne et aux marins bretons à l'étranger selon la règle de réciprocité. Ainsi un mandement précise que des sauf-conduits seront donnés aux marchands de la Hanse d'Allemagne si la Hanse en accorde aux Bretons[42]. Les alliances signées entre le duché et les autres puissances témoignent aussi des efforts ducaux pour amortir les conséquences commerciales d'une guerre et pour maintenir

39. Arch. dép. de Loire-Atlantique, E 125 n° 14-15, 21 septembre 1450.

40. Boiteux, Louis-Augustin, *La Fortune de mer, le besoin de sécurité et les débuts de l'assurance maritime,* Paris, SEVPEN, 1968, p. 25.

41. Lauriot-Prévost, Catherine, *La Guerre de course en Bretagne pendant la guerre de Cent Ans et jusqu'à la fin du xve siècle*, DES, Paris, 1966, p. 45.

42. Bihan, Yvon, *Transcription…, op. cit.*, n° 416, 15 avril 1477.

Carte 3 – *Ports et abris en Bretagne*

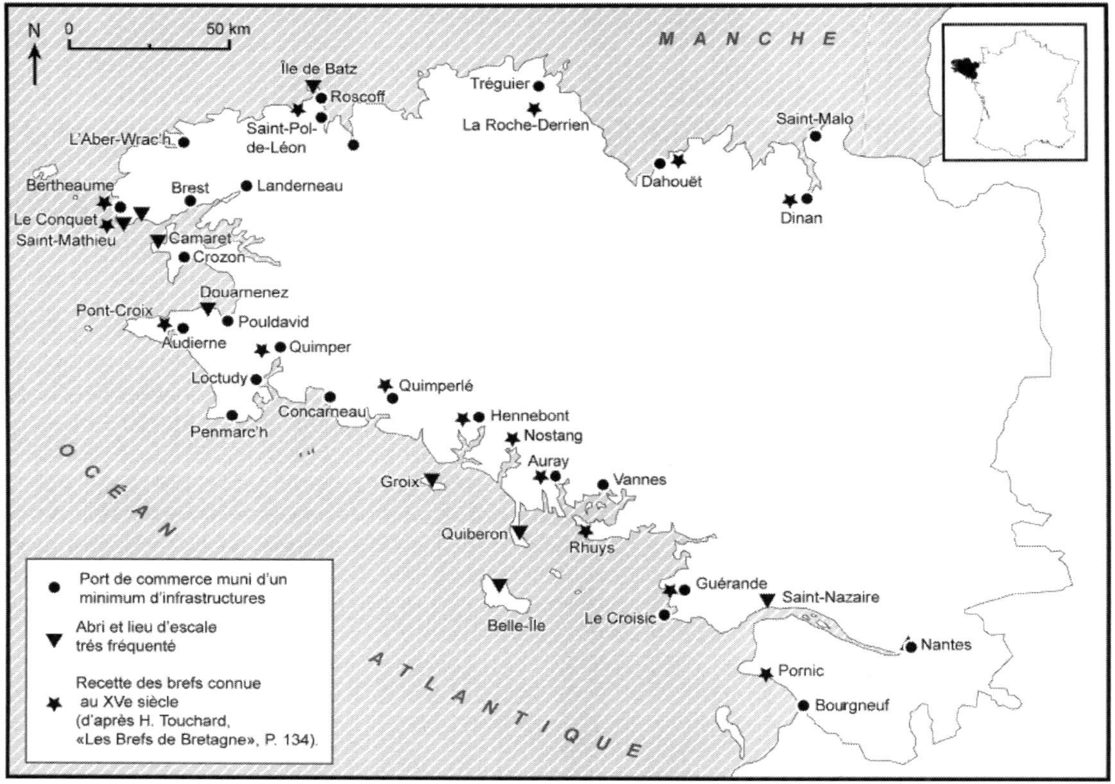

Graphique 1 – *Sauf-conduits accordés par le duc de Bretagne en 1462, 1464, 1466, 1467 et 1468*

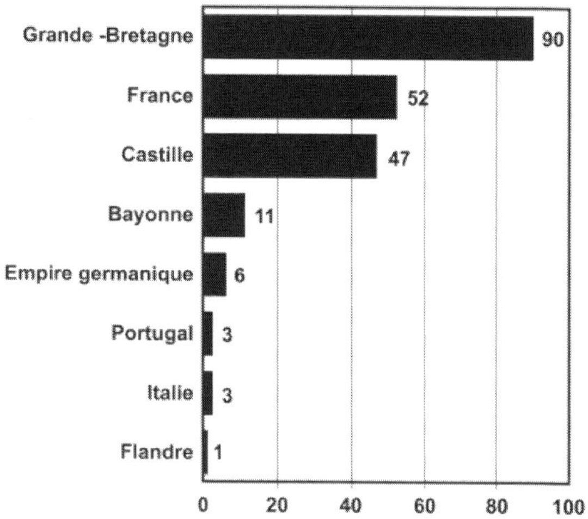

Graphique 2 – *Évolution du nombre de sauf-conduits accordés aux Anglais de 1462 à 1468*

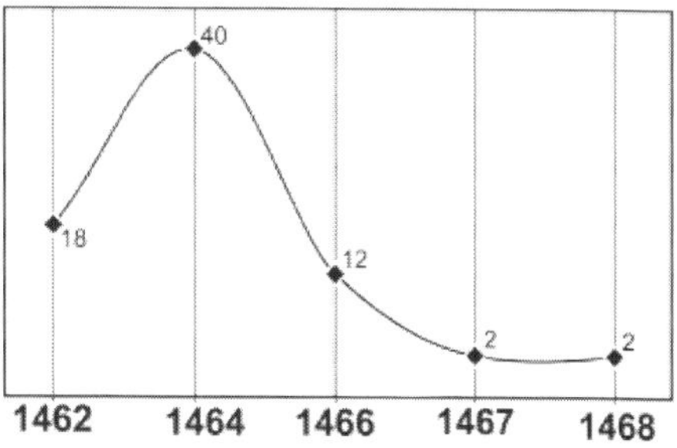

l'attractivité du duché[43]. Par conséquent, les autorités ducales s'engagent à assurer la sécurité des marchands contre toute attaque des Bretons[44]. Si des prises de mer sont occasionnées, la trêve ne doit pas être rompue et les malfaiteurs doivent être poursuivis[45]. Les traités signés précisent le statut des individus et les conditions de la présence étrangère, avec des clauses accordant une liberté de circulation et le transport des marchandises lors du voyage aller et retour, ainsi que durant le séjour. La protection s'étend aux biens qui, s'ils sont pris par des pirates et amenés dans un port breton, ne doivent pas être revendus. C'est aussi une garantie contre les

43. Touchard, Henri, *Le Commerce maritime breton à la fin du Moyen Âge*, Paris, Belles Lettres, 1967, p. 106; Knowlson, George-Akenhead, *Jean V, duc de Bretagne et l'Angleterre, 1399-1442*, Cambridge/Rennes, 1964, p. 52.

44. Le traité signé entre la Bretagne et l'Angleterre le 27 octobre 1411 stipule ainsi que les Anglais pourront « seürement maroier, aller et venir par toute mer », Blanchard, René, *Lettres…, op. cit.*, n° 1125.

45. Kermarrec, Marion, *Transcription…, op. cit.*, n° 635.

représailles, puisqu'ils interdisent généralement toute délivrance de lettres de marque ou de contremarque, en prévoyant que seuls les délinquants pourraient être recherchés pour leurs méfaits[46].

Les ducs de Bretagne mènent une politique diplomatique active au XVe siècle, surtout avec la Castille et l'Angleterre. Les accords préférentiels avec la première bénéficient de la présence de la colonie espagnole de Nantes, puisque c'est avec elle que se mènent les négociations qui vont conduire au premier texte important, signé le 20 avril 1430[47]. L'accord est renouvelé pour quinze ans le 1er septembre 1435[48]. Le 16 juin 1452, une lettre de Pierre II (1450-1457) proroge pour dix ans les effets de ces deux traités, reconduits en 1456 et en 1462[49]. Motivées par la concurrence avec la France et un regain de la piraterie, les relations s'intensifient entre 1466 et 1468, aboutissant à des alliances le 28 novembre 1466, le 24 juillet 1467 puis les 16 et 20 février 1468[50]. Le 4 août 1473, une procuration est donnée à Pons de Rivière et Regnaud Godelin pour négocier un nouveau traité d'alliance avec Ferdinand VI, conclu le 8 août[51]. Conséquence de la rupture avec la France, le rapprochement anglo-breton s'est quant à lui renforcé entre 1466 et 1468 dans le cadre de la guerre du Bien Public sous l'influence du trésorier Pierre Landais. Les premiers contacts ont lieu en janvier 1466 et se soldent par un traité de non-agression, complété par un traité de commerce et une sauvegarde générale. Les pourparlers se poursuivent et aboutissent le 3 avril 1468[52]. Le texte permet ainsi aux marchands anglais d'entrer, d'accoster ou d'ancrer dans les ports sans congé et, « a leur venue es portz et havrez dudit pays et duché de Bretaigne, pourront faire licitement lier leurs neffz esdits portz et havrez par la maniere que feront les Bretons, sans encourir pour ce en aucune forfaicture ou amande[53] ».

---

46. Il est par exemple interdit de capturer les Allemands « pour quelconque lettre d'arrest ou de marque donnee ou a donner deparavant ces heures ne autrement en aucune maniere », Arch. dép. de Loire-Atlantique, E 125, n° 14; Blanchard, René, *Lettres..., op. cit.*, n° 2202; Reydellet, Chantal, « Un mandement inédit du duc Jean V », *Mémoires de la Société d'Histoire et d'Archéologie de Bretagne*, 1992, p. 236.

47. Arch. dép. de Loire Atlantique, E 124, n° 11; Blanchard, René, *Lettres..., op. cit.*, n° 1896.

48. Arch. dép. de Loire Atlantique, E 124, n° 2202; Arch. dép. de Loire-Atlantique, E 124, n° 12.

49. Arch. dép. de Loire Atlantique, E 124, n° 13.

50. Berthemet, Claire, *Transcription..., op. cit.*, n° 987; Jolec, Jean-Yves, *Transcription et étude du registre B 5 des lettres scellées à la chancellerie bretonne en 1467*, Mémoire de maîtrise dactyl., Brest, 1990, n° 589; Kermarrec, Marion, *Transcription..., op. cit.*, n° 151-152.

51. Arch. dép. de Loire-Atlantique, E 124, n° 15, 20.

52. Pocquet du Haut-Jussé, Barthélémy-Amédée, « François II, duc de Bretagne, et l'Angleterre », *Mémoires de la Société d'Histoire et d'Archéologie de Bretagne*, 1928/2, p. 302-308; Arch. dép. de Loire Atlantique, E 122, n° 10, 3 avril 1468. Pour la transcription de ce traité, voir Moal, Laurence, *L'Étranger en Bretagne aux XIVe et XVe siècles. Présence, attitudes, perceptions*, Thèse de doctorat, Brest, 2007, t. III, p. 661.

53. Arch. dép. de Loire-Atlantique, E 122, n° 10, f° 6, 6 v°. D'autres traités suivent, en 1469, 1476 et 1489 notamment, Morice, *Mémoires..., op. cit.*, t. III, col. 200-201, 23 mars 1469, 617-627, 1er avril 1489; Arch. dép. de Loire Atlantique, E 123, n° 3, 16 mars 1476.

Les ducs se montrent également attachés à la venue des Hanséates qui reçoivent un sauf-conduit d'un an le 21 avril 1479[54]. Des contacts durables s'établissent aussi avec le Portugal. Les relations sont surtout motivées par la situation de pénurie alimentaire dont souffre ce royaume et les autorités portugaises sollicitent des importations de produits agricoles par l'offre de sauvegardes et l'envoi d'ambassadeurs. Le premier accord daterait de 1412 puis, en 1436, des missions tentent d'établir des relations plus étroites[55]. En 1452, Alphonse V octroie aux Bretons une charte d'alliance et de sauf-conduit valable pour six ans, suivie par une ambassade portugaise entre 1453 et 1456. Mais deux années conflictuelles suivent, de 1457 à 1459[56]. François II envoie à son tour une ambassade qui aboutit à la paix le 4 juillet 1459, renouvelée en 1469, 1471 et 1476[57]. On peut se demander si ces efforts sont couronnés d'un véritable succès. Après 1440, le nombre de sauf-conduits accordés à des Bretons augmente, les Portugais en disposant également de leur côté pour venir dans le duché[58]. Porto, par exemple, regroupe à cette époque une forte communauté de gens de mer que leurs activités amènent à prendre la route de l'Atlantique, et la Bretagne est citée comme l'une des destinations de leurs navires[59]. Pourtant, les registres du règne de François II ne mentionnent que trois sauf-conduits accordés à des Portugais. Leur présence attestée est faible, preuve peut-être que les traités ne suffisent pas à faire venir les marchands[60]. Les relations durables ont besoin de l'impulsion d'une colonie, à l'instar de celle des Espagnols de Nantes, ou tout au moins de l'existence de réseaux commerciaux qui se sont développés, par exemple, avec l'Angleterre. Ce sont d'ailleurs avec ces deux royaumes que les alliances dépassent les clauses du simple entrecours de marchandises par des privilèges étendus.

---

54. Le traité de 1483 entre la France et la Hanse est favorable aux relations avec le duché puisque, le 12 août 1483, est signé un traité pour dix ans, ratifié le 14 octobre par les consuls des villes de Lübeck, Hambourg, Rostock, Stralsund, Wismar, Lunebourg, *ibid.*, E 125, n° 20-21 ; ABRAHAM-THISSE, Simone, « Bretons et Hanséates à la fin du Moyen Âge : relations politiques et diplomatiques », dans *1491, la Bretagne terre d'Europe*, *op. cit.*, p. 35-56. Un sauf-conduit d'un an leur est accordé le 21 avril 1479 et le traité de 1483 entre la France et la Hanse est favorable aux relations avec le duché puisque, le 12 août 1483, est signé un traité pour dix ans, ratifié le 14 octobre par les consuls des villes de Lübeck, Hambourg, Rostock, Stralsund, Wismar, Lunebourg.

55. TOUCHARD, Henri, *Le Commerce…*, *op. cit.*, p. 89.

56. OLIVEIRA MARQUES, Antonio Henrique de, « Bretagne et Portugal au XVe siècle », dans *1491, la Bretagne terre d'Europe*, Actes du colloque tenu à Brest du 2 au 4 octobre 1990, sous la direction de Jean KERHERVÉ et de Tanguy DANIEL, Quimper, Société archéologique du Finistère, Brest, CRBC, 1991, p. 61.

57. LEJEUNE, Anne, *Le Conseil ducal*, n° 59, 66, 75. Arch. dép. de Loire-Atlantique, E 131, f° 18 v°, E 124, n° 2-5, novembre 1469 ; n° 7-8, 3 et 15 février 1471.

58. TOUCHARD, Henri, *Le Commerce…*, *op. cit.*, p. 89.

59. BARROS, Amândio Jorge Morais, *A confraria de S. Pedro de Miragaia do Porto, no século XV*, Porto, Faculdade de Letras, 1991, vol. II, p. 35-63 ; *id.*, « Barcos e gentes do mar do Porto, séculos XIV-XVI) », in *Revista da Faculdade de Letras*, II série, vol. XI, Porto, 1997, p. 220-230. Je tiens à remercier l'auteur pour ses précieuses informations.

60. MOAL, Laurence, *L'Étranger en Bretagne…*, *op. cit.*, p. 40, 59.

L'octroi d'avantages fiscaux et de droits judiciaires

L'étranger voyageant sous sauf-conduit ou sauvegarde se trouve théoriquement sous protection ducale. Il en va de la responsabilité du duc de lui accorder réparation en cas d'atteinte à sa sûreté, attaque, naufrage ou saisie de ses biens. Généralement un mandement est envoyé à des juges ou à des officiers du lieu où s'est produit le litige, ou bien ce sont des officiers ducaux qui sont chargés de faire une enquête (carte 4).

Il leur est demandé de délivrer les biens, de les mettre sous la main du duc, d'arrêter et d'interroger les délinquants et, en cas de refus, de les présenter devant le conseil ducal. De plus, il est interdit de s'en prendre aux marchands qui peuvent retourner dans leur pays s'ils le souhaitent. Les marchandises volées sont énumérées, des témoins sont interrogés[61]. Des gens de mer de toutes nationalités font ainsi appel à la justice ducale, qu'ils soient Portugais, Allemands, Anglais, avec une forte domination des Espagnols, sans doute les plus avantagés en la matière. En effet, les traités de 1430 et 1435 définissent le cadre juridique des relations commerciales par la mise en place de trois juges communs aux habitants des deux nations. Ils sont chargés de régler leurs contentieux, à Nantes, à Rennes et en Espagne[62]. Il est surtout institué un « conservateur de l'alliance » à la cour de Rennes et, à Nantes, un « consul, procureur et boursier d'Espagne », comme celui qui existe déjà à La Rochelle, afin de protéger « les droiz, franchises et libertez desdits marchans et autres subgiz dudit roy » de Castille auprès du duc. Pour la défense des intérêts de ses compatriotes, il perçoit, à leur charge, un devoir de bourse. Cette institution est chargée de veiller à la cohésion de leur groupe et à la conservation de leurs privilèges collectifs, tout en les représentant devant des pouvoirs publics locaux[63]. Les Espagnols obtiennent aussi des avantages fiscaux importants[64]. Ils sont ainsi exemptés du devoir

61. Richart Foxele et Robert Flaminc, par exemple, sont attaqués alors qu'ils voyageaient sous sauf-conduit. Les coupables doivent être ajournés devant le duc « savoir quatre des plus coulpables a comparoir en personne et les autres simplement repondre auxdits Anglois et au procureur general », JOLEC, Jean-Yves, *Transcription…*, *op. cit.*, n° 10, 5 janvier. La protection vaut aussi contre d'autres étrangers. Ainsi, des Anglais voyageant sous sauf-conduit du duc et de l'amiral de France sont dépouillés par des Allemands. Il est alors « mandé au premier sergent general sommer et requerir de par le duc lesdits Instran, Dyman et autres detenteurs desdits Anglois, leur navire et biens, de les mectre a delivrance et leur faire restitucion de ladite prinse », VENNEUGUÈS, Laurent, *Les Activités…*, *op. cit.*, n° 373, 24 mai 1462.

62. KERHERVÉ, Jean, « 1466-1468. Trois années de relations ordinaires entre Bretagne et Espagne », dans *Minorités juives, pouvoirs, littérature politique, en péninsule ibérique, France et Italie au Moyen Âge. Études offertes à Béatrice Leroy,* Textes réunis par J.P. Barraqué et V. Lamazou-Duplan, Biarritz, Atlantica, 2006, p. 127-161 ; BLANCHARD, René, *Lettres…*, op. cit., n° 1897.

63. MARÉCHAL, Joseph, « La colonie espagnole de Bruges au XIVe siècle », *Revue du Nord,* t. 35, 1953, p. 14.

64. Les Castillans obtiennent du royaume de France des privilèges commerciaux étendus, notamment des exemptions en 1364, 1406, 1424, 1457 et 1463, ARÍZAGA BOLUMBURU, Beatriz, BOCHACA, Michel et TRANCHANT, Mathias, « Aspects du commerce franco-castillan à la fin du Moyen Âge : la progression castillane dans le golfe de Gascogne », *Le commerce*

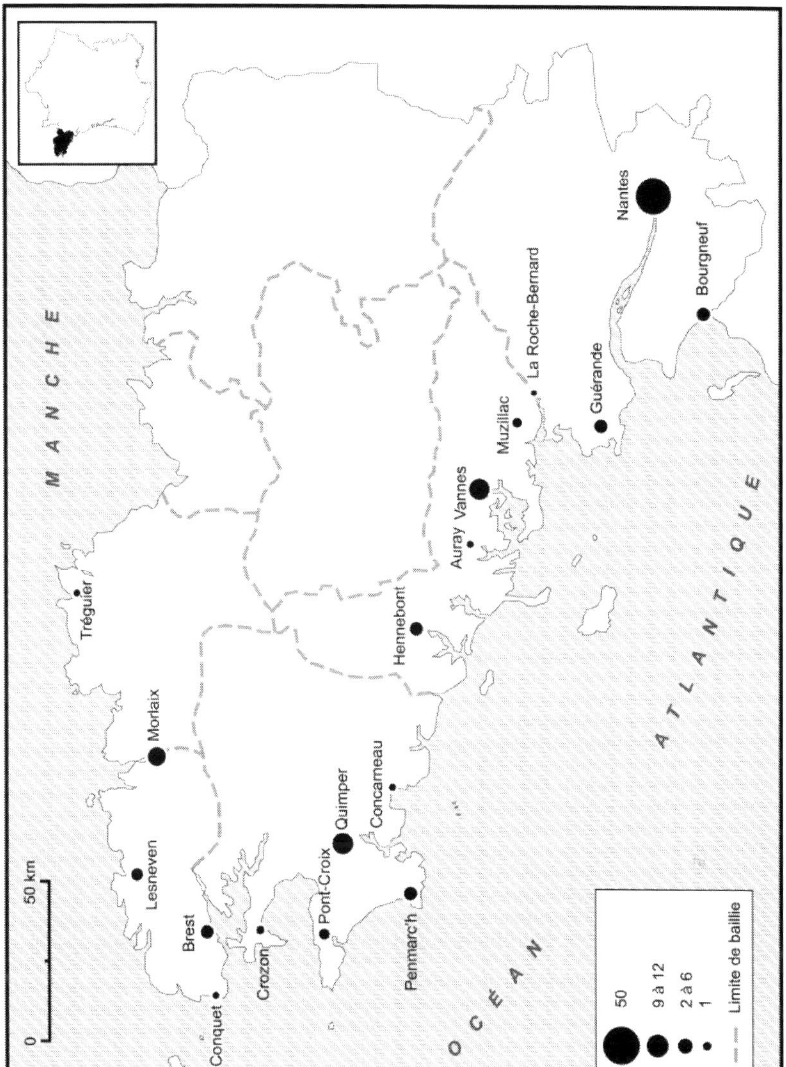

Carte 4 – *Procédures judiciaires mentionnant des étrangers sur le littoral breton*

de quarantième et des nouvelles taxes qui pourraient être levées. Le duc leur accorde en outre un adoucissement au droit de bris puisqu'en cas de naufrage, les marchands peuvent désormais récupérer 5/6e de leurs biens. Le traité de 1468 entre la Bretagne et l'Angleterre revient aussi sur ce droit de bris en précisant que les marchands anglais pourront garder leurs biens après dédommagement aux sauveteurs si « en icelle neff ou vaisseau demouroit homme, femme, enffent, chien, chat ou coq vivant[65] ».

Les autorités ducales interviennent donc dans la vie économique pour tenter d'instaurer un climat favorable à la venue des étrangers par l'octroi de privilèges fiscaux, commerciaux, personnels ou collectifs. Cependant, derrière la volonté de leur accorder des facilités d'accès au duché se cache aussi le désir ambivalent de réglementer leur présence et de taxer les activités commerciales. Bien évidemment, l'accueil n'est pas désintéressé.

Revers et limites d'une protection véritable

Le duc tire un certain profit de la situation conflictuelle pour accentuer la centralisation administrative. En effet, les marchands s'inscrivent dans un cadre très réglementé et, même s'ils sont en théorie protégés par des sauvegardes collectives, ils doivent individuellement obtenir des permissions supplémentaires. Les autorisations diverses constituent une manière d'assurer un certain contrôle de l'étranger et surtout de l'identifier comme tel.

Un étranger sous contrôle

Les marchands étrangers inspirent une certaine méfiance aux autorités, soucieuses de la défense du duché, surtout en période de guerre. L'attitude du pouvoir est donc ambivalente puisque tout en leur accordant des droits, il leur impose des restrictions. La venue est en général soumise à autorisation préalable et le délai de protection, entre 6 mois et un an, est souvent trop court, ce qui oblige les marchands à demander une prolongation. Les sauf-conduits posent également problème en cas de cosmopolitisme des équipages. Qui est vraiment protégé et que faire des marchandises d'une autre origine que celles qui figurent sur l'autorisation? On voit aussi que l'étranger reste associé à une menace. Les détenteurs des sûretés sont tenus à une bonne conduite et il est stipulé qu'ils « ne pourchacent chose prejudiciable au duc, a ses païs, ne subgitz[66] ». Il est interdit de vendre les biens volés, de commettre des actes de fraude[67]. Le transport et le port

---

atlantique franco-espagnol. Acteurs, négoces et ports (XVe-XVIIIe siècle), sous la direction de Jean-Philippe PRIOTTI et Guy SAUPIN, Rennes, PUR, 2008, p. 35-37.

65. MOAL, Laurence, *L'Étranger en Bretagne…, op. cit.*, t. III, p. 666-667; *id.*, « À propos du droit de bris, un exemple de solidarité anglo-bretonne? (Morlaix, 1501) », *Bulletin de la Société Archéologique du Finistère*, t. 134, 2005, p. 211-228.

66. KERMARREC, Marion, *Transcription…, op. cit.*, n° 425, 461.

67. On distingue cependant les marchands étrangers des ennemis du duché : « les marchans, maistres des neffez et mariniers de la partie d'Angleterre n'ameneront par fraude

des armes sont strictement réglementés. Les armes blanches, les armures et « harnais » ou l'artillerie sont autorisés uniquement pour « la garde et saulvement de leurs corps et biens » ou pour la défense des navires mais à condition de rester à bord ou à l'hôtel où descendent les étrangers[68]. En 1440, il s'agit de prévenir les dommages commis par les Anglais. Chaque maître de navire doit constituer une caution avant de partir et, en cas de rupture de trêve, une réparation peut être exigée sur les cautions et sur leurs biens. Ils doivent pouvoir préciser, en cas de contrôle, à qui appartient la marchandise transportée, s'exposant à la saisie si elle est la propriété ennemie[69]. En outre, si les alliances et sauf-conduits accordent aux voyageurs la liberté de circuler, les villes closes sont toujours soumises à un régime à part. L'entrecours de 1468 entre la Bretagne et l'Angleterre montre bien le paradoxe. Les marchands étrangers peuvent y entrer sans demander congé, mais il est indiqué ensuite qu'ils doivent demander un congé à l'entrée de la ville la première fois et à chaque venue. Leur arrivée doit être validée par un garde et, en cas d'absence, notifiée aux capitaines et officiers de la ville par leurs hôtes dans les deux heures[70]. Durant ce délai, ils ont le droit de circuler dans la ville mais non de la quitter ou de faire sortir aucune marchandise[71]. Enfin et surtout, les dispositions contenues dans les sauvegardes sont vagues et sans garanties d'application. Les violences ne cessent pas, comme le montrent les récurrences des plaintes. Il est souvent impossible de retrouver les coupables, ce qui conduit parfois les marchands à se faire justice eux-mêmes en demandant des lettres de marque auprès des autorités.

Un étranger fortement taxé

L'excès de fiscalité a pu nuire finalement à la venue des étrangers. En effet, les traités stipulent qu'ils doivent s'acquitter des taxes qui ont cours dans le pays, dont le poids s'alourdit tout au long du XVe siècle[72]. En temps de guerre surtout, elles s'ajoutent aux sauf-conduits qui apparaissent comme une source de revenu de premier ordre pour le pouvoir, qui tire ainsi profit de l'insécurité et de la piraterie. Entre 1403 et 1407, en Bretagne

---

ou couleur quelxconques aucuns biens ou marchandises des estrangiers ennemys de nostredit cousin le duc de Bretaigne et de sesdits subgitz de Bretaigne », Arch. dép. de Loire-Atlantique, E 122 n° 10, 3 avril 1468.

68. KERMARREC, Marion, *Transcription…*, *op. cit.*, n° 375.

69. TOUCHARD, Henri, *Le Commerce…*, *op. cit.*, p. 119.

70. « Ils n'entreront en nulles autres places de nosdites obbeissances sans le congié et licence des cappitaines ou gouverneurs d'icelles, leurs lieuxtenants ou commis, sans prevenir, faire obstant de ces presentes », Arch. dép. de Loire-Atlantique, E 202, n° 7, 8 septembre 1457.

71. « Ou cas qu'ilz ne trouveront aucuns telz gens auxdites portes que ilz pourront licitement et sans aucun empeschement entrer, chevaucher ou aller jucques à leurs hostelz et illec demourer, sans en partir, jucques a ce que leurs hostes auront signiffié leur venue aux capitaines ou officiers desdites villes », KERMARREC, Marion, *Transcription…*, *op. cit.*, n° 375.

72. *Ibidem*, n° 131, 375.

mais aussi en Angleterre, ainsi qu'entre 1449 et 1464, les autorisations sont délivrées aux marchands prisonniers afin qu'ils puissent récupérer l'argent de leur rançon[73]. Plus qu'une simple précaution, les sauf-conduits apparaissent comme une obligation juridique pour éviter la saisie en cas de contrôle, surtout avec la reprise de l'insécurité entre Bretons et Anglais après la rupture de la trêve de Tours en 1449, suivie par la reconquête de la Normandie et de la Guyenne. Le prix élevé explique sans doute le développement de la fraude. Ainsi, la découverte de sauf-conduits en blanc donne lieu à un procès qui éclabousse la chancellerie bretonne en 1463[74]. Le droit de bris confisqué progressivement par le pouvoir ducal marque aussi le statut de l'étranger du point de vue maritime. Cette centralisation profite aux marchands dans une certaine mesure car ce droit est mieux réglementé et fait partie des discussions lors des traités. Mais le duc ne l'abandonne jamais complètement puisque, même dans le traité de 1430, il est prévu que les Espagnols doivent se munir de chartes-parties et de brefs pour récupérer les 5/6e de leurs biens. Pour les autres nations, si un équipage fait escale dans un port sans s'en acquitter, « lesdits vexeaux et marchandises seront acquis a mondit seigneur le duc[75] ». Le droit coutumier en atténue la rigueur également. Un équipage qui n'a pas prévu de s'arrêter en Bretagne ou qui ne s'est pas muni de bref à Bordeaux ou à La Rochelle dispose d'un délai de trois marées pour s'en acquitter. Il s'agit en même temps d'une manière d'identifier l'étranger qui doit se présenter au receveur des brefs (carte 3). Les brefs constituent surtout une véritable contrainte, une taxe de navigation supplémentaire, qui s'ajoute aux autres et en particulier aux sauf-conduits avec lesquels ils font double emploi. Les revenus sont importants. En 1483, la ferme générale des brefs est adjugée sur la base de 5 000 livres annuelles, soit presque le tiers de la valeur de toutes les finances ordinaires[76]. Pour y échapper, certains marchands préfèrent mouiller à l'extérieur des ports, mais en cas d'échouage, de naufrage ou de simple contrôle, les navires qui ne peuvent fournir brefs ou sauf-conduits s'exposent à la saisie.

Les procès qui évoquent les affaires de saisie montrent bien l'enjeu financier des biens de l'étranger, soumis à toutes les convoitises, tant des populations que des autorités. La limite est en particulier très floue entre le pillage et le sauvetage dont les dispositions sont précisées dans le droit coutumier. On prévoit en effet une indemnisation au sauveteur pour l'inciter à ne pas garder les biens récupérés, en principe le tiers des marchandises sauvées ou une récompense équivalente, mais après récupération

73. TOUCHARD, Henri, *Le Commerce…, op. cit.*, p. 107.

74. Arch. dép. de Loire-Atlantique, E 198, n° 23-24 ; MORICE, *Mémoires…, op. cit.*, t. III, col. 38-40 ; POCQUET DU HAUT-JUSSÉ, « François II », art. cité, p. 231-239.

75. Arch. dép. de Loire-Atlantique, E 124, n° 11. Pour la perception des brefs bretons à La Rochelle, voir TRANCHANT Mathias, *Le Commerce maritime de La Rochelle à la fin du Moyen Âge*, Rennes, PUR, 2003, p. 190-192.

76. Arch. dép. de Loire-Atlantique, E 212, n° 16-17 ; KERHERVÉ, Jean, *L'État breton…, op. cit.*, p. 680

par les officiers et le partage pour déterminer la part qui revient pour le salaire des commissaires, la part du duc et la part de l'étranger éventuellement[77]. Mais dans tous les cas, l'étranger se retrouve lésé. Que reste-t-il en effet après distribution ? La promesse d'une indemnisation ne constitue en aucune manière une garantie pour retrouver ses biens, comme en témoigne la mésaventure survenue à l'Espagnol Loppez de Saint-Victor après son naufrage à l'île de Sein, le 26 décembre 1476[78]. La saisie apparaît en fait souvent comme une décision arbitraire et un moyen de protéger les prérogatives ducales, le droit de bris, tout en renforçant le contrôle sur la population locale. Il faut par ailleurs compter avec le zèle et la mauvaise foi des officiers locaux. L'étranger est aussi victime des représailles et des renversements d'alliance. Le duc est en fait obligé de ménager à la fois les intérêts des étrangers et des Bretons, mais il doit aussi composer avec les intérêts antagonistes des nations en guerre entre elles. La position de l'étranger reste donc précaire.

•

En fonction de l'origine, du contexte, des alliances, l'étranger est tour à tour repoussé, accueilli, contrôlé. Les dispositifs mis en œuvre pour se protéger des ennemis sont réalisés au prix d'efforts considérables, mais le plus souvent mal supportés par les habitants. Le duché n'a pas les moyens de ses ambitions et on ne peut pas parler de véritable « frontière de mer » avant le XVIe siècle. L'étranger sur le littoral apparaît aussi comme une source de revenu très rentable, tant pour les populations que pour le pouvoir. Les autorités ont cherché à profiter au mieux de cette rentrée fiscale, ce qui les conduit à définir un authentique statut maritime de l'étranger par les droits judiciaires, le droit de bris et les sauf-conduits. Le conseil ducal et la chancellerie surtout sont les grands gagnants de cette évolution. L'étranger a aussi permis de renforcer la présence des autorités sur les littoraux. Pourtant, la protection est souvent accordée au cas par cas et elle est toujours aléatoire car soumise à un contexte de forte insécurité. Les voies de recours, restitutions ou compensations, sont souvent illusoires ou sans effet en raison de la mauvaise volonté des officiers ou à cause de la durée des enquêtes, qui traînent suffisamment pour que les biens ne soient pas retrouvés. Les excès de fiscalité et de contrôle ont pu aussi se retourner contre les autorités en encourageant des actes de solidarité entre Bretons et étrangers[79]. Mais les marchands sont tout de même attachés aux traités et aux privilèges accordés à leur nation et ils n'hésitent pas à en reprendre les clauses lors des litiges. Ainsi, en 1501, des marchands victimes d'une

77. MOAL, Laurence, « Des Anglais dans les méandres judiciaires bretons après leur naufrage à l'entrée du Blavet (6 janvier 1479) », *Mémoires de la Société d'Histoire et d'Archéologie de Bretagne*, t. 82, 2004, p. 404-409.

78. MOAL, Laurence, *L'Étranger en Bretagne*..., *op. cit.*, p. 252, 263.

79. Un officier est ainsi chargé de se rendre en Basse Bretagne pour arrêter des Espagnols, mais alors que le navire, avec à son bord des gens de guerre, se trouve à quatre lieues de Port-Blanc, près de Tréguier, où se sont réfugiés les pirates, ceux-ci sont avertis de l'opération par des Bretons, JOLEC, Jean-Yves, *Transcription*..., *op. cit.*, n° 578.

saisie jugée arbitraire à la suite d'un simple échouage recourent au traité de 1468 entre la Bretagne et l'Angleterre pour faire valoir leurs droits à récupérer leurs biens[80]. Les sauvegardes, même imparfaites, ont donc constitué de véritables garanties pour sécuriser les échanges. Mais les efforts ducaux sous le règne de François II (1458-1488) sont annulés par la guerre avec la France. Défendre le duché contre l'invasion redevient une priorité mais le littoral n'est plus au cœur du dispositif.

RÉSUMÉ

Les étrangers constituent un véritable enjeu pour les ducs de Bretagne qui développent, à la fin du Moyen Âge, une politique d'indépendance. Ils s'efforcent de sécuriser les côtes, en première ligne des exactions ennemies. Leur défense passe par la mise en place d'une marine de guerre, la mobilisation des sujets et des travaux de fortification, dispositif vécu comme une contrainte pour les habitants. Le pouvoir ducal s'attache, en même temps, à favoriser les échanges maritimes et à protéger la venue des marchands étrangers par un cadre diplomatique et judiciaire adapté. Ce volontarisme est aussi motivé par le désir de réglementer la présence étrangère afin d'en tirer profit. Ce développement institutionnel est certes incomplet, mais il a contribué à renforcer la présence des autorités sur les littoraux.

ABSTRACT

Migrants from abroad were a real challenge for the Dukes of Brittany who were establishing a policy of independence at the end of the Middle Ages. They made sure the coastline was secure since it was on the front line of enemy attacks. The defence works included the construction of a navy, mobilisation of their subjects and building of fortifications; this system was felt to be very restrictive by the inhabitants. At the same time, the Duchy endeavoured to encourage sea-based trade and to protect the movements of foreign merchants with a specific diplomatic and legal framework. This positive action was also motivated by the wish to legislate on the presence of foreigners in order to make money from them. This institutional development was certainly incomplete but it helped to reinforce the presence of the authorities on and near the coastline.

80. Moal, Laurence, « À propos du droit de bris », art. cité, p. 220-221.

Le Croisic et les étrangers à la fin du Moyen Âge : les attirer, s'en protéger

Alain GALLICÉ
Docteur en histoire médiévale
chercheur associé au Centre de Recherche
en Histoire Internationale et Atlantique – EA 1163

Principal port du pays guérandais[1], Le Croisic en est un des ports du sel. Si la présence étrangère pour l'enlèvement du sel n'a pas l'importance que l'on constate en baie de Bourgneuf, la fréquentation étrangère n'est pas absente et les Croisicais s'efforcent de la renforcer en obtenant du duc des privilèges fiscaux. Le Croisic dispose également d'une flotte importante aux capacités variées qui diffuse le sel du pays guérandais, surtout vers l'Angleterre, et est engagée dans le commerce roulier, en particulier du vin, avec les ports de la façade atlantique, Pour les Croisicais de tels trafics sont sources de contacts qu'ils s'efforcent de développer en établissant des réseaux. Cependant, si on cherche à attirer ceux « d'ailleurs », ils peuvent en temps de guerre représenter un danger dont il faut se protéger, ou, en temps de paix, constituer des concurrents que des mesures prises par les autorités ducales peuvent paraître favoriser, et contre lesquelles les Croisicais peuvent réagir par la violence. Étudier la présence des étrangers[2], à partir de l'exemple du Croisic, implique de s'interroger sur la façon dont ils sont perçus, sur les tactiques mises en œuvre pour les attirer, sur leur présence, et comment on s'emploie parfois à s'en protéger.

---

1. GALLICÉ, Alain, *Guérande au Moyen Âge. Guérande, Le Croisic, le pays guérandais du milieu du XIVe siècle au milieu du XVIe siècle,* Rennes, PUR, 2003, p. 331-346.

2. MOAL, Laurence, *L'Étranger en Bretagne au Moyen Âge : présence, attitudes, perceptions*, Rennes, PUR, 2008; pour ne pas surcharger les notes de bas de page, nous renvoyons une fois pour toutes à ce livre essentiel et à ses indications bibliographiques.

La notion d'étranger

En 1420, d'après les « hommes et subgiz, les manans et habitans [du] païs et terrouer de Guerrande », afin d'édifier une forteresse en l'« isle de Baz » (en fait au Croisic), Jean IV établit 60 ans auparavant une taxe portant sur chaque muid de sel, et se montant pour les gens du « terrouer » au vingtième de la valeur, alors que les « forains de notredit terrouer, tant de nostre duchié comme d'ailleurs » paient le dixième. Dans la suite des lettres patentes du 5 octobre 1420, ces « forains » sont désignés comme des « forains estrangers » ou des « marchans de toutes parties estranges et diverses[3] ». L'« estranger » est celui qui n'appartient pas au « païs et terrouer de Guerrande » : un « terrouer » est l'espace de projection d'une institution[4], une circonscription administrative, celle de la sénéchaussée ducale de Guérande dans le cas présent. Par rapport au « terrouer », deux communautés commerciales se distinguent : les autochtones et les autres. Cependant, trois ensembles territoriaux sont déterminés : le « terrouer », le « duchié » et « ailleurs », cette dernière catégorie regroupant les régnicoles et les étrangers au sens actuel du mot.

Dans la pratique fiscale, de telles conceptions se traduisent par un double enregistrement. Source unique de ce type dans l'histoire médiévale du pays guérandais, le compte tenu par le receveur Jubin Regnaud[5] comprend deux « menus des imposicions et gabelles des entrees et issues dou sel, de blez, et vins et d'autres denrées es paroisses de Baz et de Guerrande », celui « des genz de hors » tenu entre le 15 novembre 1384 et le 26 janvier 1386 (n.s.) et celui « des genz doudit terrouer de Guerrande » tenu du 31 octobre 1384 et le 26 janvier 1386 (n.s.).

Pour les « gens de hors », leurs désignations associent, le plus souvent, un nom, parfois la mention de « mestre » du navire, le nom du navire et celui du port d'attache. Une seule fois, le pays d'origine est indiqué : « Louch [Looe] en Angleterre », d'autre part, par sept fois, des navires du « terrouer » sont déclarés « alant en Espaigne ». Si parfois, des notations d'ordre géographique précisent l'« ailleurs », dans la presque totalité des cas celui-ci ne peut être reconnu que par l'examen des noms des ports d'attache. Ils sont désignés avec des orthographes qui sont des transcriptions phonétiques : « Louch » pour Looe, « Favic » pour Fowey, « Dartemue » pour Darthmouth, « Portemue » pour Pormouth, « Plemue » pour Plymouth, « Taiguemue » pour Teignmouth, « La Colorgne [ou] Coloigne » pour la Corogne, « Saint Andierre » pour Santander. Certaines nous demeurent incompréhensibles : « Huilcheniz », « Guichenese », « Trenardroiz », mais semblent désigner des ports étrangers. Londres est enregistré sous sa graphie française, sans doute en raison de sa notoriété.

3. BLANCHARD, René, *Lettres et mandements de Jean V, duc de Bretagne, de 1402 à 1442*, 5 vol., Nantes, 1889-1895, t. III, n° 1451, p. 38-41.

4. WEBER, Max, *Économie et société*, 2 vol., t. I, *Les Catégories de la sociologie*, Paris, Pocket, 1995 (1re éd. allemande, 1922), p. 291.

5. Arch. dép. de Loire-Atlantique, B 2964.

Au total, en 1385, 16 navires originaires d'« ailleurs » conduits par des maîtres de navires étrangers apparaissent entre février et novembre mais surtout en mars ; 13 viennent d'Angleterre, de 10 ports différents situés surtout au sud-ouest de ce pays ; un de Bayonne ; un de Santander et un de Pollock (Hanse). Ils enlèvent 603 muids de sel, allant surtout vers l'Angleterre (424,5 muids), Santander (140) Bayonne (34) et Pollock (4,5). Ces relations sont le fait surtout de petits et moyens porteurs qui ne chargent apparemment que du sel. La moyenne des chargements s'établit à 37,6 muids dans une fourchette comprise entre 4,5 et 140 muids ; 8 navires emportant 20 muids ou moins, 5 de 21 à 50 muids et 3 plus de 50 muids (70, 90, 140 muids). Ajoutons un « vessel Saint Esprit » de la Corogne qui prend un bref de conduit, qui est sans doute le même navire qui, sous la dénomination de « neff », charge 100 muids de sel, appartenant au duc, pour une destination inconnue mais conduit par un maître de navire du « terrouer », Guillo Calon, il est enregistré avec ceux du « terrouer ».

La question des prix déclarés mérite examen. Parfois, ils sont conformes ou analogues à ceux relevés à la même date pour d'autres navires (7 février, 15 mars, 13 juillet, 17 septembre). Mais, le plus souvent, ils sont supérieurs à ceux que l'on relève pour les enlèvements de sel effectués tant par ceux du « duchié » que par ceux du « terrouer ». C'est le cas, entre le 28 mars et le 5 avril 1385, pour 9 cargaisons de sel, totalisant 370,5 muids, dont les valeurs déclarées s'échelonnent de 34 à 40 s, alors qu'auparavant on trouve des valeurs inférieures (25 s les 20 et 24 mars) ainsi qu'après (25 s le 5 avril, 24 s le 10 avril). Autres cas : 35 s pour 16 muids, contre 24 et 25 s les jours précédents et suivants (avec une exception, 34 s) ; et le 4 novembre, 27 s pour 140 muids. Dans ce dernier cas, le surcoût (+ 68,75 %) est important, il se monte à 77 l et 5 l de taxes supplémentaires. Comment expliquer de tels prix ? Faut-il songer à des qualités différentes de sel ? Ou à des différences de lieu d'approvisionnement qui déterminent un supplément de frais de transport ? Les conditions d'achat ont pu être déterminantes, une demande exprimée relativement forte, à satisfaire dans des délais relativement courts, auprès d'un groupe de vendeurs peut-être restreint, a pu provoquer une tension sur les prix. Sans doute faut-il envisager encore que certains de ces acheteurs étrangers sont à même d'offrir un meilleur prix[6] et que cette capacité étant connue, on a su en tirer parti. Sans doute encore convient-il d'envisager que l'achat passe par l'entremise d'un intermédiaire qui reçoit une commission ? Ces éléments d'explication pouvant se combiner et accentuer leurs effets.

Certains patronymes mentionnés parmi ceux du « terrouer » sont à relever : « Hervé de Bayone », « Jahan de Bayone », « Nicholas Navarre ». Dès la fin du XIIIe siècle, des Bayonnais ont affermé au duc de Bretagne les

6. KERHERVÉ, Jean, « Récolte du goémon et pêche de la sardine sur les côtes de Bretagne au début du XVIe siècle », *Bulletin de la Société archéologique du Finistère,* 127, 1998, p. 370 et 375, retient cette explication à propos d'une cargaison de sardines apportée par une chaloupe de Douarnenez.

sécheries de poisson de la pointe Saint-Mathieu en Bretagne[7], aussi, à la fin du XIVe siècle, ces noms sont-ils plus révélateurs des zones de départ déjà anciennes que de zones d'arrivées récentes ; ils révèlent plus un brassage de population que des courants migratoires particuliers. Au total, en 1385, la présence des navires venus d'« ailleurs » est faible : 5,1 % des mouvements, 11,9 % des quantités emportées. Mais elle implique des clients capables de traiter à des prix intéressants. Aussi, les attirer est-il avantageux.

Attirer ceux « d'ailleurs »

Pour attirer une clientèle d'« estrangers » plusieurs démarches sont mises en œuvre ; elles s'appuient principalement sur une politique fiscale et la mise en place de réseaux.

La fiscalité

Dans un marché international du sel marqué par la concurrence, la question des droits d'issue est de première importance. Leur détermination relève de la puissance publique mais peut faire l'objet, à la suite à des demandes locales, d'aménagements qui constituent des privilèges octroyés par le prince à une communauté. Ces privilèges doivent être considérés comme une réponse à une prise en compte des données du territoire appréhendées par ses habitants, et, en cela, d'une certaine manière, comme un élément d'une « politique territoriale » sollicitée par les acteurs de ce territoire. Certes, l'expression doit être appréciée à l'aune du Moyen Âge, mais elle se justifie par ce qui est impliqué : appréciation d'une situation territoriale ; demandes en lien avec celle-ci ; engagement du pouvoir à appliquer des mesures prises, dont certaines favorisent directement ou indirectement des équipements[8].

L'obtention de privilèges implique de convaincre la puissance publique de la nécessité de statuer. Traditionnellement, les arguments clés se fondent sur l'évocation d'une situation passée, réelle ou revisitée, tant « tout le Moyen Âge est traversé par la volonté de ne pas innover[9] », et la démonstration que l'intérêt particulier dont on demande qu'il soit satisfait concourt au « bien public ». Selon les Guérandais, avant 1360, hormis les « coustumes anciennes qui encores y sont levées », le « terrouer » était « reputé [...] le plus franc port

7. TRÉVÉDY, Julien, « Pêcherie et sécheries de Léon et Cornouaille », *Bulletin de la Société archéologique du Finistère*, 18, 1891, p. 106.

8. Sur l'enjeu territorial des privilèges octroyés, BOCHACA, Michel, « Libourne et le commerce du sel dans la basse vallée de la Dordogne à la fin du Moyen Âge : enjeux et conflits », dans HOCQUET, Jean-Claude et SARRAZIN, Jean-Luc (éd.), *Le Sel de la baie : histoire, archéologie, ethnologie de sels atlantiques,* 2006, Rennes, PUR, p. 235-243 ; GALLICÉ, Alain, « Monoculture, pluriactivité et diversification des activités dans les zones littorales et salicoles du pays guérandais à la fin du Moyen Âge », dans *La pluriactivité, forme de gestion des risques économiques chez les sociétés littorales en Europe atlantique en Europe atlantique (XIe-XVIe siècle),* à paraître.

9. FOSSIER, Robert, *Villages et villageois au Moyen Âge*, Paris, Christian, p. 65.

de toute la coste de la mer » et il « y habondoit » vaisseaux et marchands « de toutes parties estranges et diverses ». La taxe établie en 1360 et maintenue jusqu'en 1420, alors que la fortification pour laquelle elle avait été établie était achevée, a eu pour résultat qu'ils ont gagné le « pays de la Baye » où « croist tres plus grant nombre de sel » que dans le pays guérandais, où se trouvent de « tres bons havres » et qui est « franc de charges et devoirs ». Selon les Guérandais, l'attractivité de la Baie tient d'abord à l'importance de sa production salicole, ensuite à sa capacité d'accueil des flottes et, enfin, au régime fiscal ; la présentation n'est en rien réductrice, la fiscalité n'est qu'un élément de valorisation des ressources d'un territoire.

En 1420, les Guérandais demandent le retour de l'ancien régime fiscal du « terrouer » : la « franchise desd. devoirs ». Selon eux, grâce à une telle mesure, les marchands seraient désireux de « venir et frequenter marchandement ou temps avenir ». L'intérêt public y trouverait son compte puisque le « terrouer » étant « meilleur et plus marchant », les « marchans frequentens led païs de la Baye y [apportant] pluseurs denrées et marchandise », gagneraient à nouveau le pays guérandais et le duc tirerait profit des profits des droits d'« entrées et issues » et des « breffs », profits dont il ne jouit pas en baie de Bourgneuf. Ainsi présentée, la demande doit rétablir au profit d'un territoire un courant commercial avantageux au bien public. Le sel n'est pas explicitement cité. Mais il est au cœur de la demande puisque la taxe décriée porte sur le sel. Il s'agit bien pour les Guérandais, par des conditions tarifaires plus favorables, d'attirer une clientèle venue d'« ailleurs » qui fréquentent la Baie.

Aux Guérandais, le duc accorde seulement que « les marchands forains » seraient désormais taxés au vingtième à l'image de ceux du « terrouer »[10]. À cela s'ajoutent des taxes portuaires locales comme celles des « anciennes coustumes, ventes et gardes des navires, barques, basteaux et ancrages », un droit de balisage au Pouliguen qui s'élève à 5 s sur chaque bâtiment ou barque à chaque entrée, mais 2 s 6 d pour les bâtiments qui n'ont pas de petits bateaux, et éventuellement des droits seigneuriaux[11]. Comparativement cela, quel est le régime fiscal des étrangers ? L'imposition sur les sels de la « creue du terrouer » de Muzillac s'élève pour les forains au dixième[12]. Dans la seigneurie de Rays, les droits ducaux d'issue ne s'appliquent pas, mais il existe une dîme seigneuriale qui se monte au vingtième du prix, à laquelle s'ajoutent certains droits seigneuriaux[13]. Les Marches communes

10. Blanchard, René, *Lettres*..., *op. cit.*, t. III, n° 1451, p. 38-41.

11. Gallicé, Alain, *Guérande*..., *op. cit.*, p. 328-329.

12. Arch. dép. de Loire-Atlantique, B 52, f° 11 ; B 2971 ; C 788/2, p. 18-19 ; Gallicé, Alain, *Guérande*..., *op. cit.*, p. 328-329.

13. Blanchard, René, *Cartulaire des sires de Rays, 1160-1449,* 2 vol., Poitiers, coll. « Archives du Poitou », t. 28 et 30, 1898 et 1899, n° CXCVI, pour 1383, n° CCXLII, pour 1402 ; n° CCCXXX pour 1410 ; des droits plus élevés peuvent être levés, dans le compte des dîmes de sel « desplacez par mer ou fyé de La Marchancie » la taxe est au dixième plus les frais de « rivaige et portaige », soit 5 d, Arch. dép. de Loire-Atlantique, B 1854, f° 57-61 v° ; il existe des sels francs, mais ils sont peu nombreux, en 1474 : sur 39 chargements il y a

bénéficient d'avantages fiscaux portant sur l'ensemble des finances extraordinaires[14]. Enfin la fiscalité des sels du Poitou et de Saintonge est redéfinie par une ordonnance du 1er décembre 1383; la mesure déclenche une révolte à Noirmoutier[15]; le pouvoir royal réagit, ne laissant subsister que le droit du quart à chaque vente et revente, et ce droit est ramené à un demi-quart pour les roturiers vendant le sel de leurs propres marais[16]. Bourgneuf et Guérande disposent d'un avantage par rapport au Poitou.

Les mesures de 1420 ont-elles eu les effets attendus par les Guérandais? L'attractivité de la Baie au cours du XVe siècle demeure entière[17]. Toutefois, à partir du pays guérandais des navires bretons, en particulier de Saint-Pol-de-Léon, assurent en plus grand nombre des transports vers l'étranger (Angleterre, Flandre)[18]. Dans le « terrouer », ces avantages fiscaux sont bien perçus et on entend les conserver. Lorsque, entre octobre 1499 et octobre 1500, une taxation nouvelle de 5 s t par pipe de sel exporté de Bretagne, Poitou et Saintonge, sur les navires étrangers « seulement », est proposée afin de fortifier le port de Brouage, des objections s'élèvent. Elles sont exprimées par « plusieurs gens de bien du pays de Bretaigne », en fait par les milieux nantais soucieux de leurs intérêts et de ceux des sels de Guérande. Les opposants soulignent que le devoir qui pèse sur leur sortie du « terrouer de Guerrande et du Croisic » est « assez payé, car il y a assez d'autres subsides sur toutes marchandises au dit pays de Bretagne », toute augmentation portant en elle le risque que les « étrangers [...] délaissent quérir le sel[19] ».

Les réseaux

« Ceux d'ailleurs » participent de la communauté commerciale. Des réseaux, que certaines indications révèlent, se tissent sans que l'on puisse

3 franchises et 7 contestations, *ibidem*, B 1854; le 12 novembre 1486, est cité un « Havre de franchise » où se chargent sels et autres denrées en franchise, *ibidem*, B 10, f° 90 v°-98.

14. KERHERVÉ, Jean, *L'État breton aux 14e et 15e siècles. Les ducs, l'argent et les hommes,* 2 vol. Paris, Maloine, 1987, p. 100-101; SARRAZIN, Jean-Luc, « Un exemple d'urbanisation limitée : les agglomérations de la baie de Bourgneuf à la fin du Moyen Âge (XIIIe-XVe siècle) », dans Catherine LAURENT, Bernard MERDRIGNAC, Daniel PICHOT (éd.) *Mondes de l'Ouest et villes du Monde. Regards sur les sociétés médiévales. Mélanges en l'honneur d'André Chédeville,* Rennes, PUR, p. 331.

15. SARRAZIN, Jean-Luc, « Les franchises des îles de mer du Poitou et d'Aunis à la fin du Moyen Âge », dans *L'Europe et l'Océan au Moyen Âge : contribution à l'histoire de la navigation,* congrès de la SHMES, Paris, 1988, CID, p. 79-81.

16. FAVREAU, Robert, « Le commerce du sel en Poitou à la fin du XVe siècle », *Bulletin philologique et historique*, Paris, 1966, p. 195-197. *Idem*, « Les ports de la côte poitevine au XVe siècle », *ibidem,* Paris, 1965, p. 23.

17. TOUCHARD, Henri, *Le Commerce breton à la fin du Moyen Âge*, Paris, Les Belles Lettres, 1967, p. 19-22, 154-156.

18. GALLICÉ, Alain, *Guérande*..., *op. cit.*, p. 338 et 341.

19. Arch. dép. de Loire-Atlantique, E 129/28; TOUCHARD, Henri, *Le Commerce*..., *op. cit.,* p. 275. Dans ce texte sont cités comme pays étrangers : Prusse, Russie, Islande, Frise, Portugal, Espagne et Venise, Flandre, et Angleterre. La notion d'étrangers ici se détermine par rapport à la France et non plus du duché.

préciser, dans le cas croisicais et en se plaçant en ce lieu, comment les choses se nouent et se jouent.

Le rapprochement a été fait entre les Bouchard du Croisic, dont sont issus Nicolas Bouchart, amiral de Bretagne, Jean Bouchart, qui, en 1390, passe contrat pour l'utilisation de la « barche » ducale, et encore un autre Jean Bouchard qui en 1407 reçoit congé pour livrer du sel en Normandie, et les Bouchard de Dieppe attestés dans cette ville dès 1383 et qui, en 1408-1409, servent d'hôtes à six Bretons sur onze; mais seule l'homonymie suggère l'existence d'un réseau[20]. En 1463, l'affaire des sauf-conduits[21] révèle d'autres liens, des pratiques frauduleuses et parmi celles-ci une filière croisicaise. L'affaire éclate à la suite de l'interception au large de Guérande d'une flottille de cinq navires anglais par deux navires français armés en guerre, la *Grant Caravelle* de Saint-Gilles-sur-Vie et la *Carvelle* des Sables-d'Olonne où l'un des membres de l'équipage est Pierre Garcie. Gilles de Crésolles, un des secrétaires du duc, est trouvé en possession de 12 sauf-conduit « fenestrés » et 16 autres actes en blanc destinés à la rédaction des *vidimus*. Ces documents lui ont été remis le 9 juin 1463 par Jacques Raboceau, autre secrétaire ducal, Pierre Raboceau procureur ducal de Guérande, et oncle de Jacques, ayant fait figurer le sceau des actes du conseil sur les *vidimus*. L'enquête révèle un trafic où est impliqué le chancelier Guillaume Chauvin.

Les dépositions de trois Croisicais attestent que l'on peut également, au Croisic, acheter des sauf-conduits « tant fenestréz que blancs » et leur *vidimus* signé de Pierre Raboceau. Le trafic s'organise autour de Guillaume Jouan, lieutenant du capitaine du Croisic, et Alain Guillart, lieutenant de Pierre Raboceau en la « procuration de Guerrande ». Depuis deux ans, Guillaume Jouan contraint les Anglais venus au Croisic à remplacer leurs sauf-conduits obtenus de l'amiral de Bretagne dans le cadre de questions relatives à des marins prisonniers, par d'autres sauf-conduits, émanés de la chancellerie ducale. L'un des témoins, Denis Quelo, affirme qu'il a vu Guillaume Jouan en possession de 10 à 12 sauf-conduits « fenestréz », mais aussi de « vidimus », de « lettres de congié » également « fenestrez et scellez » pour aller en Angleterre et qui « en avoit de toutes sortes et que en telle façon [que ceux qui en] voudroient, il leur en bailleroit ». Un autre témoin, Jean Le Talruz, rapporte que Guillaume Jouan l'a « plusieurs requis et donné charge s'il venoit nulz Anglois en Guerrande de leur parler d'avoir des sauffconduiz du duc ». Le troisième témoin, Geffroy Marqueraye, déclare ignorer si de tels documents frauduleux ont été portés en Angleterre, mais rapporte avoir entendu dire « a aucuns marchans des parties de Guerrande [...] qu'ilz avoint veü en Engleterre plusieurs sauf conduit du duc de Bretaigne

20. Touchard, Jean, *Le Commerce…*, *op. cit.*, p. 125.

21. Arch. dép. de Loire-Atlantique, E 198/23-28; Morice, dom Hyacinthe, *Mémoires pour servir de preuves à l'histoire ecclésiastique et civile de Bretagne,* 3 vol., Paris, 1742-1746, t. III, col. 38-40. Une commission d'enquête est ordonnée le 18 juin 1463 et siège jusqu'au 27 août.

pendant es fenestres pour vendre, dont ils s'en esmerveilloint et tenoint que s'estoint honte d'ainsy les y envoyer par ce que les Angloys disoint que le duc n'avoit de quoy vivre fors à leur vendre ses armes ». Le témoignage de Gilles de Crésolles donne corps au soupçon des enquêteurs en rapportant qu'à Plymouth, il a rencontré Yvon Le Bouteiller, « clerc » du guérandais Yvon Quelo, qui vendait des sauf-conduits « fenestrés » – au moins deux –, signés de Pierre Raboceau et scellés du chancelier.

Ajoutons qu'en évoquant la Baie, Gilles de Crésolles cite le nom de Rodrigo comme étant en relations avec des marchands de Bristol désireux de commercer avec la Bretagne ; il doit s'agir de Guillaume Rodrigo, de Bourgneuf, cité par ailleurs en 1466[22] et dont les affaires en lien avec l'Angleterre ont « beaucoup d'ampleur[23] ». Ce nom se retrouve dans le pays guérandais : en novembre 1431, « Rodrigo du Croisic » passe le pont de Rieux avec une cargaison de sel[24] ; « Rodrigo de Guérande », est mentionné, le 30 avril 1456, lors une vente de six œillets de salines, il est l'époux de Theffaine Quelo[25], ce nom étant à rapprocher de celui d'Yvon Quelo indiqué par Gilles Crésolles dans sa déposition. C'est tout un réseau commercial en lien avec l'Angleterre qui se dessine, qui, en utilisant des sauf-conduits frauduleux, entend favoriser la venue des marchands anglais en Bretagne.

À d'autres réseaux participent des marchands non bretons établis au Croisic : bayonnais, comme Saubat de Lissaragua mentionné en 1475[26] ; espagnols, tel Allonso del Carralo (Alphonce de Careille) en janvier 1490[27] ; « yrlandais », le 31 janvier 1515[28]. Les registres des baptêmes du Croisic portent mention de personnes des « parties d'Escosse » : le 14 octobre 1515, Jouan Maquitrec, marié à Étiennette Viault, la présence au baptême de leur fils de trois parrains et deux marraines dont « noble damoiselle » Aliette Droillart soulignant l'importance accordée à l'événement ; d'autres apparaissent comme parrains : le 26 novembre 1516, Jacques Brun ; le 7 février 1520, Louis Macchlanche et Thomas Tampson ; le 19 octobre 1527, Jacques Brandon de « Ybernia » ; et les 20 et 22 février et 14 août 1543, Jean Macclhanche, « Scotius et cyvis mercator ac Kercombly ». Relevons encore, le 18 juin 1534, Guillaume Ouiral de « partibuz Irlandie mercator » ; et sans indication d'origine, le 25 avril 1512, Jean Macmellen, dont la fille a comme parrain Jacques Bronn ; le 3 décembre 1540, Ferrandus Rodrigues désigné comme « honestius mercator » qui paraît espagnol ; et encore, le 3 janvier 1515, Jean Red époux de Jeanne Layec dont le fils a pour parrain, Jean Jouan, s^{r} de Ranzegat ; le 25 mai 1515 Robert Dighton ; et le 26 août 1529 Robert Scot. Pour ceux dont l'épouse est croisicaise, la parenté spirituelle des baptisés les relie à des

22. Arch. dép. de Loire-Atlantique, B 4, f° 39 v°, 7 avril 1466.

23. TOUCHARD, Henri, *Le Commerce…*, *op. cit.*, p. 176, 214 et 216.

24. Arch. dép. de Loire-Atlantique, B 2448, f° 11 v°-12.

25. Arch. dép. du Morbihan, E 52, p. 37.

26. BERNARD, Jacques, *Navires et gens de mer à Bordeaux (vers 1400-vers 1550)*, Paris, SEVPEN, 1968, t. III, p. 18.

27. Arch. dép. de Loire-Atlantique, B 12, f° 58 v° et 64 v°, 6 et 14 janvier 1490.

28. Arch. dép. de Loire-Atlantique, B 22, f° 221.

personnages qui comptent dans la vie publique croisicaise, tel Jean Jouan. Les autres « comperes » étrangers sont parrains d'enfants dont les parents sont engagés dans des affaires maritimes et commerciales : Guillaume Le Roy, Jean Pean, Pierre Le Boteuc, Jean Portier, Michel Le Bihan, Yvon Tanguy. Lors de la naissance de garçons, ces étrangers, cités comme premier parrain, parfois lors d'une première naissance (Guillaume Le Roy, Jean Portier), sont associés à d'autres parrains issus de ce même milieu : Guillaume Le Poitevin, Étienne Bihan, Jean Le Sénéchal. Isabelle Loysel est citée à deux reprises comme marraine ainsi que Aliette Droillard, veuve d'Alain Quelo, dont le nom de famille rappelle l'un des protagonistes de l'affaire des sauf-conduits[29]. Certes, ces « comperes » étrangers sont en nombre limité et chaque individu n'apparaît qu'une seule fois à ce titre (sauf pour Jean Macclhanche), mais le milieu social dans lequel ils s'inscrivent est homogène. Le parrainage crée un lien de « parenté », non seulement entre parrain et baptisé, mais également, dans les pratiques sociales, un lien de « compaternité » entre le parrain et les parents du baptisé; il est « une forme du lien d'amitié ». Il ne peut que favoriser des relations et des protections dont on peut penser qu'elles peuvent trouver à s'exprimer dans chacun des pays dont sont originaires les uns et les autres[30].

Peut-on envisager une certaine intégration de ces étrangers ? Une lettre de rémission du 4 avril 1534 met en scène l'écossais Jean Tampson, dont le nom est à rapprocher de celui de Thomas Tampson précédemment cité. Le « gallion » de Jean Tampson ayant été pris sur mer et amené au Croisic, il est présent dans le pays guérandais en raison du procès qu'il a engagé et afin de récupérer 50 l t qui doivent lui être payées par le coupable, en dédommagement. De Guérande, où l'argent devait lui être remis, il gagne la « maison » de Tréambert, ce qui évoque des relais, des appuis, des protections. Le lendemain de « Pasques fleuryes », le s^r de Tréambert étant occupé, Jean Tampson gagne une taverne au bourg de Mesquer, où il sait trouver un clerc, Guillaume Raoul, « qui alloit aux ordres à Nantes » et, à ce titre, capable de porter des « lectres ». La querelle éclate lorsque la femme du tavernier refuse d'accéder à la demande de l'Écossais de porter un « couple de pain blanc » au s^r de Tréambert en disant « je porteroys aussi bien à lui comme luy », à quoi l'Écossais réplique « ne scavoir faict pour ce qu'il avoit deux couillons au derrière », et la femme « je les te vouldroys atachez aux yeulx pour te garer de la verolle ». Jean Tampson, qui se « souvint » alors que la femme avait eu des enfants avant d'être mariée « ainsi qu'il avoit ouy dire », lui assène « que cestoit bien parlé pour une ribaude[31] ». Outre l'apparente maitrise de la langue[32], la connaissance d'un fait qui a trait à

29. Arch. dép. de Loire-Atlantique, 1 Mi ec (R 1) (A), f° 35, 83, 89, 96 v°, 119, 146 v° ; (B), f° 33, 61, 129, 232, 262, 269.

30. Jussen, Bernhard, « Le parrainage à la fin du Moyen Âge : savoir public, attentes théologiques et usages sociaux », *Annales, ESC,* 1922/2, p. 467 et 492.

31. Arch. dép. de Loire-Atlantique, B 36, f° 47 v°-48, avril 1534.

32. La langue employée n'est pas précisée, le breton reste parlé dans cette zone mais le bilinguisme est avéré, Gallicé, Alain, *Guérande…, op. cit.*, p. 107-110.

la vie locale est à noter. Celle-ci est-elle le simple résultat d'une médisance distillée par un membre de la « maison » de Tréambert ? Ou plus profondément faut-il envisager une proximité, une certaine intégration que pourrait encore suggérer, durant la querelle, l'absence d'insultes mettant en cause l'origine nationale de Jean Tampson ; à moins que ce dernier ait jugé bon de ne pas en faire état pour sa défense.

L'activité de ces réseaux exige que les courants d'échanges soient possibles ; aussi en temps de guerre a-t-on recours aux sauf-conduits, et, en temps de paix, réagit-on face aux mesures d'interdiction de commercer que prend le pouvoir à la suite de mauvaises récoltes : le 11 septembre 1514, le roi révoque les mesures prises le 9 août interdisant l'exportation des blés, sels et vins à partir de la Bretagne en raison des plaintes des marchands qui craignent que les étrangers désertent leurs ports et gagnent le Portugal, Lisbonne et « ailleurs où il y ahabondance de sel[33] ».

Nul doute encore que l'aménagement du port et de la ville portuaire (quais, foires, marché, halles) participe de cette volonté d'attirer les étrangers et les possibilités de commerce qu'ils représentent en ces lieux[34].

Se protéger

Les zones littorales du « terrouer » de Guérande sont réputées « en lieux perilleux[35] », leurs « ports et havres de mer aisibles à descente des ennemis[36] ». Sur place, se protéger passe d'abord par des mesures militaires, la constitution de « bourse commune » et parfois par des révoltes urbaines en réaction à des décisions de justice qui paraissent favoriser des étrangers.

Les mesures militaires et la bourse commune

Nous ne reviendrons pas sur des mesures présentées par ailleurs[37]. Rappelons simplement que la défense côtière s'appuie sur les fortifications du Croisic (château, quelques « murailles » et une porte), la présence d'un parc d'artillerie d'importance limitée, auxquels s'ajoute en 1561, la construction d'une tour de guet à la pointe du Croisic. Elle est encore assurée par un service de guet redevenu personnel en 1420.

33. Arch. municipales, Nantes, HH 196, pièce absente connue par un résumé.

34. Sur le port, GALLICÉ, Alain, « Les ports du pays guérandais : ligne de rivage et aménagements portuaires réalisés à la fin du Moyen Âge », dans BOCHACA, Michel et SARRAZIN, Jean-Luc (dir.), *Ports et littoraux de l'Europe atlantique : transformations naturelles et aménagements humains (XIVe-XVIe siècles),* Rennes, PUR, 2007, p. 23-32 ; sur la ville GALLICÉ, Alain, *Guérande…, op. cit.*, p. 194-195.

35. BLANCHARD René, *Lettres…, op. cit.*, t. III, n° 1451, p. 38-41.

36. Arch. dép. de Loire-Atlantique, B 121, f° 194 v°-195 ; *ibidem,* É 75/7-8 ; MORICE, dom Hyacinthe, *Mémoires…, op. cit.*, t. III, col. 237-238.

37. GALLICÉ, Alain, « L'accès aux ports du pays guérandais et à l'estuaire de la Loire à la fin du Moyen Âge et au début du XVIe siècle », dans *Risque, sécurité et sécurisation maritimes depuis le Moyen Âge, Revue d'Histoire maritime*, 9, 2008, p. 147-161.

En temps de guerre, la défense de la côte mobilise les populations constituées en milices assurant l'alerte (« faire feuz, fumees, son de campanes et autres signes ») et le cas échéant intervenant militairement. Cette mobilisation n'exclut pas le recours aux autres moyens militaires du duché. La défense côtière peut trouver encore son prolongement dans des mesures de défense maritime (réquisition de navires et de leurs équipages). Le 5 octobre 1420, le duc accorde aux Croisicais la possibilité de faire « bourse commune » sur « eulx et leurs biens », afin de faire « poursuytes de leurs vesseaux, biens et marchandises des lieux où seront empeschez », c'est-à-dire afin de recouvrer, le cas échéant, navires et biens capturés à l'étranger[38]. En 1485, cette mesure est confirmée par le duc[39]. Le 15 juillet 1491, le roi, Charles VIII, précise et élargit les privilèges du Croisic ; pour la bourse commune, une taxe d'un denier par livre, *ad valorem*, soit 1/240e, est à lever sur toutes les marchandises vendues ou déchargées en la paroisse de Batz [dont dépend Le Croisic] et sur celles qui ne font que transiter, sauf sur les blés, le beurre, le lard, les *chairs*, bois et fagots, fèves, poissons frais et vins du « creü » vendus au détail[40].

Les révoltes urbaines au Croisic en réponse des décisions qui paraissent favoriser les étrangers

En 1471 et 1540, Le Croisic est le théâtre de révoltes qui éclatent en réaction à des décisions de justice faisant suite à une prise de navires réputés ennemis par les Croisicais.

Comme ailleurs, en Bretagne ducale, le budget ne se préoccupe pas de défense maritime avant une date tardive. Les navires et combattants sont payés par le trésorier général sur le produit de la taxe du convoi, et ce n'est qu'à la fin du XVe siècle que le duc se préoccupe d'acheter ou de faire construire de grosses unités. Aussi le duc, puis le roi ont-ils recours à la réquisition selon un système apparenté à la « retenue » connue pour les armées de terre et comportant un partage des prises en mer. Des efforts de réglementation, entrepris dès le XVe siècle, ont fixé à la fin de ce siècle les règles concernant le droit de prise. Mais l'application de ces mesures se heurte à de nombreuses difficultés. Sur mer, en temps de guerre, le pavillon ne couvre pas la cargaison : celle-ci est réputée appartenir à un ennemi si elle est en provenance d'un pays avec lequel on est en guerre, même si elle est chargée sur un navire neutre ou allié ou encore appartenant à des compatriotes. Le fait que les marchands disposent souvent, pour se protéger, de sauf-conduits multiples, éventuellement truqués, autorise les attaquants à agir sans distinction de nationalité. La situation politique

38. BLANCHARD, René, *Lettres…*, *op. cit.*, n° 1451. Sur la bourse commune, PLANIOL, Marcel, *Histoire des institutions de la Bretagne*, 4 vol., Mayenne, 1981-1982, t. IV, p. 182.

39. TRAVERS, NICOLAS, *Histoire civile, politique et religieuse de la ville et du comté de Nantes*, 3 vol., Nantes, 1836-1841, t. II, p. 187.

40. Arch. dép. de Loire-Atlantique, E, dépôt, 38, Le Croisic, AA 2; *ibidem*, 14 JJ, Le Croisic, 37, f° 12-27; *ibidem*, C 704.

complexe connue par les proclamations officielles, le jeu des rumeurs, la mauvaise foi qui conduit à feindre d'ignorer les trêves, la contestation de la valeur des sauf-conduits et les dénonciations favorisent le passage à l'acte. Le fait encore que ce sont très souvent les mêmes navires et les mêmes armateurs, les mêmes ports qui peuvent selon les cas participer au commerce ou à des entreprises militaires contribue à donner aux actions maritimes des objectifs militaires mais également marchands, ce qui paraît permettre la poursuite d'activités commerciales, sous une autre forme, en temps de guerre. D'autre part, les difficultés à faire rendre la justice, ou pour le moins la lenteur de l'action de celle-ci et des commissions de réparations qui se mettent en place, sont autant de facteurs qui concourent à la pérennisation des abus, et atténuent l'effet dissuasif des sanctions, d'autant que la population peut faire bloc contre leur application[41], comme c'est le cas au Croisic en 1471 et en 1540.

En 1471(?), Alain Bouchart et d'autres du pays guérandais – dont un Quelo – avec huit ou neuf « baleniers » armés en guerre s'emparent au large de Belle-Île de trois navires : une « escarraque », une nef d'Espagne affrétée par Ambrois Lomelin et André Spinolle génois installés à Nantes, et une « houlque ». Alain Bouchart s'enquiert de la présence d'Anglais et de marchandises anglaises dans les navires avant de passer à l'attaque, cette présence justifiant l'entreprise comme une prise de guerre. L'opération réussie, les Croisicais gagnent Noirmoutier, un port non breton. Ils négocient la remise des navires contre une somme d'argent (3000 saluts pour la « carraque » et 526 pour la houlque), sans doute afin de dissimuler la prise sous une vente fictive. Cependant, les victimes agissent sur un autre registre en portant l'affaire devant la justice ducale. Ils font valoir que les marchandises n'étaient pas anglaises, et donc qu'il ne s'agit pas d'une prise de guerre, et demandent qu'il soit « repparé l'exceis » et rendu les marchandises, ce qu'ils obtiennent. Le sergent d'armes ducal et Jean Sorel, serviteur d'André Spinolle, chargés de faire appliquer la décision de justice, se heurtent à des « forcennéz », le sergent est traité de « maulvese et traiteuse manière », et Jean Sorel est « battu et depouillé » de 10 écus, d'un signet d'or et d'un diamant valant 14 réaux[42].

En 1540, commission est donnée à Marc de Carné, capitaine de Guérande, de procéder à l'exécution d'une sentence de saisie pour non paiement d'une somme de 1500 l t « pour depredation faicte en mer de certain navire portugalois » prononcée contre des « maîtres et pilotes de navires et autres », Guillaume et Jean Bihan étant nommément désignés. Une première tentative avait échoué en raison d'une révolte : le sénéchal

41. MOLLAT, Michel, « De la piraterie à la course réglementée (XIVe-XVe siècles) », *Mélanges de l'École française de Rome. Moyen Âge,* 1975, p. 7-25; GALLICÉ, Alain, « Les bavures de l'action corsaire : l'exemple du Croisic », Annales de Bretagne et des Pays de l'Ouest, 109/3, 2002, p. 7-13; RUSSON, Marc, *Les côtes guerrières : mer, guerre et pouvoirs au Moyen Âge, France-façade océanique, XIIIe-XVe siècle,* Rennes, PUR, p. 291-382, 411-430.

42. PORT, Étienne, « Alain Bouchard, chroniqueur breton », *Annales de Bretagne,* 36, 1924, p. 517-522.

de Guérande, le procureur ducal, un greffier et quatre sergents chargés de saisir des biens avaient été empêchés de les acheminer à Guérande en raison d'un « grant nombre de gens », tant « hommes que femmes », dont la femme d'un des condamnés et sa sœur, un des hommes étant « abilléz en femmes ». Le nombre des émeutiers est évalué à 300 ou 400 « estant tant es maisons que parmy les rues », vociférant et criant « tue, tue ». Ils portèrent « plusieurs coups de baston et de pierres » et firent « plusieurs autres excès, insollances, forces, viollances[43] ».

Ces révoltes sont les seules connues au Croisic durant cette époque. Leurs processus restent inconnus ainsi que les meneurs et les révoltés. Cependant, en 1540, la présence de femmes, en particulier celle de l'un des condamnés, donne à l'émeute un caractère populaire et en lien direct avec l'intérêt particulier d'un des membres de la communauté. Ces révoltes sont une réaction contre une décision de justice considérée comme allant à l'encontre des intérêts locaux et dans une affaire qui implique des étrangers. On peut penser qu'aux yeux des Croisicais la prise de guerre est justifiée par le caractère « ennemi » de leurs victimes, caractère qu'une décision de justice ne peut effacer. En temps de guerre, contre l'étranger et ses biens, le recours à la force est jugé légitime ; il l'est aussi contre une décision de justice considérée comme prise au détriment des intérêts locaux et au profit de l'étranger avec qui est en guerre.

•

Au Croisic, port du sel, la présence étrangère n'a pas l'importance qui est la sienne dans la baie de Bourgneuf. Mais, si l'on s'en tient aux prix pratiqués en 1384-1386, les étrangers sont une clientèle intéressante. Aussi s'efforce-t-on de les attirer par des avantages fiscaux et en tissant des réseaux. Rien ne nous renseigne sur des situations de concurrence, de tension ; au contraire, les parrainages et une lettre de rémission permettent de penser à une certaine intégration des étrangers. Cependant, la guerre fait apparaître l'étranger originaire d'un pays avec lequel les hostilités sont engagées comme un danger contre lequel il faut se protéger par des mesures militaires. La condition d'ennemi justifie l'usage de la force contre lui, et également contre des décisions de justice jugées défavorables aux intérêts locaux et favorables à l'étranger.

43. BnF, ms fr. 5503, f° 161 v°-162.

RÉSUMÉ

Au Croisic, port du sel, la présence étrangère est limitée mais elle est jugée commercialement intéressante. Aussi s'efforce-t-on d'attirer les étrangers par des avantages fiscaux et en tissant des réseaux. Les parrainages et une lettre de rémission donne à penser à une certaine intégration. Cependant, la guerre donne à l'étranger originaire d'un pays avec lequel les hostilités sont engagées la condition d'ennemi justifiant une mise en défense du territoire et le recours à la force contre celui-ci, mais également contre des décisions de justice intervenant au sujet du droit de prise sur mer qui paraissent favoriser l'étranger.

ABSTRACT

In le Croisic, the port of salt, foreign presence is limited but considered as commercially interesting. So, it is tried hard to attract foreigners by fiscal advantages and by organizing networks. The sponsorings and a letter of pardon suggest a certain integration. However, the native of a country with which one is at war becomes an enemy. This justifies the protection of the territory and the use of force against the foreigner, as well as against decisions of justice about the right of capture at sea which seem to give him an unfair advantage.

Le privilège comme réponse à la concurrence commerciale étrangère : Nantes au début du XVIIe siècle

Guy SAUPIN
Professeur d'histoire moderne
Université de Nantes
Centre de Recherche en Histoire Internationale et Atlantique – EA 1163

Toute la première moitié du XVIIe siècle est caractérisée par un recours récurrent des marchands nantais au principe des privilèges de bourgeoisie pour contrer une concurrence commerciale étrangère jugée envahissante. Cette politique défensive, assez singulière dans son insistance dans l'histoire commerciale de la ville à l'époque moderne, témoigne d'un sentiment de déstabilisation du milieu marchand qui peine à s'adapter à une redistribution des cartes dans le grand cabotage européen. Une pression étrangère accrue ne semble pouvoir être contenue qu'en complétant les droits traditionnels de bourgeoisie afin de la retenir dans des limites juridiques bien définies. Dès le début du XVIIe siècle, les Flamands, les Espagnols et les Portugais sont désignés comme les principaux envahisseurs. Dans les années 1610, deux projets de lettres patentes, pour l'adjonction au traditionnel privilège de bourgeoisie de l'obligation de passer par un marchand nantais pour toute transaction dans le commerce de gros et de détail, sont préparés au sein du consulat commercial. Cette réaction ne parvient pas à trouver sa traduction en termes de droit car elle ne rencontre pas le soutien des autorités municipales exprimant l'opinion de l'ensemble des élites urbaines.

L'enjeu est donc d'abord de replacer l'argumentaire de l'élite marchande dans la situation du commerce international nantais au début du XVIIe siècle afin de contextualiser au mieux les protections sollicitées par l'extension du privilège de bourgeoisie. La liste traditionnelle des privilèges, confirmée par Louis XIII à Paris en juin 1610, mentionne bien l'exigence de dix ans de résidence pour l'obtention des droits de bourgeoisie[1], mais il n'existe pas

1. Arch. mun. de Nantes, AA3, f° 28, 29. « Que les estrangers qui ne sont nationalizés et asses qui n'auroient esté par l'espasse de dix ans habitués en ladicte ville et faux-bourgs ne pourront jouir desdits privilleiges et droits de bourgeoisie concédez ausdicts

de corps de bourgeoisie institué et contrôlé au sein de la communauté urbaine, même si cette dernière est désignée sous la forme canonique de l'ensemble des « nobles, bourgeois, manants et habitants de la ville et fauxbourgs ». À Nantes, comme dans bien d'autres villes du royaume, le droit d'habitanage, ne liant les privilèges qu'à une continuité de résidence, avait donc remplacé un pur droit de bourgeoisie[2]. Il s'agit ensuite de comprendre au nom de quelle logique l'assemblée municipale élargie, représentative de l'élite urbaine, s'est opposée à l'initiative marchande.

La défense des marchands nantais par le droit de bourgeoisie : propositions de l'élite consulaire

Le malaise économique et le réflexe juridique du recours aux privilèges commerciaux pour en sortir nous sont connus par deux documents : un projet de lettres patentes[3] et une proposition de règlement en dix articles rédigé par les marchands[4]. Ces deux textes ne sont pas signés, mais comme la délibération de l'assemblée de ville parle des articles de « messieurs les marchands de Nantes », ces derniers ne peuvent venir que du consulat, tribunal de commerce servant aussi de représentation corporative de l'élite marchande nantaise, très lié la municipalité depuis leur fondation quasi conjointe en 1565.

La première rédaction préparatoire pour de futures lettres patentes n'est pas datée. Elle doit cependant correspondre à l'année 1610 puisqu'elle invoque au tout début la souveraineté d'Henri IV avant d'attribuer ensuite les décisions pratiques sollicitées à l'autorité de Louis XIII, suivant « l'advis de la royne régente, notre honorable dame et mère ». Il est donc possible que ce texte ait été formulé progressivement, de part et d'autre de l'assassinat d'Henri IV. L'argumentaire nantais débute habilement par une très belle déclaration d'intention mercantiliste qui prend soin de replacer Nantes et la Bretagne dans l'ensemble du royaume afin de souligner le potentiel économique considérable de ces deux entités pour travailler à la prospérité générale, doublement soutenue par le retour à la paix intérieure et par la politique de reconstruction du pouvoir royal.

> « Scavoir faisons, comme l'ung des plus fortz nerfz et plus assuré support de l'estat de toute la monarchie consiste en l'abbondance de l'or et de l'argent qui fournist et suppedite aulx hommes toutes fortes necessitez en toutes saisons et occasions opportunes, laquelle abondance procedde pour la meilleure

bourgeois ». Avant son enregistrement, la chambre des comptes a vérifié l'exacte correspondance avec les lettres antérieures, et plus spécialement celles du 3 décembre 1580, celles concédés par Henri IV au duc de Mercoeur lors de sa reddition en mars 1598 et reprises le 23 mai 1598.

2. Bonin, Pierre, *Bourgeois, bourgeoisie et habitanage dans les villes du Languedoc sous l'Ancien Régime*, Aix-en-Provence, PU Aix-Marseille, 2005, p. 39-45, 193-197.

3. Arch. mun. de Nantes, AA 15, f° 5 et 6. Il existe deux copies différentes du même projet.

4. Arch. mun. de Nantes, AA 15, f° 1 et 2.

part de la négotiation de la marchandise et que l'oppulence et richesse des villes procede de ce traffic quy prend son accroissement des liberallitez graces et privillaiges desquelles elles sont décorées et ornées par leurs Roys, Princes et Seigneurs pour y rendre la marchandise plus affluente et abondante, et que pour ceste occasion Nos prédécesseurs Roys de France, ducz et seigneurs de nostre païs et duché de Bretaigne et nous à leur exemple et imitation avons toujours eu en très grande et singullière recommandation l'enrichissement et augmentation de nostre ville de Nantes audict pays et duché de Bretaigne, ville principalle et capitalle d'icelluy sittuée en l'embouchure de ceste belle et grande ripvière de Loyre, laquelle se coulent avecq une inffinité d'autres en ce grand océan qui l'avoisine et arrose chacun jour de son influance naturelle et là se communique à toutes les parties de cest univers, et que pour la boniffier davantaige et adjouter de nos graces et libérallitez à ce qu'elle a de bonté en sa naturelle situation, elle ait esté par nous et nos prédécesseurs décorée de beaux grands et amples privillaiges, immunitez, exemptions, franchises et libérallitez, en recognoissance desquelz nous et nos predecesseurs en ayons receu de grands secours lorsque le bien et la necessité de nos affaires l'ont requis comme nous en espérons recepvoir à l'advenir néantmoign de la part de nos amez et féaulx les maires et eschevins, nobles, bourgeois manants et habitans de la dite ville de Nantes. »

Cette rédaction stéréotypée permet toutefois d'éclairer sous deux angles complémentaires la stratégie collective de l'élite marchande nantaise au début du XVIIe siècle. La référence à la logique contractuelle de l'attribution des privilèges dans un échange de libertés urbaines contre le loyalisme et le soutien au pouvoir royal doit évidemment escamoter la période de rébellion ligueuse (1589-1598), durant laquelle le milieu marchand fut le meilleur soutien au duc de Mercoeur, en la replaçant dans une période plus longue valorisant sa vigilance anti-protestante et la réconciliation de ses élites urbaines autour du trône. Cette reconstruction du loyalisme nantais se paie cependant par une nette réduction de l'influence du milieu marchand dans la vie municipale durant les quarante premières années du XVIIe siècle[5], au profit du monde judiciaire dont les chefs ont incarné le loyalisme politique pendant la grande crise des années 1590.

Sous l'angle économique, ce plaidoyer, sous une certaine forme d'autosatisfaction, révèle involontairement le principal danger qui guette l'élite marchande nantaise : l'enlisement dans la gestion préservée des courants d'échange passant obligatoirement par la ville, tout en laissant aux étrangers le soin de la relier aux nouveaux horizons. En insistant sur la fécondité de l'alliance entre les avantages naturels de sa situation de porte d'entrée et de sortie du plus grand réseau hydrographique du royaume et l'ensemble des privilèges concédés depuis trois siècles par les ducs de Bretagne et les rois de France, l'élite marchande nantaise laisse voir un manque de

5. SAUPIN, Guy, *Nantes au XVIIe siècle. Vie politique et société urbaine, 1598-1720*, Rennes, PUR, 1996, p. 153-165. La décennie 1610 est mauvaise pour la représentation marchande puisque les élections aux deux postes renouvelables n'ont promu que cinq marchands contre onze juristes, trois officiers de finance et un médecin, soit le quart de l'échevinage alors que la proportion globale pour la période 1598-1639 atteint quand même 32,6 %.

dynamisme créateur, une propension à défendre les acquis plutôt qu'à imaginer des alternatives de relance. Cette langueur pourrait bien être la traduction d'un plafonnement du système commercial en place dans lequel la croissance de certains secteurs comme celui du vin et des céréales masque mal la décrue du commerce du sel et surtout des toiles de lin et de chanvre. Socialement, elle signalerait également l'épuisement de l'apport dynamisant de l'immigration castillane, mal placée pour prendre l'initiative de nouveaux circuits[6]. N'accablons pas outre mesure cette élite marchande installée car c'est elle qui entreprend au même moment la conquête de l'armement à la grande pêche morutière au détriment de l'autonomie d'action de tous les petits ports du littoral, du Croisic aux Sables-d'Olonne en passant par les havres de la baie de Bourgneuf. Ce n'est cependant que la captation d'un trafic existant pour lequel Nantes jouait déjà le rôle de grand marché de décharge au XVIe siècle[7]. L'augmentation des prises allait toutefois assurer une lente accumulation du capital qui allait s'avérer décisive dans l'invention du commerce avec les Îles d'Amérique dans la seconde moitié du XVIIe siècle.

L'argumentation commence habilement par une tentative de lier la défense des commerçants locaux et l'intérêt général du royaume, incarné par le pouvoir royal, en mettant en rapport le nécessaire soutien des revenus marchands et la capacité de répondre aux charges de la ville, relais de la puissance royale.

> « Nous a esté faict plainte qu'ils (les marchands nantais) ne jouissent pas des fruitz et esmolluments entiers que ceste naturelle bonté de situation de leur ville avecq nos graces et libérallités leur debvroit apporter, ains y sont traversés et empeschés par une infinité de gens tant de Païs de Flandre, d'Espaigne, Portugal que aultres estrangers, lesquels y affluent et abbondent chacun jour et y font librement leur trafficq, les ungs y amenants de la marchandise et la revandans aulx estrangers sans laisser aucun gaign et profilt à faire aux habitants et domicilliaires de ladite ville, les autres y venants faire leur trafficq, amatz et achaptz de marchandises par eulx, leurs facteurs et associez et delà les transportent hors ladite ville et de notre Royaulme et font en effect tout ce que lesdits habitants et domicilliaires debvroient faire de trafficq et en emportent les gaigns et proffits qui leur debvroient justement appartenir pour supporter les frais et charges ordinaires de la dicte ville et nous apporter les secours tel le bien et soulaigement de nos affaires le requiert[8]. »

Dans les trois pays identifiés comme les plus actifs, la présence de l'Espagne surprend. Non pas qu'il n'y ait pas d'Espagnols à Nantes, car il s'agit de la communauté étrangère la plus importante depuis le milieu

6. Tanguy, Jean, *Le Commerce nantais à la fin du XVIe et au début du XVIIe siècle*, Thèse de 3e cycle, dact., université de Rennes, 1967, p. 37-138 (vin-sel-blé), 163-181 (textiles), 233-234 (bilan). Collins, James B., *La Bretagne dans l'État royal. Classes sociales, États provinciaux et ordre public de l'Édit d'Union à la révolte des Bonnets rouges*, Rennes, PUR, 2006, p. 59-80.

7. *Ibidem*, p. 147-162.

8. Arch. mun. de Nantes, AA 15, f° 5 et 6.

du XVe siècle, mais la plupart d'entre eux – et surtout des plus puissants – sont à cette époque totalement intégrés ou en phase d'intégration dans la société nantaise[9]. Si les premières conventions avec les villes de Biscaye remontent au duc Jean IV, le premier traité de commerce entre la Bretagne et la Castille fut signé par le duc Jean V en 1430. Cet accord, renouvelé cinq fois au XVe siècle, a établi à Nantes une « bourse et estappe coutumière » dirigée par un consul. Ceci a permis l'essor d'un puissant courant d'échanges reposant sur l'exportation des toiles de lin et de chanvre de tout l'Ouest français (Bretagne, Anjou, Maine et Poitou) comme de la quincaillerie et du papier des villes du Massif Central et, selon la conjoncture climatique, des céréales tirées du grenier à blé du littoral sud de la Bretagne, contre des importations de laines de Castille, de fer basque et de fruits méditerranéens, le tout faisant du marché castillan le premier horizon international nantais jusqu'au début du XVIIe siècle. Des échanges de privilèges ont spécialement lié les villes de Nantes et de Bilbao : les toiles bretonnes sorties du port ligérien n'acquittent pas de droit d'entrée dans celui du Nervión et réciproquement pour les laines de Castille[10].

Le flux amenant les marchands basques et castillans – principalement de Vieille Castille autour de Burgos – fut ainsi régulier[11] et l'insertion des grandes familles dans l'élite urbaine est une réalité ancienne, déjà mesurable à leur présence significative dans le Conseil des bourgeois de la ville dans la première moitié du XVIe siècle, influence prolongée dans le nouvel échevinage installé en 1565, après des lettres patentes obtenues de François II en janvier 1560, non seulement par l'obtention de charges d'échevins, mais surtout par l'accès au poste de maire. La même situation caractérise le consulat commercial créé en 1565, tant les liens sont étroits entre les deux institutions. À partir de 1601, les premières archives conservées de la *Casa de Contratación* révèlent la prégnance des familles d'origine espagnole dans la direction de cette confrérie marchande gérant les chargements pour la péninsule Ibérique[12].

9. CROIX, Alain (dir.), *Nantais venus d'ailleurs. Histoire des étrangers à Nantes des origines à nos jours*, Rennes, PUR, 2007, p. 26-35.

10. ZABALA URIARTE, Aingeru, « Les relations maritimo-commerciales entre Bilbao et certains ports du Nord-Ouest français (1610-1620) », dans PRIOTTI, Jean-Philippe et SAUPIN, Guy (dir.), *Le Commerce atlantique franco-espagnol. Acteurs, négoces et ports (XVe-XVIIIe siècles)*, Rennes, PUR, 2008, p. 183-213.

11. CROIX, Alain (dir.), *Nantais venus d'ailleurs*..., *op. cit.*, p. 27. En reprenant l'ensemble des lettres de naturalité, l'auteur souligne l'importance du second XVIe siècle (surtout après la paix de 1559) avec 45 lettres dont 27 résidences nantaises sûres et 18 présumées, devant le premier XVIe siècle avec 17 lettres, dont 10 sûres et 7 probables. Ceci contraste avec un effondrement du XVIIe siècle, avec respectivement 12 lettres (6 et 6) pour l'ensemble du siècle.

12. Arch. mun. de Nantes, HH 194. JEULIN, Paul, « Aperçus sur la Contratación de Nantes, 1520 environ-1733 », *Annales de Bretagne*, tome XL, 1932-1933, p. 284-331, 457-505. Les familles hispano-nantaises ne sont pas les plus nombreuses au début du XVIIe siècle, mais elles conservèrent une certaine prépondérance. Cela se voit à l'évolution de l'équilibre des deux groupes dans le rang de classement sur la liste de 1601 : 5 familles « espagnoles » et 5 françaises dans les 10 premiers, 12 et 18 dans les trente premiers, 15 et 25 dans les

Toutes ces raisons rendent donc surprenante l'insertion des Espagnols parmi la triade à contenir. Deux grandes explications semblent susceptibles de rendre compte de cette contradiction. Pour parvenir à une telle formulation, il faut bien admettre l'existence d'un clivage au sein même de la communauté hispanique nantaise opposant les familles anciennement implantées et les derniers arrivés jugés trop encombrants. Celui-ci ne peut être imputé à une brusque augmentation des arrivées car le passage entre les XVIe et XVIIe siècles correspond à une contraction numérique de cette communauté, au sein d'une tendance générale à la réduction. La moyenne annuelle des baptêmes passe ainsi de 4,3 pour la période 1571-1589, marquant l'apogée de la présence espagnole, à 2 pour les années 1590-1614, puis à 2,9 pour les années 1615-1650 et enfin à 2,2 pour la période 1651-1690[13]. La seule hypothèse possible renvoie alors vers une dégradation des profits révélant un certain affaiblissement du système d'échanges traditionnel. Les difficultés liées aux guerres de religion ne peuvent servir d'argument fondamental, même si l'entrée tardive mais radicale de la Bretagne, et surtout de Nantes, dans le conflit du côté de la Ligue en 1589 a doublement pris en tenaille le circuit commercial avec le contrôle des villes ligériennes d'amont par le parti royal et l'activisme de la course maritime rochelaise à l'embouche de la Loire. Le texte est rédigé en période de relance, après la paix de Vervins de 1598. Le malaise vient sans doute de plus loin et il est plus structurel que conjoncturel, ce qui renforce sa gravité[14]. Il semble bien que les marchands nantais et hispano-nantais, à l'image de la célèbre famille Ruiz, trop bien installés dans le réseau international d'échanges commandé par Burgos et privilégiant la côte cantabrique, le marché intérieur castillan et le grand cabotage européen vers les Pays-Bas, ait mal supporté le déclin de Burgos, la crise des Pays-Bas, surtout après la chute d'Anvers en 1585, mais surtout le basculement du centre de gravité de l'économie espagnole de la Vieille Castille en direction de l'Andalousie. Manquant d'esprit d'initiative pour tenter de s'infiltrer dans le monopole commercial en direction du marché américain en plein essor et de souplesse d'adaptation dans leurs relations marchandes avec les producteurs de toiles de l'Ouest au sein d'une concurrence accrue, ils se seraient fait progressivement damer le pion par leurs homologues malouins beaucoup plus inventifs sur les deux tableaux[15].

---

quarante premiers. Cela se marque surtout pour l'octroi du poste de consul où seule la famille Poullain peut rivaliser avec la notoriété de De Bourgues, Despinoze et Santo-Domingo.

13. BREJEON Jean-Joël, LA VILLETANET, Yves de, *Le judaïsme à Nantes du XVIe à la fin du XVIIe siècle*, mémoire de maîtrise, dir. Yves Durand, université de Nantes, 1970.

14. CROIX, Alain, *L'Âge d'or de la Bretagne, 1532-1675*, Rennes, Ouest-France université, 1993, p. 189-190.

15. PRIOTTI, Jean-Philippe, « Conflits marchands et intégration économique (Bretagne, Castille et Andalousie, 1560-1580) », dans PRIOTTI, Jean-Philippe et SAUPIN, Guy (dir.), *Le Commerce atlantique franco-espagnol…*, *op. cit.*, p. 73-99.

La dénonciation de la concurrence portugaise et hollandaise semble beaucoup plus normale car il s'agit d'un phénomène relativement récent, amorcé surtout après 1598. L'immigration portugaise correspond au grand exode des familles marranes fuyant le renforcement de l'Inquisition. Elle secrète une tension économique, doublée d'une hostilité religieuse dans une ville très catholique comme Nantes, qui a connu sa phase la plus exacerbée dans la décennie 1630[16]. Le projet nantais parle de Flamands, mais il faut entendre derrière cette appellation principalement les marchands venus des Provinces-Unies beaucoup plus que leurs homologues des Pays-Bas méridionaux. L'essor d'une petite colonie marchande hollandaise a été plus lent, mais au total plus dangereux pour la communauté marchande indigène, ce qui explique que l'antagonisme ait connu sa phase la plus dure dans les années 1640, relançant logiquement la même politique du recours au privilège comme système de protection[17]. Dans les années 1610, il s'agit donc d'un problème naissant, même si une émotion populaire anti-portugaise en 1603 avait déjà conduit le corps de ville à solliciter auprès du pouvoir royal l'expulsion de cet embryon étranger, permission refusée au nom de l'intérêt financier puisque les marranes se révélaient être les meilleurs introducteurs du métal argent espagnol en France, en partie par leurs réseaux de contrebande[18].

Après avoir décrit l'injustice de la situation, le projet de lettres patentes prescrit le remède attendu :

> « Le droict et privillaige de bourgeoysie pour eux seulz pouvoir achapter les marchandises lesquelles y sont amenées des autres royaumes et provinces et icelles revandre trocquer et retrocquer semblablement aux habitants desdits autres royaumes et provinces estrangères sans qu'il soit permis a aucuns forains non regnicolles de negotier et trafficquer soict par ventes ou achapts, trocquer et retrocquer avec autres forains et estrangers[19]. »

L'interdiction d'échanges directs entre étrangers et l'obligation de passer par l'intermédiaire des Nantais sont ainsi instituées comme nouveau privilège de bourgeoisie. Le texte laisse planer une certaine ambiguïté sur la définition du terme province, mais la désignation finale des « forains non régnicolles » laisse entendre que l'action est menée contre les seuls extérieurs au royaume et non pas contre les marchands non bretons. Peut-être cette apposition du terme de province à celui de royaume dans une perspective non française traduit-elle la crainte inspirée par la puissance émer-

16. Saupin, Guy, « Un mouvement de xénophobie anti-portugaise à Nantes dans les années 1630 », Poussou, Jean-Pierre *et al.* (dir.), *Monarchies, noblesses et diplomaties européennes (Mélanges Labourdette),* Paris, PU Paris Sorbonne, 2005, p. 49-60.

17. Arch. mun. de Nantes, AA 15, f° 7-10. Sée, Henri, « Un document sur le commerce des Hollandais à Nantes en 1645 », *Economisch Historisch Jaarboek*, 1926, p. 125-134. Croix, Alain (dir.), *Nantais…, op. cit.*, p. 70-72.

18. Zabala Uriarte, Aingeru, « La communauté marchande portugaise dans les ports de Bilbao et Saint-Sébastien au début du XVIIe siècle », dans Saupin, Guy (dir.), *Villes atlantiques dans l'Europe occidentale du Moyen Âge au XXe siècle*, Rennes, PUR, 2006, p. 179-203.

19. Arch. mun. de Nantes, AA 15, f° 5 et 6.

gente des Provinces-Unies, en guerre de sécession avec l'Espagne depuis 1581, mais signataires en 1609 d'une trêve dont le commerce français a tout à redouter. Cela vient s'ajouter à la paix conclue entre l'Espagne et l'Angleterre en 1604 et nul n'ignore que dans ces tractations diplomatiques l'accès des marchands nationaux au marché espagnol a été au cœur des plus vives discussions[20].

Suit la définition de l'accès au droit de bourgeoisie :

> « Seront receuz en ladite bourgeoisie tous honnestes marchands et gens de bien et de bonne renommée trafficquants en ladite ville et forsbourgs natifz et originaires d'yceux et à semblable tous autres marchands non originaires pourveuz qu'ils y aient esté et soient domicilliaires demourantz et résidantz actuellement avecq leurs familles depuis les douze ans derniers. »

Les restrictions témoignent d'une bonne connaissance des réalités de la présence étrangère dans un port maritime et de l'importance des liens personnels dans la gestion des affaires à l'époque moderne. Les solutions sociétaires ou la constitution de réseaux d'échanges de services sur des circuits commerciaux se font principalement sur la confiance dans des partenaires dont on a pu éprouver la fidélité, d'où l'insistance sur la réputation sociale et la longueur de la résidence. En effet, nombre de marchands étrangers n'étaient là que de passage, pour quelques mois ou même quelques années, se logeant d'abord dans des auberges avant de se résoudre à prendre un loyer[21]. D'où la méfiance des marchands indigènes, toujours soupçonneux sur la solvabilité de partenaires mal cernés, sans vraiment de répondant immobilier. La tonalité se fait ici plus radicale, incluant même une rupture avec le paragraphe précédent puisque l'obligation des douze ans de séjour est étendue à tous les non-Nantais, y compris aux marchands français et même, chose plus surprenante, aux homologues bretons et pis encore du comté même de Nantes. La définition la plus stricte du horsain a ainsi prévalu.

Le passage à une gestion stricte de ce droit de bourgeoisie rénové aurait dû s'inscrire dans la création d'une nouvelle institution, appelant une collaboration étroite entre les marchands et la municipalité.

> « Et presté le serment de maintenir et observer les pollices et règlement de ladite bourgeoisye, avons permis et permettons auxdits maire et eschevins de nommer, eslire par assemblée généralle quatre marchands de ladite bourgeoisye de deux ans en deux ans lesquels assisteront lesdits maire et eschevins pour recepvoir et faire enregistrer au greffe de ladite ville ceux qui seront receus audit privillaige de bourgeoisye et mesme pour juger avec les-

20. GELABERT, Juan E., « Entre « arrêt général » et « libre trafic » : les relations commerciales entre la France et l'Espagne de 1598 à 1609 », dans PRIOTTI, Jean-Philippe et SAUPIN, Guy (dir.), *Le Commerce atlantique franco-espagnol…*, *op. cit.*, p. 161-182.

21. BOTTIN, Jacques, CALABI, Donatella (dir.), *Les Étrangers dans la ville*, Paris, Éd. MSH, 1999, p. 1-9, 281-298 (Rouen), 329-342 (Bordeaux).

dits maire et eschevins des contraventions qui pourront intervenir à cause de ladite bourgeoisye. »

Les archives municipales n'ont gardé nulle trace d'un document ressemblant de près ou de loin à un livre de bourgeoisie tenu en bonne et due forme comme il en a existé dans d'autres villes, principalement dans le nord et l'est de la France[22], ni de procès-verbaux d'élections d'un bureau de contrôle[23]. En ce sens, Nantes ressemble plutôt à Paris où la bourgeoisie s'acquiert sans formalité[24].

Le recours à l'arme des privilèges de bourgeoisie nantaise demandait effectivement de compléter et de préciser ces derniers en terme de concurrence commerciale. Dans les dix articles confirmés par Louis XIII en juin 1610, trois seulement étaient en rapport direct avec l'activité marchande : tenir une foire franche annuelle de 15 jours commençant à la fête de la Chandeleur (Jean V, 1407, Charles VIII, 1493), avoir dans leurs maisons des poids, des mesures de blés, d'aulnage de draps et de toiles et élire et instituer des jaugeurs pour leur vérification (1407). Si l'exigence de dix ans de résidence pour l'accès des non-naturalisés et des non-Nantais aux droits de bourgeoisie est bien mentionnée, il n'est par contre pas fait rappel de l'interdiction à tous les étrangers de vendre au détail du vin et des draps dans la ville de Nantes à moins d'y demeurer entièrement, accordée par le duc Jean IV le 30 septembre 1395. Il convenait donc de réunir clairement ces deux privilèges, en couvrant tous les produits et surtout en les étendant au commerce de gros.

Tout en reprenant le principe d'obligation pour « toute personne foraine et estrangère non regnicolle » de ne contracter qu'avec un marchand bourgeois sous peine de 20 écus d'argent et confiscation des marchandises, le projet d'arrêt du conseil entend aussi réglementer le commerce de détail :

> « [...] sans touteffois qu'ilz [les marchands bourgeois] puissent détailler sy non celles dont ils auront faict aprentissaige et auxquelles ils auront esté nouryz, apprins et faict exercice premier, comme aussy ne pourront tous forains et estrangers faire aucun détail et distribution par le menu de leurs marchandises, mesme aux habitants de ladite ville et forsbourgs, ains en demeurera et sera permis le détail seullement à ceux des habitants qui auront faict leur aprentissaige aux espèces des dits marchandises desquelles ils voudront faire le détail. »

---

22. Voir la très riche recension bibliographique dressée par Pierre BONIN, *Bourgeois...*, *op. cit.*, p. 29, 43-44.

23. On voit mal comment le corps de ville aurait pu admettre cette prétention du milieu marchand à garantir la bourgeoisie, car ce n'était pas une catégorie supérieure dans la hiérarchie des états au sein de l'élite urbaine, surtout dans cette période où il était politiquement au purgatoire afin de se laver de son basculement majoritaire dans la rébellion dans les années 1590.

24. DESCIMON, Robert, « Bourgeois de Paris, les migrations sociales d'un privilège », dans CHARLE, Christophe (dir.), *Histoire sociale, histoire globale ?*, Paris, Éd. MSH, 1993, p. 173-182. CORCIA, J. di, « Bourg, Bourgeois, Bourgeois de Paris from the Eleventh to the Eighteenth Century » dans *The Journal of Modern History*, vol. 50, juin 1978, p. 207-233.

En proposant un système protecteur pour le commerce de détail, l'élite marchande recherche le soutien de la masse des artisans et boutiquiers pour obtenir l'appui du corps de ville. Tout projet d'arrêt du conseil ne peut être présenté au gouverneur de la ville ou de la province, seuls tuteurs politiques à cette époque, qu'au nom de la municipalité, seule institution pouvant légitimement incarner le corporatisme bourgeois. Or, dans les années 1610, Nantes est encore en pleine transition quant au fonctionnement municipal. La tradition de convocation des assemblées générales ouvertes, qui s'était maintenue pendant la période des guerres de religion, retrouve un élan de courte durée après un premier affaiblissement sous la phase de pacification du règne d'Henri IV. Même si ce type d'assemblée consultative faisait surtout figure d'instance de cautionnement de la politique du corps de ville, les maîtres artisans et boutiquiers pouvaient aisément faire masse. Il était donc stratégiquement habile pour le lobby marchand de rechercher le soutien des jurandes des arts et métiers, ne serait-ce que pour faire pression sur les maire et échevins. Mais là encore, les registres des délibérations de la ville[25] ne mentionnent aucune assemblée convoquée sur ce sujet de 1610 à 1612, ce qui laisse augurer une certaine opposition à une politique réduisant l'autonomie d'action des marchands étrangers.

Projet d'articles pour définir commercialement le droit de bourgeoisie et sa réfutation systématique par le corps de ville

Un second texte de même tonalité nous est connu. Toujours non daté, il semble toutefois avoir été produit en 1613 puisqu'il est accompagné d'une réponse, portant cette date, de l'assemblée municipale qui en a débattu. Cette nouvelle mouture, présentée sous la forme de dix articles, a le mérite d'être plus précise et de lever certaines ambiguïtés antérieures autour de la définition du forain. Ce règlement s'intéresse à trois grands thèmes : la définition du bourgeois de Nantes, les privilèges commerciaux du droit de bourgeoisie, la préservation de certaines libertés des simples habitants. Comment cette initiative a-t-elle été reçue dans le corps de ville? Le débat a dû logiquement être ouvert dans le bureau servant formé du maire, des six échevins[26] et du procureur du roi syndic et peut-être se prolonger dans le grand bureau municipal formé de tous les maires et échevins, servants comme anciens, selon la procédure coutumière, mais l'absence de registre de délibérations de mai 1612 à juin 1615 nous empêche de le vérifier.

La pièce d'archive isolée conservée fait état d'une structure plus élargie, à mi-chemin entre le grand bureau et l'assemblée générale des nobles,

25. Arch. mun. de Nantes, BB 27. Du 9 juillet 1609 au 4 mai 1612. La vérification n'a rien donné. Malheureusement, il nous manque toutes les délibérations de mai 1612 à juin 1615. BB 28 (16 juin 1615-30 novembre 1617).

26. La date imprécise fait hésiter entre la mairie dirigée par Jean Blanchard, procureur du roi au présidial (1611-1613) et celle de Louis Charrette, sénéchal de Nantes (1613-1615). Dans les deux cas, nous n'avons qu'un seul marchand isolé dans un bureau dominé par les juristes, surtout officiers royaux.

bourgeois et manants de la ville et faubourgs. C'est ce que nous indique le tout début du texte : « L'advis de messieurs les députés pour voir les articles proposés par messieurs les marchands de Nantes [...]. » La formule caractérise l'ouverture du grand bureau aux députés des trois grands corps traditionnels qu'étaient l'Église de Nantes, représentée généralement par deux chanoines de la cathédrale Saint-Pierre ou de la collégiale Notre-Dame, la chambre des comptes de Bretagne qui déléguait deux de ses officiers et la cour de la sénéchaussée et du présidial de Nantes qui procédait de même, ce siège de justice royale bénéficiant en plus du privilège de présider l'assemblée par la voie de son sénéchal ou d'un autre officier supérieur par ordre hiérarchique. L'invitation des gouverneurs de ville et de la province était de droit, mais leur présence effective dépendait de leurs déplacements géographiques entre la cour, la ville, leurs seigneuries et les champs de bataille. D'autres corps urbains pouvaient être appelés selon le thème discuté : ainsi les capitaines de milice bourgeoise en temps d'insécurité ou les juge et consuls des marchands pour les questions commerciales[27]. La pure logique voudrait donc qu'ils aient été appelés, mais le résultat de la délibération permet d'en douter. Pour justifier sa réfutation systématique de tous les articles, la municipalité a pris soin de rédiger une introduction qui met l'accent sur trois inconvénients : les conséquences négatives pour l'activité commerciale du port de Nantes, les retombées problématiques sur les finances municipales et la mise en cause de l'identité bretonne dans le partage des privilèges. Sa conclusion est sans appel : il n'est nul besoin de modifier la charte des privilèges traditionnels confirmés par Louis XIII à son avènement.

Il est ainsi éclairant de comparer point par point les deux logiques qui se sont affrontées. Les deux premiers articles définissent le droit de bourgeoisie, lié à la naissance ou à une certaine durée de résidence en continu.

> « Que pour acquérir le droict de bourgeoisie et se pouvoir dire bourgeois de ladite ville, il s'entend estre né dans ladite ville et forsbougs banlieue ou comté et faire sa résidance dans ladite ville ou bien estant forain qu'il y ait faict sa résidance comme bon habitant durant la période de dix ans entiers et à commencer du depuis qu'ils auront faict leur déclaration au corps de ville qu'ils entendent s'y habituer. »

La même définition est appliquée aux étrangers, à partir de l'enregistrement de leurs lettres de naturalité. La période classique de dix ans est ici confirmée et il semble donc que la mention de douze ans dans le premier projet soit liée à une méconnaissance de la charte des privilèges, ce qui renvoie vers une souplesse de son application[28]. La volonté de passer à une gestion

27. Saupin, Guy, *Nantes au xviie siècle...*, *op. cit.*, p. 109-116.

28. L'hésitation peut s'expliquer par la variation des exigences théoriques dans les autres grandes villes marchandes du royaume, depuis 12 ans à Marseille, Lyon, Rouen depuis 1630, jusqu'aux 10 ans de Narbonne, cinq ans de Toulouse, deux ans de Bordeaux et un an et un jour de Paris. Il convient toutefois de différencier les règles et la pratique puisqu'à Toulouse la seule résidence suffisait largement, au moins la moitié des habitants

institutionnelle rigoureuse du droit de bourgeoisie est aussi réaffirmée puisque ce délai de dix ans ne pourrait être pris en compte qu'à partir d'un acte administratif précis : l'enregistrement au bureau de ville pour les forains et lettres de naturalité à la chambre des comptes pour les étrangers. Mais la principale innovation tient dans la distinction opérée entre les gens du comté nantais et tous les autres régnicoles, y compris les habitants des autres évêchés bretons, tous rangés sous l'appellation de forains. Cette distinction est hautement significative du caractère très agressif de la démarche quand on sait l'importance des échanges entre Nantes et la Bretagne, premier marché pour l'écoulement du sel et des vins de Loire et pour l'approvisionnement en céréales et toiles de lin et chanvre[29]. Ce durcissement se lit également dans l'élévation de l'amende à 200 livres tournois.

Le rejet de l'initiative marchande par l'oligarchie municipale est sans appel. Toute l'argumentation est contrée sur quatre points principaux. Premièrement, les dangers de réciprocité de cette politique ultra-protectionniste fondée sur le privilège d'exercice du commerce sont directement dénoncés comme contre-performants du point de vue du dynamisme économique de la ville : « [...] la qualité de bourgeoisie et droict de bourgeoisie aux habitants seuls de la ville et forsbourgs de Nantes seroit plus nuisible que profitable d'aultant que seroit exclure les alliances et commerce avec les aultres villes de ce royaulme et principallement des voisins dont il y en a plusieurs et esloigner tous les marchands non seulement estrangers mais encore de toutes les autres proches d'icelle [...][30]. » Toutes les échelles du commerce sont envisagées, tant régionale que nationale et surtout internationale. Le terme d'alliance utilisé dans la rédaction renvoie plus aux circuits commerciaux résultant des liens personnels établis dans les réseaux marchands qu'à des traités négociés, car il n'existait pas d'équivalent à l'accord particulier liant Nantes et Bilbao.

Le second reproche concerne la gestion de l'ensemble de la police urbaine dans la mesure où ce règlement conduirait « à donner lieu à tous les habitans de touttes qualités de s'exempter des charges de la ville avant d'avoir acquis le droit de bourgeoisie [...] ». Les charges dont il est question concernent principalement les taxations exceptionnelles par chef de famille selon la richesse estimée puisque l'ensemble des habitants est exempté des fouages depuis le duc Jean III en 1332, mais surtout Jean V en 1407. Celles-ci se sont multipliées au temps des guerres civiles et les exigences fiscales répétées du roi Henri IV dans la phase de restauration du royaume pouvaient légitimement inquiéter la municipalité, même si la priorité était de répondre en alliant l'utilisation des octrois et le recours aux emprunts[31].

---

négligeant de se faire inscrire au greffe du capitoulat. Voir les exemples contradictoires et relatifs relevés par Pierre Bonin, *Bourgeois, bourgeoisie...*, *op. cit.*, p. 54-58.

29. Tanguy, Jean, *Le Commerce nantais...*, *op. cit.*, p. 274-298.

30. Arch. mun. de Nantes, AA 15, f° 3 et 4.

31. Saupin, Guy, « Les octrois de Nantes de la création de la municipalité à 1732 », dans Haudrère, Philippe (dir.), *Pour une histoire sociale des villes (Mélanges J. Maillard)*, Rennes, PUR, 2006, p. 43-57.

La résurgence de l'effervescence nobiliaire durant la régence de Marie de Médicis pouvait aussi faire craindre des risques de prises d'armes et donc des charges de mise en défense pour une ville qui avait beaucoup à se faire pardonner en effaçant par un loyalisme indéfectible son mauvais choix ligueur, dans une province dont le gouverneur était le duc de Vendôme, demi-frère du roi et gendre du duc de Mercoeur, propriétaire de la baronnie d'Ancenis depuis 1599.

La troisième opposition soulignait la contradiction fondamentale entre l'affirmation de la volonté d'intégration de tous les acteurs les plus dynamiques du commerce à l'intérieur de la bourgeoisie nantaise et l'exigence de dix ans de résidence pour vérification de bonne conduite. Pour l'oligarchie urbaine, cette longueur excessive n'aboutirait qu'à la désertification de la place nantaise car aucun immigré entreprenant ne saurait accepter pendant si longtemps une telle limitation de ses initiatives. Le texte constate que ce serait « oster tout moien à ceux qui aspireroient de faire aulcun traffic et par conséquent les obliger à s'en bannir eux mesmes ». La dernière critique porte sur la distinction entre le comté nantais et le reste de la Bretagne. « Oultre d'apeller forains les habitans des autres villes de la Province seroict diviser de nom et deffaict ladite ville de Nantes d'avec touttes les autres de ladite Province et non seulement les convier mais encore les obliger d'en faire le semblable et par conséquent nous randre aussi à eulx forains et faire naistre une espidémie qui tourneroit en animosité entrelles. » Au-delà du risque d'entrer dans le cercle vicieux de l'agressivité commerciale, les députés des corps ne peuvent que s'inquiéter des conséquences négatives sur la question de la défense de l'identité bretonne et des privilèges concédés par la monarchie dans l'édit d'union de 1532[32], ensemble de franchises et de libertés dont les États provinciaux ont la garde et dont la capacité protectrice pourrait être altérée par des dissensions internes au tiers état, envenimées par cette opposition entre Nantes et les villes des autres évêchés[33]. Peut-être faut-il voir ici, dans cette divergence d'appréciation de l'identité bretonne, le sentiment d'être mal protégé par des États totalement dominés par les propriétaires fonciers structurés dans les systèmes clientélistes des grandes familles nobiliaires, système dans lequel la ville de Nantes a bien du mal à faire entendre sa voix, surtout lorsque sa délégation est marchande comme cela arrivait dans la seconde moitié du XVIe siècle[34]. La priorité donnée à la surtaxation de la consommation du vin au détail pour financer la défense des privilèges bretons pouvait inquiéter le monde marchand, mais elle n'a pas eu d'effet négatif avant le milieu du XVIIe siècle. C'était par ailleurs compensé par l'atténuation des taxes sur les exportations de grains et de toiles.

Les articles 3 et 4 qui tendent placer le marchand bourgeois comme intermédiaire obligé dans toutes les transactions sont critiqués au nom d'une

32. Croix, Alain, *L'Âge d'or…*, *op. cit.*, p. 13-28.
33. Collins, James B., *La Bretagne dans l'État royal…*, *op. cit.*, p. 191-207.
34. *Ibidem*, p. 38-47, 156-164.

logique libérale du grand commerce et de leurs conséquences néfastes sur le marché du travail et sur les revenus de la ville et du roi. Le monopole bourgeois est d'abord dénoncé pour ses effets négatifs sur l'évolution des prix.

> « Les marchands bourgeois ayant eux seuls la liberté d'achepter en gros les marchandises qui viennent par eau et par terre pourroient user de grandes rigueurs a l'endroit des marchands forains et imposer a leurs marchandises tel prix que bon leur semblera qui seroit les chasser et leur donner occasion de ny retourner plus, et puis pour la revente aux forains et habitans il seroit en leur liberté de revendre a prix excessif et a volonté, ce qui seroit grandement préjudiciable aux debvoirs du Roy et au Publicq. »

Cette défense de la libre concurrence pour la régulation des prix pourrait sembler curieuse dans un temps où les principes de l'économie morale définis à partir des valeurs chrétiennes restent prépondérants. L'apparente contradiction disparaît en considérant le type de commerce envisagé et la nature de l'institution exprimant ce point de vue. Il s'agit du commerce de gros pour lequel les acteurs ont toujours refusé un encadrement corporatif à la différence du commerce de détail largement réglementé par les confréries de métiers. Dans l'idéologie de l'économie dirigée charitable, il ne peut être question de laisser la régulation entre les mains d'un des acteurs économiques car elle ne peut relever que des institutions détenant légitimement la responsabilité de protection de l'ensemble de la communauté urbaine, en premier lieu le corps de ville, mais aussi le pouvoir royal par le biais de son administration[35]. Il n'est donc pas étonnant qu'une assemblée corporative municipale dominée par les officiers de justice ne veuille pas laisser échapper cette prérogative. L'intervention de l'autorité publique sur le seul marché de consommation n'est d'ailleurs conçu qu'en cas de crise, afin de rétablir par une aide financière à l'importation un meilleur équilibre entre l'offre et la demande. L'analyse du fonctionnement de l'échevinage nantais durant toute la première moitié du XVIIe siècle montre d'ailleurs la grande différence de rigueur entre le traitement des détaillants et des grossistes, des boulangers et des marchands blatiers pour le marché céréalier[36], de loin le plus sensible.

Le reste de l'argumentation prend un tour assez démagogique puisqu'y est agité le risque de tensions sociales par privation d'emploi, crispation dont les pouvoirs publics cherchent à se prévenir le mieux possible.

> « [...] en outre, on osterait les moyens de vivre à grand nombre de pauvres habitans qu'à présent ont liberté d'achapter des marchands forains

35. Guignet, Philippe, *Le Pouvoir dans la ville au XVIIIe siècle. Pratiques politiques, notabilité et éthique sociale de part et d'autre de la frontière franco-belge*, Paris, Éd. EHESS, 1990. L'auteur est celui qui a posé avec la plus grande pertinence la question de l'idéologie municipale sous l'Ancien Régime pour les villes des anciens Pays-Bas en caractérisant le modèle hispano-tridentin. La comparaison avec l'ensemble des villes françaises au XVIIe siècle n'a pas été suffisamment développée. Les recherches de Yann Lignereux sur Lyon sont cependant un début de réponse. Voir : *Lyon et le Roi. De la « bonne ville » à l'absolutisme municipal (1594-1654)*, Seyssel, Champvallon, 2003, p. 583-590, 681-693.

36. Croix, Alain, *La Bretagne aux 16e et 17e siècles. La vie, la mort, la foi*, Paris, Maloine, 1981, tome 1, p. 393-419.

> pour en faire la revente, et toutefois ces particuliers sont considérables dans le publicq de la ville parce qu'ils aydent a porter les charges d'icelles [...]. »

Même en se souvenant que l'essentiel des ressources municipales vient des octrois urbains pesant sur la consommation de l'ensemble des habitants, et tout spécialement des boissons, il est douteux que la catégorie identifiée soit vraiment essentielle pour les finances municipales. Tout dépend du sens donné à l'expression « pauvres habitants ». S'il s'agit de l'ensemble du secteur boutiquier, on ne peut qu'être d'accord ; s'il s'agit simplement des regrattiers, comme le vocabulaire y invite, on ne peut que trouver l'appréciation exagérée. En replaçant les questions fiscales au cœur de leur argumentaire, les maires et échevins et députés des corps, qui ont bien conscience de plaider devant le pouvoir royal, rappellent avec opportunité combien, pour celui-ci, l'appréhension de son rapport avec les villes fut avant tout fiscale[37]. Toute ville bonne payeuse, tant pour les taxes que pour le placement des rentes royales, était assurée de conserver son catalogue de privilèges.

L'ensemble des articles allant de 5 à 8, où le projet cherchait à garantir un certain nombre de libertés aux habitants tant pour leur approvisionnement familial que pour la vente des produits de leurs propriétés, est rapidement critiqué comme non avenu puisque ces prescriptions relèvent du droit commun, sur lequel tout ajout ne pourrait qu'offrir opportunité de restriction. Il en est même des privilèges des foires et marchés. La conclusion est de s'en tenir à la charte traditionnelle des privilèges. L'article 9, qui entendait réserver la possession des poids et mesures aux seuls marchands bourgeois, est totalement récusé puisque ce privilège est acquis à l'ensemble des habitants depuis le duc Jean V en 1407, sous le contrôle du corps de ville. L'idée d'imposer le mariage avec une Nantaise à tout marchand résident est dénoncée comme saugrenue et en opposition à la réalité sociale de l'exercice du grand commerce observable dans la ville même. Tout l'arsenal d'amendes et de peines prévues dans le dernier article n'a pas lieu d'être puisque l'ensemble du dispositif a été invalidé, la sanction des fraudes dans le cadre de l'organisation classique du commerce étant renvoyée aux règles et aux instances de police existantes, c'est-à-dire le tribunal où sont associés le prévôt et les maire et échevins depuis le compromis passé en 1581[38].

•

Les équilibres sociologiques dans le corps de ville ne sauraient suffire à expliquer pourquoi ce dernier a bloqué dès le départ la tentative des marchands nantais, sans doute élaborée au sein du consulat du commerce, de se protéger d'une concurrence étrangère jugée aggravée, en renforçant les privilèges traditionnels de bourgeoisie. Peut-être l'une des causes tient-elle

37. BEIK, William, *Urban Protest in 17th Century France. The Culture of Retribution*, Cambridge, CUP, 2004 (1997). COLLINS, James, *The State in Early Modern France*, Cambridge, CUP, 2006, (1995).

38. SAUPIN, Guy, *Nantes au XVIIe siècle...*, *op. cit.*, p. 50-52.

dans le caractère très exagéré de la menace, jusqu'à en brouiller la légitimité? Plus certainement, on voit bien combien les états sociaux supérieurs, très liés dans leurs revenus à l'agriculture commerciale, ne veulent pas se laisser enfermer dans un face-à-face avec une catégorie marchande en situation de monopole, sur les marchés intérieur et extérieur.

Il est ainsi plaisant de voir un corps de ville peuplé de juristes donner un cours d'économie politique à son élite marchande. Ces discordances témoignent surtout des difficultés d'adaptation d'une ville portuaire française à une économie commerciale mondialisée, phénomène dans lequel elle n'a alors joué qu'un rôle de relais en étant intégrée dans des circuits dominés par des centres d'impulsion extérieurs. Alors que le renforcement d'une communauté portugaise a produit d'autres formes d'agressivité, la même tentative de résistance juridique a caractérisé les relations avec les Hollandais dans les années 1640. Toutefois, dans cette seconde phase, le jeu était double puisque les plus entreprenants des marchands nantais posaient les premiers jalons de l'organisation du commerce de droiture avec les îles d'Amérique dans le cadre de la colonisation française. Cette nouvelle dynamique commerciale les a incités à préférer assez vite la collaboration économique à la guerre des privilèges, dans la mesure où existait dorénavant un nouvel horizon spéculatif prometteur.

RÉSUMÉ

La décennie 1610 est marquée par une tentative de défense juridique des élites marchandes nantaises pour contrer une augmentation de la concurrence étrangère (Portugais, Flamands et Hollandais). L'élite qui fournit les juges du consulat commercial essaie de se prémunir en recourant aux privilèges de bourgeoisie. Des projets d'articles pour leur donner un contenu commercial sont ainsi rédigés, mais rejetés intégralement par le corps de ville et son assemblée générale corporative consultative. Ces tentatives de réponse juridique à un problème économique témoignent des difficultés d'adaptation d'une ville portuaire atlantique française aux mutations d'une économie commerciale mondialisée dans laquelle le centre de gravité européen glisse lentement du sud vers le nord. Le paradoxe naît d'une opposition d'une municipalité dominée par les juristes à un réflexe défensif juridique porté par le milieu marchand.

ABSTRACT

The 1610 decade is marked in Nantes by a legal attempt from the merchant elite to thwart a growth of the foreign competition (Portuguese, Flemish, Dutch). The elite supplying the bench of the merchant consulate tries to protect itself by using the privileges of citizenship. So, articles planned to give the latter a mercantile definition are written but are completely rejected by the town council and its general consultative assembly. These attempts at a legal reply to economic problem show how difficult it is to adapt a French Atlantic sea-port to the changes of a global merchant economy in which the European centre of gravity slowly slips from south to north. The paradox comes from an opposition of a corporation dominated by legal experts to a legal defensive reaction supported by the merchant circle.

Au risque de l'étranger : un sujet majeur de gouvernance à La Rochelle à la fin du Moyen Âge

Mathias TRANCHANT
Maître de conférences d'histoire médiévale
université de La Rochelle
Centre de Recherche en Histoire Internationale et Atlantique – EA 1163

Peuplée, au cours des quelques décennies qui suivirent la chute de Châtelaillon en 1131, de migrants venus de toute la façade ponantaise de l'Europe pour y faire fortune, La Rochelle est une ville neuve. Elle est l'une des toutes premières à avoir obtenu en France un statut communal selon les établissements dits de Rouen. Son succès, qui se traduit par la place prééminente qu'elle acquit entre Loire et Gironde dès le XIIIe siècle, elle le dut au remarquable esprit d'entreprise de sa population marchande qui sut prendre part aux déploiements du commerce maritime, ainsi qu'à la clairvoyance de ses gouvernants qui usèrent au mieux, pour le profit de toute la communauté bourgeoise, des moyens politiques dont ils disposaient. Toute entière occupée par les échanges, la ville accueillait une foule cosmopolite, composée de négociants, de facteurs, de marins et d'armateurs, mais aussi d'apprentis et de brassiers employés dans la filière viticole, le plus souvent de passage, parfois établis pour plusieurs mois, voire installés à demeure. L'intensité des transits et brassages, pour profitable qu'elle fût à la santé de l'économie rochelaise, n'était pas sans poser des problèmes ni sans susciter des désordres, et comportait même quelques dangers. Aussi, il revint aux autorités compétentes d'encadrer et de règlementer la venue des étrangers et de leurs biens à La Rochelle et dans sa banlieue.

Les motifs de lettres royaux, concédées par Charles VII en faveur des Rochelais en 1446, résument en partie leurs préoccupations en matière de police des étrangers :

> « La ville de La Rochelle est assize sur port de mer et est bien notable ville, en laquelle viennent et affluent plusieurs gens, tant de nostre royaume qu'estrangers de diverses nations, [...] pourquoy est besoing et necessité, et aussy pour l'utilité et proffit de la chose publicque d'icelle, mettre et en

avoir icelle ville bon nombre, regle, pollice et gouvernement, tant sur le faict des vivres et alliments necessaires a corps humain et qui chacun jour se vendent et distribuent pour la sustentation du peuple affluant en ladite ville, que aussy pour tenir nette ladite ville qui est assize sur port de mer et [...] aisé a corrompre[1]. »

Au-delà de ces dispositions, l'étude de la documentation narrative, notariale et normative, et en premier lieu des établissements et des annales de la ville, rend compte de dynamiques fortes autour du pouvoir de police appliqué aux étrangers. Le conseil urbain prit ou fit prendre une somme de décisions à leur égard dont le but fut clairement de faciliter leur venue et leurs activités dans la ville. En dépit des dangers que faisaient peser ennemis, pirates et concurrents, il se montrait résolu à attirer en nombre et durablement des partenaires économiques. La police des étrangers se trouvait donc au cœur de la politique de gestion des risques de la commune. Ce que l'on constate aussi c'est que, dans ce domaine comme dans bien d'autres, l'échevinage rochelais, au contraire de nombre d'institutions urbaines qui virent reculer leurs compétences en la matière au profit d'une administration monarchique grandissante, sut élargir le champ de ses prérogatives. La raison ressortissait à la nécessité de rationaliser la gouvernance des populations allogènes, de prévenir et réduire l'insécurité dont elles pouvaient être porteuses et de limiter les tensions communautaires inhérentes à toute ville ouverte sur le monde.

Une réglementation plus favorable à la venue d'étrangers

Bien que dépourvue d'une bonne partie de la juridiction appliquée aux étrangers, la municipalité s'appliqua à multiplier les initiatives pour assurer la protection de leurs personnes et de leurs biens[2].

En premier lieu, elle s'évertua à défendre le saufconduit général dont ils bénéficièrent depuis la concession de Louis VIII du 24 août 1224. Par ce moyen, les étrangers à la couronne et leurs biens se trouvaient sous la protection du roi dès lors qu'ils se rendaient à La Rochelle ou en repartaient. Nul ne pouvait exercer contre eux de lettres de marque[3]. De surcroît, les ressortissants d'une puissance ennemie disposaient d'un délai de vingt jours pour se retirer avec leurs marchandises après la publication de la guerre, pourvu qu'ils aient bien acquitté les droits accoutumés[4]. Ce privilège, confirmé une première fois juin 1227 par Louis IX[5], revêtait une grande importance au moment des nombreuses tensions et versatilités politiques

1. BnF, NAF 7285, f° 197-200.
2. Nous reprenons ici des informations déjà publiées dans : Tranchant, Mathias, *Le Commerce maritime de La Rochelle à la fin du Moyen Âge*, Rennes, PUR, 2003, p. 149-154.
3. À ce propos, consulter l'étude de Timbal, Pierre-Clément, « Les lettres de marque dans le droit de la France médiévale », *L'étranger. Recueil de la Société Jean Bodin*, t. X, 2e partie, 1958, p. 109-138.
4. Médiathèque La Rochelle, ms 45-46, p. 52.
5. *Ibidem*, p. 57.

qui, durant la guerre de Cent Ans, marquèrent les relations internationales. Cette disposition les protégeait également des violences endémiques perpétrées sur mer et dans les ports. Le sauf-conduit royal était de surcroît une condition élémentaire à la stabilité commerciale de la ville. La commune veillait donc au strict respect de cette mesure. Le 7 décembre 1313, sur la requête du corps de ville, et en vertu de son privilège « par lequel lesdites lettres de marque n'y peuvent avoir lieu », un procès fut engagé à la cour de Poitiers contre des marchands français qui, pourvus de tels documents, avaient fait procéder à la saisie des marchandises de négociants génois à La Rochelle. La cour poitevine donna raison à la municipalité[6]. Les graves troubles de 1346-1347, pendant lesquels Calais tomba aux mains anglaises, décidèrent la commune à saisir Philippe VI, afin qu'il réaffirme le sauf-conduit général, ce qu'il fit au mois d'août de cette dernière année[7]. En 1362, elle dut une nouvelle fois intervenir. Édouard III avait en effet autorisé, malgré sa confirmation des privilèges deux ans plus tôt, la saisie par lettres de marque des biens bretons à La Rochelle, en réparation du pillage de *la Catherine* de Winchelsea. Le 20 février, devant les remontrances rochelaises, il se ravisa[8]. D'autre part, en plus de la protection générale qui était accordée à ses sujets, le souverain anglais leur délivrait des sauf-conduits ponctuels, afin qu'ils puissent venir en toute sécurité en Aunis. En 1364, quatre de ces licences furent octroyées à des marchands de Londres, Mousehole, Yarmouth et *Midesummer*[9]. On en relève aussi, au cours de cette période, pour leurs collègues de Chichester, Lyme et Exmouth[10]. En 1430, réagissant à l'agression d'un catalan de Béziers par un génois, c'est le parlement de Poitiers qui accorda des saisies compensatoires. Alerté, le corps de ville obtint que sa ville en soit exemptée[11]. Et le 7 décembre, il fit non seulement confirmer son privilège par la cour du Parlement de Paris, mais son application fut étendue aux limites de la banlieue[12]. Cependant, la reconquête française replongea bientôt les gens de mer et les sociétés littorales dans la violence, occasionnant déprédations et saisies arbitraires. Les forains comptaient alors sur l'obtention de sauf-conduits ponctuels pour s'en prémunir. En 1431, Georges de La Trémoïlle se fit payer grassement l'autorisation accordée à des sujets du roi d'Angleterre de mener leurs marchandises à La Rochelle et d'en repartir avec du vin[13]. Encore, le

6. BARBOT, Amos, *Histoire de La Rochelle*, Paris/Saintes, éd. Denys-d'Aussy, 1886, p. 123.

7. *Ibidem*, p. 149.

8. BARBOT, Amos, *Histoire de La Rochelle... op. cit.*, p. 387. BnF, ms fr. 18970, f° 27 v°. Médiathèque La Rochelle, ms 45-46, p. 329. DELAFOSSE, Marcel (dir.), *Histoire de La Rochelle*, Toulouse, 1985, p. 60-61.

9. *Calendar of the Patent Rolls preserved in the Public Record Office,* A.D. 1361-1364 (08/05/1364) ; A.D. 1364-1367 (26/10 et 08/12/1364).

10. BARBOT, Amos, *Histoire de La Rochelle, op. cit.*, p. 62.

11. *Ibidem*, p. 61.

12. Médiathèque La Rochelle, ms 45-46, p. 505.

13. BARBOT, Amos, *Histoire de La Rochelle, op. cit.*, p. 62. *Calendar of the Patent Rolls*, A.D. 1436-1441 (28/12/1439).

17 janvier 1464, Jean de Montauban, amiral de France, délivrait sept sauf-conduits, valables une année, à des entrepreneurs anglais, leur permettant de mener leurs affaires dans tous les ports français, sauf dans ceux de la Gironde[14]. Aussi, en novembre 1461, puis le 26 mai 1471, Louis XI réaffirma son sauf-conduit à l'intention de tous les marchands étrangers venant par mer ou par terre à La Rochelle[15]. Surtout, le 27 mai 1472, il étendit davantage encore sa protection.

> « Pour améliorer par commerce ladite ville et la condition des habitans d'ycelle », les marchands anglais et autres ennemis du royaume pouvaient désormais « venir en commerce sans fraulde en cette ville et banlieue, toutes et quantes fois que bon leur sembleroyt, quelques guerres qu'il y eust [...], en tels navires, de tel port et équipage qu'il leur plaira, et y charger et descharger telles marchandises et denrées et les vendre, et achepter de tels et à qui ils adviseront ».

Il leur fallait toutefois prendre un sauf-conduit auprès des gens du roi ou de son amiral. Et s'ils venaient en groupe de quinze ou vingt marchands, ils devaient aussi obtenir une autorisation d'entrée du maire de la ville[16]. Rien ne permet de juger de l'efficacité réelle de ces mesures. Ce que l'on sait, c'est que les services de l'amirauté, intéressés aux revenus produits par la course, délivraient, trop souvent sans précaution voire abusivement, des lettres de marque qui rendaient inopérantes ces mesures de protection. Au final, les saisies illicites finissaient devant les juges. Une sentence rendue par la cour du gouvernement de La Rochelle le 9 décembre 1488 témoigne assez bien de cette situation. En vertu du sauf-conduit royal accordé dans la ville aux marchands étrangers, protection qui venait d'être reconfirmée quatre ans plus tôt, elle débouta un Rochelais, Antoine Martin, qui avait fait saisir grâce à une lettre de marque certaines marchandises étrangères[17].

En matière de biens vacants, les allochtones disposaient également de plusieurs garanties. Selon le droit féodal, le détenteur de la puissance publique en était propriétaire. Concrètement, suivant les circonstances ayant conduit à la situation de vacance, il pouvait prétendre à plusieurs droits : le droit d'aubaine, le droit d'épaves et le droit de naufrage. Le premier, qualifié aussi d'*aubenage*, permettait la saisie des biens d'un étranger décédé dans sa juridiction. Les deux autres, rattachés parfois aux droits de rivage, réglaient la question de tout ce qui était trouvé échoué sur la côte. Si la récupération des biens n'avait pas nécessité l'entremise de sauveteurs et si les éventuels titulaires sinistrés ne s'étaient pas manifestés, le seigneur justicier, faisant valoir son droit d'épaves, se réservait seul leur entière propriété[18]. Dans le cas contraire, le droit de naufrage assurait la répartition

14. « Documents sur l'histoire maritime du XVe siècle », éd. Paul Marchegay, *Revue des Sociétés Savantes*, 6e série, 1875, n° III.

15. Médiathèque La Rochelle, ms 45-46, p. 590, 655.

16. BARBOT, Amos, *Histoire de La Rochelle*, *op. cit.*, p. 409.

17. Médiathèque La Rochelle, ms 45-46, p. 697, 706.

18. *Le vieux coustumier de Poictou*, Bourges, éd. René Filhol, 1956, p. 249.

du produit des biens sauvés entre les différentes parties concernées. Selon la coutume du Poitou, le droit d'épaves s'appliquait après que les officiers seigneuriaux se fussent acquittés d'un certain nombre d'obligations ayant pour but d'assurer la réelle vacance des objets trouvés. Ainsi, ils devaient d'abord informer la population durant trois semaines, par cri public, de la nature des choses échouées et du lieu de leur découverte; puis quarante jours étaient accordés aux éventuels propriétaires pour se signaler. Ce n'est qu'à l'issue de cette procédure que le seigneur obtenait la pleine propriété de ce que la mer avait rejeté[19]. Mais cette éventualité était rare, parce ce qu'il y avait souvent un détenteur, ou tout du moins un sauveteur, pour prétendre à une partie de cette propriété. C'est sans doute pour cela que le droit d'épave ne figure pas toujours dans les aveux des seigneurs littoraux. C'est aussi pour cette raison qu'il rapportait peu. Quant au droit de naufrage, dit aussi d'*aventures* ou de bris, il connut un certain assouplissement au cours de la période. Encore au XIIe siècle, entre Loire et Gironde, les biens naufragés revenaient entièrement, au titre du droit d'aubaine, au seigneur côtier[20]. Une inflexion fut donnée à cette exclusivité de sorte que, au siècle suivant, l'exercice du droit de bris donnait lieu désormais à la distribution en trois parts égales du produit des biens récupérés, entre l'autorité banale, les sauveteurs et les marchands sinistrés. Et si une des deux dernières parties était absente, sa portion, considérée alors comme vacante, revenait de fait au seigneur[21].

Mesurant l'obstacle que constituaient certains de ces droits aux initiatives commerciales étrangères, la municipalité s'y opposa. En ce qui concerne le droit d'épave, les cas de son application étaient rares, et il ne faisait en définitive peser aucune contrainte particulière sur les allochtones. Il ne semble donc pas avoir suscité la désapprobation échevinale. En revanche, le droit d'*aubenage*, qui autorisait la saisie par les agents royaux des biens d'un négociant étranger décédé au détriment de ses héritiers, y fut, semble-t-il, supprimé en 1374[22]. L'étude des privilèges de 1501 précisa au surplus que tous les habitants, « de quelque estat ou condition, pais ou contree et nation », étaient en capacité de tester[23]. Comme partout dans le royaume, résolue à étendre la juridiction du souverain, la prévôté tenta dès qu'elle en avait l'occasion d'appliquer le droit d'aubaine. En mars 1456, Olivier Gansales, originaire de Galice et habitant La Rochelle depuis trente ans, dut faire appel à Charles VII pour être assuré d'en être exempté[24].

19. FAVREAU, Robert, « Les ports de la côte poitevine au XVe siècle », *Bulletin philologique et historique*, 1962, p. 28.
20. JOURDAN, J. B. Ernest, *Éphémérides historiques de La Rochelle*, La Rochelle, 1861-1871, rééd. 1979, t. I, p. 173-174.
21. Arch. nat., P 553[1], n° 329 (22/03/1402).
22. Médiathèque La Rochelle, ms 2564-2565, notes manuscrites de Georges Musset. BRONDY, Réjane, *Un port de l'Atlantique au Moyen Âge*, Lyon, 1969, mémoire de maîtrise inédit, p. 29.
23. BnF, NAF 7285, f° 7.
24. Arch. nat., JJ 191, n° 210.

Néanmoins, l'échevinage paraît avoir résisté mieux qu'ailleurs à la généralisation d'un droit d'aubaine royal sur les étrangers[25]. Pour ce qui est du droit de naufrage, sa suppression fut plus précoce mais l'étendue de son application reste difficile à cerner. Dès 1174, Henri II, roi d'Angleterre, avait aboli sur toutes les côtes de l'Aunis et du Poitou l'exercice par les seigneurs côtiers du droit d'aubaine sur les matières naufragées. Ils devaient dès lors les confier à quatre prud'hommes chargés de les garder trois mois, période durant laquelle celui qui en justifiait la propriété récupérait dans leur totalité les biens sauvés qui lui appartenaient[26]. En 1191, Richard Cœur de Lion entérina ce privilège par lequel « toutes personnes quelles qu'elles soient, où elles seront naufragees en mer, facent poursuitte de lever denrees et marchandises sans que les officiers des lieux et terres de son obeissance puissent saisir lesd. biens naufragés et les approprier aud. sieur[27] ». La disposition fut renouvelée et amendée par Philippe VI, sur demande du corps de ville, le 21 mars 1331. Le délai de garde des matières sauvées, « tant deca que dela la mer », et récupérables par leur juste propriétaire, fut étendu à un an et un jour. C'est en ces termes qu'Édouard III le 25 novembre 1360 et Louis XI en novembre 1461, confirmèrent le privilège[28]. Et pourtant, tous les comptes et aveux seigneuriaux témoignent que les châtelains des côtes d'Aunis, de Poitou et de Saintonge continuèrent d'exercer dans leur juridiction, jusqu'au début des Temps modernes, le droit de naufrage. Ce dernier leur rapportait des revenus substantiels dont ils n'étaient pas pressés de se dessaisir[29]. Cette contradiction entre décisions royales et réalités locales s'inscrit vraisemblablement dans le processus de lente ingérence de l'État, contre les prérogatives seigneuriales, pour le contrôle du littoral[30]. Aussi, il est probable que l'exemption ne fut en réalité appliquée que le long des rivages relevant directement du roi, ce qui en réduit considérablement le champ d'exercice aux limites strictes du port, à son entrée, ainsi qu'à une partie des côtes situées au nord de la ville. Néanmoins, elle n'était pas sans intérêt, une bonne partie des avaries ayant lieu dans le havre ou à proximité. Ajoutons que ce type de privilège dépendait habituellement d'accords ponctuels, au bénéfice de nationalités particulières[31]. Dans le cas de La Rochelle, la précocité et la généralisation de l'exemption du droit de

25. ALTEROCHE, Bernard d', *De l'étranger à la seigneurie à l'étranger au royaume, XIe-XVe siècle*, Paris, 2002, p. 265.

26. JOURDAN, J. B. Ernest, *Éphémérides…*, *op. cit.*, p. 173-174.

27. Médiathèque La Rochelle, ms 78, A XI. BARBOT, Amos, *Histoire de La Rochelle*, *op. cit.*, p. 137.

28. BnF, ms. fr. 18970, f° 27 v°. BARBOT, Amos, *Histoire de La Rochelle*, *op. cit.*, p. 387. Médiathèque La Rochelle, ms 45-46, p. 257, 328, 598.

29. TRANCHANT, Mathias, *Le Commerce maritime…*, *op. cit.*, p. 151-152.

30. À ce sujet, voir SARRAZIN, Jean-Luc, « L'État et la seigneurie : le contrôle du littoral poitevin à la fin du Moyen Âge », *Pouvoirs et littoraux du XVe au XXe siècle*, Actes du Colloque international de Lorient (24, 25, 26 septembre 1998), Rennes, PUR, 2000, p. 29-40.

31. LEVY-BRUHL, Henri, « Le droit de naufrage », *Annales du droit commercial et industriel, français, étranger et international*, t. 36, 1927, p. 34-53. PASQUIOU, Yves, *Du droit d'épave, bris et naufrage*, Paris, 1896, p. 48-51.

naufrage à l'ensemble des étrangers constituaient un argument commercial encourageant leur venue.

En matière fiscale, des privilèges particuliers ou généraux étaient aussi recherchés. En 1461, l'échevinage alarmait les autorités royales : « considerans que ladite ville est sur port de mer, et que a l'occasion desdits aydes, les marchans estrangiers et autre y discontinuoient le faict de la marchandise, et que ladicte ville venoit pour la cause dessusdite en grande depopulation et pauvreté [32]. » Dans la compétition que se livraient les marchands des ports du Ponant, notamment sur les secteurs concurrentiels du vin et du sel, le poids des taxes sur les échanges déterminait pour une bonne part leur niveau de compétitivité. C'est pourquoi l'entretien des privilèges fiscaux des forains, ainsi que la modération des devoirs pesant sur le trafic des marchandises, s'imposaient comme des points fondamentaux de la politique commerciale rochelaise. À l'image des protections accordées aux étrangers et à leurs biens, furent établies quelques dispenses générales d'impôts. Elles tendaient pour l'essentiel à favoriser les importations de denrées et d'articles peu ou pas disponibles dans le Centre-Ouest. Dès 1204, Jean sans Terre diminua le droit payé par les forains à leur entrée dans la ville[33]. Par lettres patentes du 6 octobre 1390, Charles VI accorda à tous les négociants venant de l'extérieur du royaume exemption de toute imposition sur la première vente de leurs marchandises à La Rochelle. Un an plus tard, il exonéra pour quelque temps les « marchans estrangiers et regnicoles » de tous les droits d'entrée dans la ville et son port[34]. On trouve renouvellement de sa première disposition en 1461. À cette dernière date fut aussi rappelé que les fournisseurs amenant des céréales dans la ville, par mer ou par terre, étaient déchargés du paiement des douze deniers pour livre. Et pour favoriser les exportations des productions rochelaises, les vins produits à l'intérieur du gouvernement n'étaient pas soumis à la taxe d'un écu par tonneau qui frappait habituellement les crus exportés hors du royaume par des marchands étrangers[35]. La commune restait attentive aux réactions de sa clientèle face aux nouveaux impôts. En 1361, alors qu'Édouard III avait autorisé l'ajout à « la petite imposition » d'une perception de quatre deniers pour livre sur toutes les marchandises vendues et revendues, les Rochelais s'inquiétèrent de voir que certaines transactions produisaient jusqu'à dix-huit deniers pour livre d'impôt. L'année suivante, ils obtinrent donc de lui l'établissement d'un plafond à huit deniers pour livre « affin que ladicte ville soit plus marchande, et que marchans y viennent de toutes parts, et que l'en y aportent toutes manières de vivres et marchandises[36] ». Quand Charles VI, quelque temps après 1436, instaura la

32. BnF, ms fr. 18970, f° 88 r° et v°.

33. Médiathèque La Rochelle, ms 45-46, p. 11.

34. Barbot, Amos, *Histoire de La Rochelle*, *op. cit.*, p. 246.

35. Médiathèque La Rochelle, ms 45-46, p. 403, 591, 592.

36. *Lettres de rois, reines et autres personnages des cours de France et d'Angleterre depuis Louis VII jusqu'à Henri IV, tirées des archives de Londres par Bréquigny*, éd. M. Champollion-Figeac, t. 2, Paris, 1847, n° LXXXVII. Favreau, Robert, « La Cession de La Rochelle à l'Angle-

levée d'une nouvelle contribution aux efforts de guerre, ils employèrent un argument similaire pour l'obliger à abandonner cette ambition. Ils lui firent remontrer que, « à l'occasion desdites aydes, les marchans estrangiers et autres y discontinuoient le faict de la marchandise[37] ». Il est vrai que dans ce dernier cas, l'objectif était aussi de se dédouaner d'un impôt qui, par définition, rebutait les bourgeois. Chaque nation bénéficiait de surcroît de privilèges propres, qu'il serait ici trop long d'énumérer et que nous avons déjà eu l'occasion de traiter. Remarquons toutefois que leur délivrance ne fut pas toujours perçue d'un bon œil par la commune, en particulier lorsqu'elle favorisait des communautés concurrentes, comme ce fut le cas pour les Castillans[38].

Enfin, les étrangers pouvaient être protégés des éventuels abus que des Rochelais, en position de force dans leur ville, leur faisaient subir de temps à autre. En 1478, l'échevinage ordonna que ses bourgeois, vendant leurs marchandises au marché, pratiquassent à l'égard des forains les mêmes tarifs que pour les autochtones[39]. Cependant, ces mesures de protection des étrangers, destinées pour l'essentiel à stimuler leur venue et affermir leur confiance, ne pouvaient égaler en tout point celles dont bénéficiaient les bourgeois, en particulier dans le domaine de la fiscalité. Déterminés à remporter la bataille commerciale que se livraient les grands ports du golfe de Gascogne par l'octroi de multiples privilèges, les Rochelais n'étaient pour autant pas prêts à consentir, dans leur ville, la concurrence des forains. Aussi, la plupart des créations ou exemptions fiscales les privilégiaient-ils davantage.

Les organisations communautaires de forains dans la ville

Les communautés étrangères établies à La Rochelle disposaient généralement de moyens pour organiser certains aspects de leur propre police. C'était le cas des Castillans qui avaient fait de la capitale aunisienne, non seulement la plaque tournante de leurs initiatives mercantiles vers l'Europe septentrionale, mais aussi le lieu privilégié du règlement des affaires litigieuses survenues entre leurs ressortissants et les autres négociants étrangers. En 1428, alors que de fortes tensions opposaient sur mer Castillans et Flamands, c'est à La Rochelle que fut envisagée la tenue d'une assemblée pour que soient trouvées, avant la fin novembre 1431, des solutions aux conflits. On devait notamment y entendre les plaintes et fixer le montant des indemnités[40]. Au même moment, en 1430, un tribunal permanent y fut institué afin que l'on puisse juger les contestations hispano-bretonnes.

---

terre », *Actes du 111e congrès national des Sociétés Savantes (Poitiers, 1986)*, Paris, 1988, p. 228-229.

37. BnF, ms fr. 18970, f° 88 v°.

38. TRANCHANT, Mathias, *Le Commerce maritime…*, *op. cit.*, p. 256-275.

39. Médiathèque La Rochelle, ms 45-46, p. 682-683.

40. *Cartulaire de l'Ancienne Estaple de Bruges*, éd. L. Gilliodts van Severen, Bruges, 1904-1906, n° 643, 648, 693.

Durant les six années (1487-1493) au cours desquelles l'étape de Nantes fut transférée dans la capitale aunisienne, les organes de représentation castillane y furent renforcés de sorte que, malgré son rétablissement ultérieur, un consul continua d'y exercer ses fonctions. La Rochelle fut d'ailleurs choisie en 1497 comme lieu de réunion des maîtres et consuls espagnols attachés à toutes les étapes du royaume de France[41]. Ainsi défendue, la communauté castillane de La Rochelle avait obtenu des conditions de résidence particulièrement avantageuses. Selon une requête de l'échevinage vraisemblablement adressée au cours des années 1487-1493, ils auraient été les seuls étrangers à ne pas participer aux frais de réparation de l'enceinte. De surcroît, ils furent autorisés à percevoir une taxe de six deniers pour livre sur les marchandises qu'ils échangeaient, ainsi qu'un droit de *marreage* payé par les maîtres des bâtiments ressortissant de leur royaume. Le produit de ces impôts devait, pour partie du moins, être destiné à l'entretien de leurs propres infrastructures et personnels[42].

Les Flamands, à un moindre degré, avaient également acquis quelques moyens pour diriger et défendre à La Rochelle les membres de leur communauté. C'est en 1462 que Louis XI, manifestement soucieux de stimuler les partenariats commerciaux, confirma et élargit les privilèges dont ils pouvaient jouir dans ses ports du Centre-Ouest. D'un point de vue juridique, ils obtinrent reconduction du sauf-conduit royal comme de leurs vieilles exemptions des droits de naufrage et d'aubaine. Ils avaient la possibilité de faire régler les litiges survenant entre leurs ressortissants par les échevins de leurs propres villes. Quant aux procédures d'appels, elles pouvaient être menées devant le tribunal royal le plus proche. Par ce moyen, le roi leur avait garanti la réciprocité des bienveillances dont ses marchands bénéficiaient en Flandre. Surtout, le souverain français leur permettait de réaliser entre eux des transactions en gros sur les denrées qu'ils importaient en Aunis. Ils avaient seulement obligation de les vendre aux non-flamands si ces derniers proposaient un prix équivalent. De cette manière, le roi corrigeait les méthodes d'achat employées notamment par les Rochelais, qui profitaient, afin de faire baisser les prix, du fait que les négociants du nord étaient pressés de vendre leurs articles pour se procurer les liquidités indispensables à leurs acquisitions de vin. Il est certain que cette mesure incitait désormais les sujets du duc de Bourgogne à ne plus être de simples acheteurs, mais aussi des fournisseurs en mesure de trouver à La Rochelle des conditions d'échanges lucratives[43]. Sans constituer une communauté aussi nombreuse que celle des Bretons ou aussi puissante que celle des Castillans, quelques Flamands habitaient durablement dans la ville. Ils y disposaient depuis longtemps de leur propre chapelle, établie dans l'église

41. Archivo General de Simancas, Reg. del Sello, 30 décembre 1497.
42. Bibliothèque Sainte-Geneviève, ms 940, f° 238.
43. *Cartulaire de l'Ancienne Estaple, op. cit.*, n° 1045. Craeybeckx, Jan, *Un grand commerce d'importation : les vins de France aux anciens Pays-Bas (XIIIe-XVIe siècle)*, Paris, 1958, p. 123-125.

des Carmes. En 1462, ils furent d'ailleurs autorisés à lever une taxe pour son entretien. Ils obtinrent en même temps la possibilité d'acheter des maisons dans la ville, à condition qu'ils en soient des résidants permanents[44].

L'on sait aussi que jusque vers 1420, la factorerie rochelaise des Hanséates possédait son propre conseil, chargé de transmettre aux ressortissants allemands les décisions du *Hansetad* et de régler sur place les litiges. En 1421, il fut saisi pour arbitrer un différend entre le Lübeckois Greverode et un confrère de Stralsund[45]. Dans le sillage des exemptions concédées aux Flamands, le Rochelais Guillaume de Combes fut chargé en 1463 de négocier, au nom de Louis XI, les libertés dont les Hanséates étaient spécialement vêtus à La Rochelle. Les termes de l'accord furent ratifiés par le roi l'année suivante, étendus aux ports français de la Manche, puis augmentés par Charles VIII par plusieurs lettres patentes de 1483, 1487, 1489 et 1490[46]. Selon ces documents, ils étaient eux aussi autorisés à acquérir des biens dans le royaume, pouvaient les transmettre à leurs héritiers et étaient assurés en toutes circonstances du sauf-conduit royal.

La gouvernance rochelaise des étrangers : une forme de gestion des risques

Cependant, c'est en grande partie à l'échevinage que revint le soin, sinon de faire appliquer, tout du moins d'organiser et de réglementer, la venue des étrangers dans sa ville. Quel que fût l'accès qu'ils empruntaient pour entrer dans l'enceinte, ils devaient se conformer à des prescriptions précises. La première d'entre elles n'autorisait le franchissement des portes qu'après s'être soigneusement désarmé. Les navires étaient dégarnis de leurs hunes, « armures et harnoys », et visités par des agents municipaux sur la vase, devant les remparts. Quant aux hommes, ils étaient tenus de déclarer et déposer leurs armes en la maison de l'échevinage[47]. Plusieurs règlements touchaient plus spécifiquement l'accès au port : ils le restreignaient aux seuls vaisseaux chargés de marchandises, l'interdisaient après 17 heures, ou le conditionnaient à l'acquittement de diverses taxes. Une fois à l'intérieur de l'enceinte, d'autres obligations s'imposaient aux forains : par exemple celle de délester leurs bateaux dans un lieu approprié, celle de ne pas faire trotter les chevaux dans les rues ou celle d'échanger leurs monnaies nationales pour n'utiliser que des deniers français[48]. Des dispositions réglaient les questions de transbordement. En 1478, il fut interdit aux marchands de vendre et d'acheter des denrées avant qu'elles ne soient descendues à quai et exposées, sous peine de confiscation des biens et

44. Craeybeckx, Jan, *Un grand commerce d'importation…*, *op. cit.*, p. 123.

45. Abraham-Thisse, Simone, « Les relations hispano-hanséates au Bas Moyen Âge », *En la España medieval*, 1992, n° 15, p. 259-260.

46. Barbot, Amos, *Histoire de La Rochelle*, *op. cit.*, p. 63. Worms, Émile, *Histoire commerciale de la ligue hanséatique*, Paris, 1864, p. 226-227.

47. Voir entre autres documents : BnF, ms fr. 18970, f° 28 v°.

48. Tranchant, Mathias, *Le Commerce maritime…*, *op. cit.*, p. 142-149, 174-175, 181-184.

d'amende arbitraire. Ils étaient d'autre part tenus de les décharger dans un délai de trois marées[49]. S'agissant des individus, en 1350, le Conseil statua que ne pouvaient descendre en même temps, de chaque bâtiment, que le maître et vingt marins au maximum[50]. Et s'ils souhaitaient séjourner dans la ville, ils devaient prêter serment de respecter ses établissements ainsi que certaines règles imposées par la législation échevinale. En 1393, la municipalité en allégea la rigueur, notamment à l'égard des Anglais. En temps de trêves, il leur était désormais permis de loger dans La Rochelle, où il leur plaisait, sans que ne leur soit imposé un quelconque logement particulier. Pour seule précaution, la commune exigeait que si des ressortissants d'un même royaume séjournaient en grand nombre dans la ville, ou s'ils se trouvaient concentrés dans certaines maisons, le maire puisse en avoir connaissance et le cas échéant y remédier. En revanche, il ne pouvait profiter de ces circonstances pour percevoir des hôteliers concernés une taxe supplémentaire[51].

La somme de ces mesures de police répondait à une exigence déterminante pour toute communauté urbaine, en particulier pour une ville marchande, située en frontière de mer, en pleine crise de la guerre de Cent Ans : protéger son site, ses institutions et ses habitants des risques que pouvaient représenter l'entrée, la circulation et la résidence de populations étrangères. Les motivations des autorités publiques furent souvent exprimées ainsi : « Laquelle invasion ne menasse d'ennemys qu'on leur ayt sceu faire jacoit ce que ladite ville soit scituee et assise sur la mer en continuel dangier d'estre surprinse[52]. » Dans les circonstances politiques et militaires les plus tendues, la règlementation rochelaise pouvait être affermie. On portait alors une attention spéciale aux bâtiments affichant certains pavillons étrangers. En 1378, les gardes de la chaîne ne devaient plus laisser librement entrer dans le port que les sujets du roi de France. Quant aux navires étrangers ou venant d'au-delà de la pointe Saint-Mathieu, leur accueil était dès lors soumis à l'obtention de la licence du maire. En 1399 et 1400, des restrictions furent également prononcées à l'encontre des navires anglais et castillans. Par ailleurs, on veillait sans relâche au contrôle du lieu de résidence des négociants étrangers. Le 12 janvier 1460, l'échevinage obtint de Charles VII le pouvoir d'imposer à tous les hôteliers « de luy rapporter les noms et surnoms, par chasque jour, de ceux qui surviennent loger en leurs maisons[53] ». Par ces mesures de contrôle d'entrée et de résidence des allochtones, la municipalité entendait se protéger, non seulement des violences qui pouvaient survenir entre les membres de nationalités rivales et les Rochelais, mais aussi d'éventuelles tentatives étrangères de prise de contrôle de la ville, par les armes ou par l'établissement de communautés

49. Médiathèque La Rochelle, ms 45-46, p. 682-683.
50. Médiathèque La Rochelle, *ibidem*, p. 299.
51. Médiathèque La Rochelle, *ibid.*, p. 410.
52. BnF, ms fr 18970, f° 148 v°.
53. Tranchant, Mathias, *Le Commerce maritime…*, *op. cit.*, p. 178-180. Barbot, Amos, *Histoire de La Rochelle*, *op. cit.*, p. 336.

trop puissantes. Au début des années 1490, la commune s'inquiétait ainsi du nombre de castillans installés à La Rochelle, suite au transfert de la bourse de Nantes : « Item, s'ensuivroit oultre tel inconvenient que les Espaignolz vendroient en si grant habundance en La Rochelle qu'il convendroit que les bons bourgois et habitans nez en icelle ville s'en partissent et laissassent leurs habitacions [et] que les Espaignolz gaignassent la ville, qui seroit tres grant dommaige du Roy du Royaume[54]. »

Ce dont elle chercha de surcroît à se défendre, c'est de la concurrence qui s'exerçait à chaque niveau d'étrangeté au corps des bourgeois. C'est souvent au moyen de ses compétences en matière de police des aliments qu'elle y parvint. La commune maîtrisait l'approvisionnement des denrées de base. Elle en contrôlait les tarifs ainsi que les poids et mesures employés dans la ville, ce qui lui permettait de lutter contre les redoutables spéculations et variations des prix[55]. Depuis deux règlements prononcés par Philippe VI en septembre 1338 et février 1339, les bourgeois étaient seuls autorisés à vendre au détail *intra muros*, disposition que rappela l'échevinage en 1478[56]. Cette restriction devait mettre un terme à la concurrence qu'y pratiquaient les marchands de la banlieue, et protéger en particulier l'écoulement des vins rochelais. Ainsi, les nombreuses tavernes établies dans les quartiers de la ville ne pouvaient servir que des vins « creus en la banlieue et en terre de bourgeois ». C'est au maire qu'incombait la délivrance des brevets aux taverniers. De plus, en 1323, il fut exigé de leurs fournisseurs qu'ils se déplacent en personne à l'hôtel de mairie pour prêter le serment que leurs vins étaient bien bourgeois et produits dans la banlieue[57]. Les contrevenants encouraient la confiscation de leurs marchandises et le paiement d'une amende. Mais en 1466, à l'occasion de très nombreuses infractions, la commune eut à réformer cette législation pour circonvenir les pratiques des « paticyers », « routisseurs » et autres « taverniers publics et ordinaires ». Ces derniers vendaient des vins non bourgeois au préjudice des crus bourgeois et contre les statuts communaux. Pour y obvier, l'échevinage interdit aux taverniers de trafiquer du vin en gros dans la ville et rappela aux non-bourgeois leur interdiction d'en pratiquer le débit au détail. Surtout, il chercha à s'assurer par tous les moyens l'origine des vins écoulés dans les tavernes. Les fournisseurs étaient ainsi tenus, avant de se présenter devant le maire pour lui prêter serment, d'obtenir au préalable, du receveur du huitième sur la vente au détail, un brevet certifiant qu'ils vendaient bien des vins bourgeois produits dans la banlieue. Cette disposition fut rappelée par un arrêt de la cour des aides du 7 septembre

54. Bibliothèque Sainte-Geneviève, ms. 940, f° 238.

55. TRANCHANT, Mathias, *Le Commerce maritime…*, *op. cit.*, p. 193-195.

56. Arch. nat, JJ 71, n° 177. BARBOT, Amos, *Histoire de La Rochelle*, *op. cit.*, p. 142-143. Médiathèque La Rochelle, ms 45-46, p. 276, 682-683.

57. BnF, ms fr. 16908, f° 246 r° et v° ; d'après FAVREAU, Robert, « La Rochelle, port français sur l'Atlantique au XIIIe siècle », *L'Europe et l'Océan au Moyen Âge*, Paris, 1988, p. 56. BARBOT, Amos, *Histoire de La Rochelle*, *op. cit.*, p. 142-143. Médiathèque La Rochelle, ms 45-46, p. 243, 276.

1491[58]. Il fallait par ailleurs que les taverniers déclarent au maire les nom et prénom de leurs fournisseurs, ainsi que le nombre de tonneaux qu'ils leur avaient achetés. Ces derniers devaient ensuite être frappés de la marque de la ville et de celle du producteur, sur l'un de leurs fonds et sur l'une de leurs douelles, près de la bonde. Si les taverniers vendaient dans leur établissement leurs propres productions, ils étaient tenus chaque année, au moment où ils faisaient acheminer leurs tonneaux dans l'enceinte, de déclarer leur nombre au maire, de jurer la licéité de leur provenance et de les faire marquer comme précédemment décrit. Enfin, il fut prévu que la marque échevinale serait changée annuellement, à la saison des vendanges, et devrait comporter non seulement les armoiries de la ville mais aussi l'écriture du millésime en chiffres romains, « pour monstrer de quelle annee est ledict vin ». Cette marque était apposée sous la responsabilité d'un échevin élu tous les ans à cet effet. Il recevait à cette occasion des taverniers, pour son salaire et le paiement du charbon et des autres choses nécessaires, 6 deniers par tonneau marqué. Quant aux contrevenants, ils étaient soumis lors de la première infraction à 60 sous 1 denier d'amende, à la confiscation et la destruction de leurs vins ; les fois suivantes, à une amende arbitraire en plus de la confiscation, les sommes ainsi recueillies étant destinées aux fortifications de la ville[59].

L'activité tonnelière, essentielle pour l'économie viticole rochelaise, reçut, elle aussi, des mesures protectionnistes de la part de la municipalité. L'enjeu était d'importance : 40 000 à 45 000 tonneaux de vin sortaient annuellement du port de La Rochelle. Leur fabrication faisait vivre tout un pan de l'économie locale qui en tirait des revenus substantiels. Au surplus, contrôler cet artisanat, c'était disposer d'un moyen de maîtrise supplémentaire de la filière viticole. Les autorités urbaines cherchèrent dans un premier temps à réserver pour leurs habitants l'exclusivité de la production des futailles dans la ville et sa banlieue. Elles obtinrent ce privilège en février 1347. Toutefois, devant l'opposition des paroisses suburbaines, Philippe VI consentit à annuler le monopole l'année suivante[60]. L'autre objectif de la municipalité fut de déterminer des normes de fabrication des fûts, qui permettraient de les distinguer aisément des tonneaux étrangers à la banlieue, et par conséquent d'identifier et de protéger les vins produits dans l'espace suburbain. La jauge du tonneau rochelais, comprise entre 750 à 850 litres, était inférieure d'une cinquantaine de litres à celle de son principal concurrent, le tonneau bordelais. Cependant, cette faible différence de contenance générait parfois des confusions entre les deux types de futailles[61]. Aussi, les façons du tonneau rochelais étaient également caractéristiques. La largeur, la longueur et l'épaisseur du merrain répondaient à des dimensions spéci-

58. Barbot, Amos, *Histoire de La Rochelle*, *op. cit.*, p. 445.

59. Médiathèque La Rochelle, ms 45-46, p. 619-621.

60. Arch. nat, X^{1C} 4, n° 200.

61. Tranchant, Mathias, *Le Commerce maritime...*, *op. cit.*, p. 110-112. *La Coutume de Royan au Moyen Âge*, éd. Georges Musset, Saintes, 1904, n° VII.

fiques. Peut-être dès la fin du Moyen Âge, il avait été interdit de cercler les futailles par bandes. Il convenait de les couvrir entièrement de feuillard et d'osier, à l'exception de l'espace d'un pied situé à l'endroit de la bonde. La barre interne qui assurait l'assemblage des fonds du tonneau à ses douves présentait, elle aussi, des caractéristiques spéciales. En dépit de ces spécifications techniques, les fraudeurs, soucieux de vendre leurs vins au meilleur prix, contournaient la règlementation sur les poids et mesures, au dépens des intérêts de la filière viticole rochelaise[62]. Dans les premières années du XVe siècle, un Génois installé à Londres, Richard Garnier, qui chaque année importait en Angleterre quelque 1 000 tonneaux de vin de La Rochelle, fut condamné par le lieutenant du gouverneur parce que « fraudulleusement il avoit fait barrer lesditz thonneaux [avec du bois de fayan (hêtre)], a la similitude des vins de Gascougne pour les mieux vandre, en desnomant que lesdits vins estoyent du pais de Gascougne, lesquelz en verité estoyent du pais d'Aulnis, et valloyent mieux pour celle annee que ne faisoyent ceux de Gascougne, et qui eust laissé lesdictz vins ainsy barrez a la similitude de Gascougne, les marchands d'Angleterre fussent plustost tenuz querir les vins clarz oudict pais de Gascougne que audit pais d'Aulnis, parce que les vins clarz d'Aulnis valloyent mieux que ceux de Gascougne[63] ». En d'autres circonstances, nous l'avons vu, la municipalité avait imposé l'application sur chaque fût de sa marque, ainsi que du millésime du vin qu'il contenait.

L'étrangeté touchait le contenant et, bien entendu, le contenu[64]. Toutefois, en la matière, l'exclusivité rochelaise ne pouvait s'appliquer avec autant de rigueur. En 1229, les crus produits hors de la banlieue n'étant jusque là pas admis dans La Rochelle, un accord passé avec Hugues de Lusignan, appuyé par Isabelle d'Angleterre, autorisa exceptionnellement l'entrée des tonneaux provenant des terres du comte de la Marche jusqu'à la Saint André[65]. Ce qui n'était au départ qu'un accord particulier fut bientôt généralisé à l'ensemble des vins d'amont. Louis IX (1230), Philippe III (février 1272), Philippe IV (1295) et Philippe VI (février 1347) élargirent et entérinèrent tour à tour cette disposition qui ne fut ensuite jamais remise en cause. En 1304, Édouard Ier obtint même ce privilège pour les crus acheminés depuis ses possessions saintongeaises[66]. Au final, tous les vins produits à l'extérieur de la banlieue pouvaient être menés à La Rochelle avant le 30 novembre, sauf si, selon la confirmation de Louis XI de novembre 1461, l'échevinage s'y opposait pour une raison ou une autre[67]. Il était donc préférable pour les marchands rochelais, quitte à souffrir du manque à gagner

62. RENOUARD, Yves, « Le grand commerce des vins de Gascogne au Moyen Âge », *Études d'histoire médiévale*, Paris, 1968, p. 281. BnF, ms fr. 16906, f° 126 r° et v°.

63. BnF, ms fr. 16906, f° 126 r° et v°.

64. Nous reprenons ici des informations déjà publiées dans : TRANCHANT, Mathias, *Le Commerce maritime…, op. cit.*, p. 114-119.

65. Médiathèque La Rochelle, ms 45-46, p. 61. BARBOT, Amos, *Histoire de La Rochelle, op. cit.*, p. 80-82. BnF, NAF 7285, f° 43 r° et v°.

66. Médiathèque La Rochelle, ms 45-46, p. 135, 183, 202. Arch. Nat., JJ 77, n° 68.

67. Médiathèque La Rochelle, ms 45-46, p. 597.

induit par la présence de crus étrangers, d'accepter la convergence dans leur port d'une partie des productions d'amont au moment de la saison des vins primeurs, plutôt que de voir se développer de nouveaux circuits de distribution. Par ailleurs, les années de guerre ou de mauvaises récoltes rendaient parfois nécessaires la venue des vins d'amont. En 1295, par suite de la descente dans la région d'Anglais qui ravagèrent les champs, « les vins de ce païs et de la banlieue avoient esté tellement desgastés qu'il n'y en avoit plus[68] ». Aussi, il fallut pour ne pas dérouter les acheteurs nordiques importer des vins alentours. En 1325, les gelées ayant été particulièrement sévères en Aunis, les Rochelais se trouvèrent à nouveau dans l'obligation de faire appel en masse aux productions de Saintonge et d'Angoumois. Le 20 juillet, par un accord avec Édouard II, ils s'assurèrent toutefois du caractère exceptionnel de cette mesure, qui ne devait pas porter, à l'avenir, préjudice à leurs privilèges[69]. Une décision similaire dut être prise en juillet 1361[70]. Disposant de faveurs fiscales et revendant eux-mêmes une partie des vins de l'arrière-pays, les marchands rochelais conservaient néanmoins dans leur ville un large avantage sur leurs confrères saintongeais et poitevins. La date limite de la Saint-André leur laissait enfin trois à quatre semaines pour écouler, sans concurrence cette fois-ci, les tonneaux de la banlieue qui n'avaient pas encore trouvé preneurs.

Constatons enfin que la stabilité de l'équilibre trouvé entre vins suburbains et vins d'amont reposait en grande partie sur la discipline des marchands rochelais eux-mêmes. Ceux qui ne possédaient pas leurs propres vignes n'avaient pas nécessairement intérêt à privilégier les crus de la banlieue, et pouvaient aussi espérer quelques bénéfices de la vente en toute période des productions voisines. Les infractions au code du commerce n'étaient d'ailleurs pas rares, surtout après 1453 quand la reconquête française réunit sur un même marché concurrentiel les vins du Centre-Ouest et du Sud-Ouest. Devant l'importance du phénomène – « à la grande destruction du pays et au grand prejudice du public » – l'échevinage dut réagir rapidement. Il était impératif de trouver une parade propre à contrer la pénétration de productions rivales dont la réussite grevait proportionnellement les productions locales. En 1466, les autorités communales prononcèrent ainsi trois règlements portant sur le trafic du vin et du cidre dans la ville. Le premier rappela l'interdiction pesant sur les crus étrangers, qu'ils provinssent du haut-pays, des îles (Ré et Oléron) ou de Gascogne. Ils ne pouvaient entrer dans La Rochelle depuis la Saint-André jusqu'aux vendanges de l'année suivante, sauf si, chargés avant le 30 novembre, ils n'avaient pu être acheminés à temps dans le port du fait du mauvais temps.

68. Barbot, Amos, *Histoire de La Rochelle, op. cit.*, p. 108-112.

69. *Ibidem*, p. 133-134.

70. Favreau, Robert, « La Cession de La Rochelle à l'Angleterre », *Actes du 111e congrès national des Sociétés Savantes (Poitiers, 1986)*, Paris, 1988, p. 228. *Aunis, Saintonge et Angoumois, op. cit.*, pièce n° 11 (20 juillet 1361). Huet, Étienne, *Commentaires sur la coutume de La Rochelle et pays d'Aunix*, La Rochelle, 1688, p. 709. Baudouin donne, quant à lui, la date du 20 juillet 1365. Médiathèque La Rochelle, ms 45-46, p. 331.

Quant aux tonneaux étrangers introduits durant la période autorisée, leurs propriétaires devaient désormais prendre le soin, avant leur déchargement, de déclarer leur nombre au maire et de les faire empreindre de la marque de la ville. Par ce moyen il était possible de les différencier des vins indigènes et d'empêcher ainsi les importations frauduleuses depuis longtemps dénoncées et plus nombreuses que jamais en cette seconde moitié du XVe siècle. Deux articles supplémentaires réglèrent le cas spécifique des vins de Gascogne et des cidres. La vente en gros ou au détail des premiers fut interdite dès lors qu'ils étaient destinés ensuite à l'exportation. Quant aux « cistres et pommades », en plein essor à la fin du Moyen Âge, leur entrée fut totalement interdite, quelle que fût la saison ou la qualité de l'importateur[71]. Les négociants et marins étrangers trouvaient dans les nombreuses tavernes rochelaises l'occasion de se restaurer. Ils y buvaient des vins « creus en la banlieue et en terre de bourgeois », les seuls dont la consommation fût autorisée dans ces établissements. Leur vente au détail était strictement contrôlée par l'échevinage. C'est au maire que revenait la charge d'accorder leurs brevets aux taverniers. De plus, en 1323, il fut exigé de leurs fournisseurs qu'ils se déplacent en personne à l'hôtel de mairie pour prêter le serment que leurs vins étaient bien bourgeois et produits dans la banlieue[72]. Quelques années plus tard, en septembre 1338, Philippe VI précisa que les non bourgeois, quelle que fût leur qualité, ne pouvaient vendre des marchandises au détail dans la ville. Il ajouta en février de l'année suivante que les contrevenants risquaient la confiscation de leurs marchandises et le paiement d'une amende.

•

Approcher la notion d'étrangeté à partir d'une ville telle que La Rochelle offre un point de vue original. Cela tient d'une part à sa situation, maintes fois soulignée par le pouvoir. Charles VI considérait en 1408 que « la ville de La Rochelle, pour le grand et notable port de mer surquoy elle est assize, et la multitude des marchandz et autres qui chacun jour y asfluent par mer et par terre, a besoing d'estre gouvernee en bonne paix et tranquillité, et lesdits marchands et autres qui la frequentent[73] ». Louis XI évoquait quant à lui en 1462 « notre ville de La Rochelle, qui est assize sur le port de mer en frontiere et continuelle invasion de noz ennemys, ou plusieurs marchans de plusieurs pays et nations estranges viennent et affluent par chacun jour[74] ». Cela tient d'autre part à ses singularités sociales et économiques. Habitée pour l'essentiel de viticulteurs, d'artisans, de marins, de marchands et de juristes, dégagée de toute ingérence et influence ecclésiastique ou seigneuriale, La Rochelle concentrait des activités entièrement dévolues aux échanges. Ici, point d'ordonnancement rigide et figé des populations : cela était contraire aux règles élémentaires du commerce, aux intérêts de la

71. Médiathèque La Rochelle, ms 45-46, p. 621-622.

72. BnF, ms fr. 16908, f° 246 r° et v°. BARBOT, Amos, *Histoire de La Rochelle*, *op. cit.*, p. 142-143. Médiathèque La Rochelle, ms 45-46, p. 243, 276.

73. BnF, ms fr. 16906, f° 118.

74. BnF, ms fr. 18970, f° 131.

filière viticole et au dynamisme de l'économie maritime. En conséquence, la commune acceptait en conscience d'être exposée sans relâche aux menaces dont pouvait être potentiellement suspecté tout étranger. Elle dut trouver les moyens de gérer au mieux ce risque capital. Il s'agissait bien entendu de protéger la ville et ses bourgeois des attaques, coups de mains, complots et violences armées perpétrés par des puissances ennemies ou de simples délinquants, de contrôler les termes d'un économique incertaine, spécialement dans le domaine du vin, de maîtriser les ambitions de communautés allochtones déterminées à s'implanter en masse dans l'enceinte pour y faire fortune. Mais il lui fallait en même temps, pour améliorer sa compétitivité face à la concurrence des places commerciales voisines, protéger les forains, leur garantir des conditions d'accès, de commerce et de résidence toujours plus avantageuses. Ce fut tout l'enjeu de la gouvernance municipale à l'endroit des étrangers.

RÉSUMÉ

Approcher la notion d'étrangeté à partir d'une ville telle que La Rochelle offre un point de vue original. Cela tient d'une part à sa situation frontalière. Cela tient d'autre part à ses singularités sociales et économiques. Composée pour l'essentiel de viticulteurs, d'artisans, de marins, de marchands et de juristes, largement dégagée des ingérences et influences ecclésiastiques ou seigneuriales, La Rochelle concentrait des activités entièrement dévolues aux échanges. Ici, point d'ordonnancement rigide et figé des populations : cela était contraire aux règles élémentaires du commerce, aux intérêts de la filière viticole et au dynamisme de l'économie maritime. En conséquence, la commune acceptait en conscience d'être exposée sans relâche aux menaces dont pouvaient être suspectés les étrangers. Elle était bien-sûr tenue de protéger la ville, ses bourgeois et leurs intérêts des attaques, des déprédations ou des implantations perpétrées par des puissances étrangères. Mais il lui fallait en même temps, pour améliorer sa compétitivité face à la concurrence des places commerciales voisines, protéger les forains, leur garantir des conditions d'accès, de commerce et de résidence toujours plus avantageuses. Ce fut tout l'enjeu de la gouvernance municipale à l'endroit des étrangers.

ABSTRACT

Approaching the concept of foreignness from a city like La Rochelle offers an original point of view. This is partly due to its border situation. This is partly due to its social and economic singularities. Composed essentially of vine growers, artisans or seamen, merchants and lawyers, largely free from interferences and influences ecclesiastical or stately, La Rochelle concentrated activities fully devoted to trade. Here, no fixed and rigid ordering of people : this was contrary to the basic rules of trade, the interests of the wine industry and the dynamism of the maritime economy. Consequently, the municipality agreed in conscience to be exposed tirelessly to threats of which foreigners could be suspected. It was of course bound to protect the city, its citizens and their interests against attacks, depredations or settlements perpetrated by foreign powers. But, at the same time, in order to improve its competitiveness with neighbouring commercial centres, it must protect the foreigners and guarantee them ever more advantageous conditions of access, trade and residence. This was the issue of the municipal ruling as regarded foreigners.

Les étrangers naufragés sur le littoral charentais (XVIIe-XVIIIe siècles)

Jacques PÉRET
Professeur d'histoire moderne
Université de Poitiers
Groupe d'Études et de Recherches Historiques du Centre-Ouest – EA 4270

La présence régulière des étrangers dans les ports relève probablement de la banalité pour les populations du littoral. Les équipages en escale, les colonies de négociants, de commissionnaires étrangers installés temporairement ou sur la longue durée font partie du paysage ordinaire des grands ports comme Bordeaux ou La Rochelle mais aussi dans une moindre mesure des petits havres comme ceux des îles de Ré ou d'Oléron, de Marennes ou de Royan. Cette familiarité avec l'étranger peut être illustrée par de petits événements du quotidien saisis à Bordeaux : un soir d'octobre 1759, pourtant en pleine guerre de Sept Ans, un capitaine anglais et deux Hollandais se retrouvent pour une sévère beuverie dans un cabaret bordelais du faubourg des Chartrons tenu par la veuve d'un Irlandais[1]. Trois ans auparavant, Jacques Gautier, de Meschers, est suspecté de relations avec l'ennemi ; resté prisonnier en Angleterre, il séjourne quatre ans à Londres et à Dublin avant de rentrer en France en compagnie d'un jeune Anglais rencontré sur la route. À Bordeaux, port cosmopolite, il s'installe « chez un Irlandais qui donne à manger aux étrangers sans avoir d'enseigne[2] ». Autre exemple, loin de la grande ville à l'embouchure de la Gironde, au Verdon, « lieu sauvage et peu habité », se dresse depuis 1723 une chapelle face au mouillage du même nom où stationnent souvent longuement les navires avant de prendre les passes ou de remonter la « rivière de Bordeaux » ; édifiée à « la demande des marins du Royaume et païs étrangers », elle est desservie par un chapelain, souvent étranger, toujours « versé dans l'usage des langues étrangères », illustration des pratiques internationales des gens de mer[3].

1. Arch. nat., de la Marine, B 3-546 : interrogatoire d'un capitaine anglais en 1759.
2. Arch. nat., de la Marine, B 3-532 : interrogatoire de Jacques Gautier, 1756.
3. Arch. nat., de la Marine, B 3-290, lettres de l'intendant Boucher en 1723.

Cette présence habituelle peut aussi devenir accidentelle et involontaire lors des naufrages, fortune de mer par excellence qui jette sur les rivages français des équipages étrangers. L'événement est doublement intéressant et révélateur, d'une part des flux des navires étrangers fréquentant le littoral entre la Gironde et La Rochelle, sous forme d'un échantillon probablement représentatif, d'autre part des comportements des populations littorales et des marins étrangers confrontés accidentellement les uns aux autres.

Ces approches passent par le prisme d'une source, les dossiers de procédures de naufrage qui suivent normalement chaque accident, avec un volet juridique et financier (les conditions du règlement du sinistre et des épaves) et un volet maritime et humain où sont décrites les conditions du naufrage, les opérations de sauvetage et éventuellement les scènes de pillage. La source se prête à une exploitation à la fois quantitative et qualitative, avec une masse de données à la fois sur le naufrage et sur les aventures collectives et individuelles des marins confrontés à un rivage étranger et à leurs populations. Le corpus étudié dans le cadre d'un travail collectif porte sur environ 750 naufrages survenus entre le début des années 1680 et 1789 sur les rivages des deux amirautés de La Rochelle et de Marennes, de l'embouchure de la Sèvre niortaise à la rive droite de la Gironde[4].

À partir de là, il est intéressant de se poser la question du naufrage des navires étrangers sur cette portion du littoral français, organisée d'une part autour des approches de la Gironde, « la rivière de Bordeaux », et d'autre part autour des pertuis menant à La Rochelle, à Rochefort et aux rades foraines où viennent se ravitailler en sel les navires de toute l'Europe. Quel est le profil de ces navires, de leurs cargaisons, comment les marins naufragés vivent-ils l'accident, comment sont-ils reçus par les populations et les autorités et plus largement bénéficient-ils d'un traitement particulier, privilégié ou non, en tant qu'étrangers ?

Les naufrages des navires étrangers

Les naufrages constituent un bon révélateur des flux et des trafics des navires étrangers longeant les rivages d'Aunis et de Saintonge jusqu'à l'embouchure de la Gironde. Cette première approche quantitative a permis de recenser 176 voiliers étrangers naufragés sur 660 navires identifiés, soit un peu moins de 27 % de cette flotte de malchanceux. Ce pourcentage sans doute approximatif renvoie à peu près à la place des bateaux étrangers dans le trafic bordelais (550 navires étrangers jettent l'ancre à Bordeaux en 1699-1700 face à 2 280 bateaux français selon Christian Huetz de Lemps[5]) ;

4. Péret, Jacques, *Naufrages et pilleurs d'épaves sur les côtes charentaises,* La Crèche, Geste Éditions, 2004, 264 p. Plus largement sur ce thème, Cabantous, Alain, *Les côtes barbares. Pilleurs d'épaves et sociétés littorales en France (1680-1830),* Fayard, 1993, 311 p.

5. Huetz de Lemps, Christian, *Géographie du commerce de Bordeaux à la fin du règne de Louis XIV,* Mouton, Paris-La Haye, 1975, chap. i.

mais cette donnée statistique globale doit aussitôt être affinée pour mieux définir les profils de ces bateaux[6].

Les gros caboteurs de l'Europe du nord-ouest

Le tonnage des navires naufragés est mentionné environ deux fois sur trois. Se dégage aussitôt une sensible différence entre l'ensemble des navires naufragés et les seuls étrangers. D'un côté, 56 % des bateaux sont de toutes petites unités, jaugeant moins de 50 tonneaux, pour l'essentiel des « barques » françaises originaires du littoral atlantique entre la Bretagne et la Gironde. Les petits caboteurs étrangers sont beaucoup plus rares (un peu moins d'un quart de la flotte) ; rien de très étonnant au regard de la distance maritime entre les ports de l'Europe du nord-ouest et les pertuis et estuaires du Centre-Ouest avec le double problème de la sécurité et de la rentabilité. Il n'empêche que l'on retrouve une quarantaine de véritables « coques de noix » étrangères échouées ou coulées devant les rivages charentais, avec les exemples surprenants du *Thomas et Jacques*, brigantin irlandais de 30 tonneaux venu de Londonderry jusqu'à Bordeaux et qui fait naufrage sur la côte d'Arvert en octobre 1734[7] ou de cette barque anglaise de Plymouth, de 24 tonneaux, qui voyage entre Lisbonne et l'Angleterre et termine son voyage sur les rochers de l'île d'Oléron[8]. À l'autre bout de la pyramide, le contingent des gros trois-mâts naufragés jaugeant plus de 200 tonneaux, au nombre total de 61 (11 % de l'ensemble) fait peu de place aux étrangers, puisque 10 seulement appartiennent au monde des gros porteurs à l'image de *L'Arbre de Grenade* de Dantzig, d'un tonnage de 250 tonneaux, naufragé en 1733[9], recordman étranger modeste au milieu des transatlantiques français. Les gros bataillons (plus des deux tiers des navires étrangers dont on connaît le tonnage) se situent donc dans la tranche des tonnages moyens, entre 50 et 200 tonneaux, qualifiés de dogres et surtout de flûtes, moyens porteurs polyvalents du grand cabotage international le long des côtes européennes[10].

Les ports d'armement de 170 unités de la flottille étrangère naufragée permettent de dresser une géographie intéressante des relations européennes des ports entre Loire et Gironde : on notera tout d'abord le très faible nombre de navires « américains » (deux à la fin du siècle) et méditerranéens (deux également) ; plus surprenant, le petit nombre d'ibériques (14 espagnols et un portugais), reflet de l'affaiblissement des flux commerciaux méridionaux avec Bordeaux et La Rochelle. Pour près de 90 %, les naufragés étrangers viennent des ports de l'Europe du Nord-Ouest. Quarante-sept sont originaires des Provinces-Unies, dont 29 d'Amsterdam, image confir-

6. PÉRET, Jacques, *Naufrages et pilleurs d'épave...*, *op. cit.*, chap. II, p. 29-42.
7. Arch. dép. de la Charente-Maritime, B 118.
8. Arch. dép. de la Charente-Maritime, B 81, 3 janvier 1708.
9. Arch. dép. de la Charente-Maritime, B 121, 28 juin 1738.
10. Sur le cabotage voir les travaux de Gérard LE BOUEDEC, dont *Activités maritimes et sociétés littorales de l'Europe atlantique 1690-1790,* Paris, Colin, 1997, chap. V, p. 119-168.

mée des rouliers des mers qui continuent au XVIIIe siècle à assurer largement les routes du grand cabotage. Juste derrière, les navires des îles britanniques (45), avec à part égale les anglais et les irlandais (Cork, Dublin), dans la longue tradition des échanges anglo-bordelais, puis les bateaux « allemands » (28), originaires d'abord de Hambourg, suivi de Dantzig, Lübeck et Brême. Un dernier ensemble, de même volume (27), provient de l'Europe du Nord et de la Baltique d'où se détachent les ports du Danemark et de la Suède. Ce sont donc dans une écrasante majorité, des marins des pays du Nord-Ouest qui composent le petit monde des naufragés étrangers jetés sur les rivages d'Aunis et de Saintonge.

Les deux tiers de ces gros caboteurs du Nord vont vers Bordeaux ou en reviennent suivant ce grand « rail » nord-sud que l'on retrouve pour les ports de Saintonge et d'Aunis. Le premier produit transporté vers le Nord reste de loin le vin et l'eau-de-vie à la fois du Bordelais et des provinces charentaises, d'où la vision des grèves couvertes de barriques éventrées après bon nombre de naufrages. Viennent un cran en dessous, les cargaisons de sel des marais charentais emportées principalement par les navires hollandais et danois, puis les produits coloniaux en provenance des Antilles et réexportés vers l'Europe du Nord depuis les entrepôts bordelais et rochelais. La cargaison de *La Demoiselle Marie*, d'Amsterdam, à destination de Hambourg, échouée sur Oléron en 1738, résume bien ce circuit avec ses barriques de sucre blanc et brut et ses ballots d'indigo, complétés par un lot de tonneaux de vin et d'eau-de-vie. Ces mêmes navires étaient venus souvent sur lest ou alors chargés de bois du Nord (pour la construction navale ou les futailles), de fer, de cuivre, de plus en plus de charbon anglais et de tous les produits alimentaires nécessaires au fonctionnement du commerce bordelais et rochelais ainsi qu'aux besoins de l'arsenal de Rochefort, avec au premier rang les salaisons irlandaises. Rien de bien original dans ce rapide tableau des cargaisons des navires étrangers naufragés, reflet de ce grand cabotage européen contrôlé par les navires du Nord habitués traditionnels et réguliers de ces rails maritimes [11].

Les fortunes de mer des capitaines étrangers

On peut imaginer des marins étrangers plus exposés que leurs homologues français aux périls d'espaces maritimes mal connus. Or, aucune différence notable ne peut être dégagée, les mêmes causes produisant les mêmes effets [12]. Dans plus de 80 % des naufrages, les mauvaises conditions météorologiques sont en cause, avec le cas typique des tempêtes hivernales des secteurs nord-ouest à sud-ouest qui poussent sur les côtes sau-

---

11. Rejoint les conclusions de Christian HUETZ DE LEMPS, *Géographie du commerce de Bordeaux…*, *op. cit.* et de Paul BUTEL, *Les Négociants bordelais, l'Europe et les îles au XVIIIe siècle*, Paris, Aubier, 1974.

12. Rejoint nos conclusions, PÉRET, Jacques, *Naufrages et pilleurs d'épave…*, *op. cit.*, chap. III, p. 44-66.

vages les voiliers incapables de remonter le vent et drossés sur les rochers bordant les rivages occidentaux de Ré et d'Oléron ou les bancs de sable de l'embouchure de la Gironde, phénomène exacerbé lors des « ouragans » qui viennent balayer épisodiquement les rades. C'est dans ce contexte qu'il faut comprendre les défaillances techniques des gréements, des gouvernails, la rupture des mouillages. Exemple banal parmi tant d'autres, en 1736, le navire hollandais, *La Marguerite-Elisabeth*[13], chargé de vin, essuie à la sortie de la Gironde une violente tempête de sud-ouest; obligé d'amener ses voiles, il dérive « sans pouvoir reconnaître le lieu où il était et fut porté par les lames sur les rochers », après que les câbles de ses ancres jetées en catastrophe se soient rompus, fortune de mer commune à la majorité des voiliers du « rail », qu'ils soient locaux ou étrangers. On peut cependant, mais avec beaucoup de prudence du fait du petit nombre de cas, percevoir un nombre proportionnellement plus important de naufrages liés à des erreurs de navigation manifestes chez les capitaines étrangers (4 cas sur 8 au total) qui manquent l'entrée de la Gironde ou confondent entre eux les différents amers, notamment les trois tours à feux des Baleines, de Chassiron et de Cordouan qui balisent les côtes d'Aunis et de Saintonge : ainsi, en février 1747, le capitaine de *L'Éléonore*, voilier suédois se dirigeant vers Bordeaux, « se trompa par le moyen des feux des tours de Chassiron et de Cordouan qu'il prit l'un pour l'autre », ce qui l'amena droit sur les rochers de la côte sauvage d'Oléron[14]. Mais ces erreurs de navigation se retrouvent chez les capitaines français confrontés aux mêmes difficultés par mauvaise visibilité; la meilleure connaissance de ces espaces maritimes par les « pratiques » locaux évoluant dans leur territoire pourrait expliquer un moins grand nombre d'erreurs. Mais cette route maritime et ses dangers sont également bien connus des capitaines et pilotes étrangers qui la fréquentent avec régularité et sont munis d'un ensemble de cartes (hollandaises et anglaises) d'excellente qualité. Les compétences nautiques des uns et des autres diffèrent finalement fort peu sur cette portion d'un littoral très international.

Les naufrages des navires étrangers ne présentent donc pas de spécificités particulières, sinon qu'ils reflètent à échelle réduite mais valide les structures de ces trafics, caractérisés par ce rail nord-sud entre Bordeaux et les pertuis d'un côté et l'Europe du Nord de l'autre, parcouru par une flotte de gros caboteurs transeuropéens, robustes, habitués à cette route mais soumis comme tous les voiliers aux aléas météorologiques et aux colères de l'Océan.

Les naufragés, les riverains et les officiers du roi

L'étude méthodique des dossiers de naufrage suffisamment précis, permet, par les témoignages croisés des naufragés et des officiers de l'Amirauté

13. Arch. dép. de la Charente-Maritime, B 119, 6 décembre 1736.
14. Arch. dép. de la Charente-Maritime, B 130, 20 février 1747.

en charge du sauvetage, de saisir à la fois comment est vécu ce contact brutal avec les rivages charentais, terres inconnues, sinon vues du large et comment ces étrangers sont reçus par les populations littorales présentées traditionnellement comme violentes, quasi « sauvages », et pour lesquelles un naufrage est une aubaine. Si cette image a été démontée par Alain Cabantous et par nous-même, qu'en est-il précisément pour les naufragés étrangers ? Là encore les sources, d'abord administratives, demeurent très sobres dans leur majorité sinon à travers quelques témoignages de capitaines plus bavards ou de petits détails a priori anecdotiques mais finalement significatifs de la réalité vécue de ces rencontres entre marins étrangers et riverains de la Saintonge et de l'Aunis.

Le choc de la rencontre

Faire naufrage constitue un traumatisme physique et psychologique probablement accentué pour les étrangers jetés sur un rivage inconnu. Le cas de *La Sainte-Anne-Marie* de Saint-Sébastien qui, le 1er mars 1724[15], manque l'entrée de la Gironde et vient se disloquer en pleine tempête sur la côte d'Arvert, est en cela exemplaire : « forcés de se jeter à la nage pour gagner la terre », cinq des neuf hommes de l'équipage se noient « par faute d'avoir su nager », cas banal d'un drame du naufrage. Mais le traumatisme se trouve amplifié par leur débarquement sur une côté déserte, le capitaine les décrivant « errant [...], sans secours, même nuds » avant de gagner péniblement à travers « les montagnes de sable », le bourg de La Tremblade où « personne ne parle espagnol ». Les nombreux récits de ces côtes sauvages bordées sur plusieurs kilomètres d'espaces dunaires inhospitaliers et déserts témoignent du profond désarroi ressenti par les marins étrangers au moment du naufrage et dans les heures qui suivent.

Quelques équipages ont l'opportunité de regagner directement leur pays d'origine comme les marins du *Verger d'Espagne* d'Amsterdam qui « se jettent dans leur chaloupe pour se sauver dans un autre navire hollandais qui les amena à Amsterdam[16] », tandis que ceux de *La Sainte-Anne-Marie* quittent dès le lendemain les lieux du naufrage pour gagner « en demandant la charité » Royan d'où ils rejoignent Bordeaux. Mais la très grande majorité doit d'une part trouver refuge dans l'urgence simplement pour survivre en plein hiver après un passage dans l'eau glaciale et sur les grèves balayées par le vent et d'autre part, doit séjourner sur place en attendant le règlement administratif et matériel du sinistre. Cette phase des premiers secours fournis par les populations riveraines et les garde-côtes représentant l'Amirauté dans chaque paroisse littorale est généralement mentionnée dans les témoignages des capitaines questionnés par les officiers de l'Amirauté lors de l'enquête. À la question du représentant royal, le capitaine du navire naufragé répond le plus souvent « qu'on leur a donné les secours et assistance

15. Arch. dép. de la Charente-Maritime, B 101.
16. Arch. dép. de la Charente-Maritime, B 108, 3-09-1725.

nécessaires ». Mais au-delà de cette formule rituelle, quasi administrative, toute une série de témoignages particuliers viennent confirmer et préciser la nature de l'accueil et des secours. Dans un premier temps, le sauvetage proprement dit met en évidence les efforts des marins locaux, des garde-côtes et des riverains, pour sauver l'équipage dans des conditions toujours difficiles : ainsi le capitaine du *Jeune Antoine*, d'Amsterdam, naufragé à la pointe de la Coubre en janvier 1742[17], témoigne du travail des deux garde-côtes qui « ont employé des journaliers et sans eux plusieurs personnes de l'équipage se seraient perdus et noyés », tandis que le commandant de *La Fortune*, de Hambourg, échouée au large sur les rochers de Cordouan, rend grâce aux pilotes de Saint-Georges qui ont « sauvé dans leur chaloupe les gens composant l'équipage[18] », épisodes ordinaires d'actions de sauvetage. Dans un second temps, les rescapés sont, semble-t-il, bien reçus sur le rivage comme les marins hollandais de *La Reine de Saba* qui, en plein mois de décembre 1724, après s'être sauvés à la nage, se retrouvent sur les dunes où les garde-côtes les prennent en charge et les emmènent dans leurs maisons « pour se changer et prendre leur nourriture ». Ces quelques exemples, s'ils ne peuvent être généralisés, rejoignent cependant fort bien les comportements des riverains vis-à-vis des naufragés quelle que soit leur nationalité. On ne distingue aucune différence entre les nationaux et les étrangers, garde-côtes et populations littorales ne faisant qu'appliquer les articles de l'ordonnance de la Marine de 1681 relatifs aux « naufrages, bris et échouements » plaçant sous la protection du roi les vaisseaux naufragés et leurs équipages sans distinction de nationalité ; au-delà de cette forme d'obéissance de populations contrôlées par l'administration royale (avec le rôle essentiel des garde-côtes comme intermédiaires entre les riverains, les naufragés et l'administration), on touche aussi à des formes de solidarités « naturelles » entre des populations littorales, où les gens de mer sont nombreux avec tout ce que cela signifie quant aux risques de la mer et les marins naufragés, étrangers ou non.

L'application de la procédure de « sauvement »

La phase du « sauvement », c'est-à-dire de la récupération de l'épave et de la cargaison, de son stockage puis de sa « main levée » avec une éventuelle vente aux enchères, est réglementée strictement par les articles de l'ordonnance de la Marine suivis à la lettre par les gens de l'Amirauté. Là encore, sinon dans l'article 23, il n'est pas fait mention des étrangers, ceux-ci étant donc soumis à la même procédure.

Les jours suivant le naufrage, l'équipage est le plus souvent consigné en compagnie des garde-côtes et de leurs aides sur les lieux du sinistre en attendant l'arrivée des officiers de l'Amirauté. L'attente se fait souvent sous un « foucaud », tente dressée sur la dune dominant le lieu du naufrage,

17. Arch. dép. de la Charente-Maritime, B 125, 25-01-1742.
18. Arch. dép. de la Charente-Maritime, B 138, 17-01-1754.

abritant tant bien que mal les marins. Ainsi, à son arrivée sur les lieux du naufrage du *Jeune Antoine* de Hambourg, l'officier de l'Amirauté trouve sur la dune « l'équipage sous la tente qu'ils avaient fait pour se mettre à l'abri de la pluie et du mauvais temps ». Avec l'arrivée des officiers de l'Amirauté, débute l'enquête officielle proprement dite avec l'interrogatoire du capitaine généralement assisté d'un interprète. L'identité de ces derniers laisse apparaître un réseau d'interprètes répartis dans les petits ports des deux amirautés de La Rochelle et Marennes : outre La Rochelle, les îles de Ré et d'Oléron, La Tremblade, Marennes, Royan bénéficient de la présence de ces traducteurs, les uns français, comme Mathieu Dumoulin, marchand à La Tremblade et interprète en anglais, les autres étrangers comme Olivier « Flamand de nation, maître chirurgien établi à Saint-Denis d'Oléron » ou l'irlandais Wedestrand, établi sur l'île de Ré, autant d'indices de la présence et du rôle des étrangers installés sur le littoral.

Parallèlement à ces interrogatoires en tous points semblables à ceux des capitaines français, les équipages étrangers participent au sauvetage de l'épave et de la cargaison, à cet énorme et pénible travail de récupération, de démontage et de transport dans l'eau glacée et dans le sable. Bon gré, mal gré, les marins étrangers restent sur le chantier, logés sous le « foucaud » établi sur la dune, main-d'œuvre parmi celle des journaliers du cru réquisitionnés : les douze hommes du *Jeune Antoine* d'Amsterdam passent ainsi tout le mois de février 1742 sous la tente, à sauver ce qui peut l'être de l'épave du navire disloqué, moyen aussi pour le capitaine de surveiller la récupération et de préserver les intérêts de son armateur.

Quant aux cadavres des marins noyés au moment du naufrage, les garde-côtes appliquent là encore à la lettre les prescriptions de l'ordonnance de la Marine interdisant l'inhumation des corps de non-catholiques dans les cimetières. La masse des victimes étrangères, de confession protestante, après une brève enquête concluant à l'absence « de marque de catholicité » sur le corps, est ainsi condamnée à l'inhumation dans le sable, sur la plage ou sur la dune, comme ce cadavre de *La Demoiselle Marie*, d'Amsterdam, « inhumé dans le sable sur la coste » par les garde-côtes[19]. Dans cette région très marquée par le protestantisme et de fortes tensions religieuses, les étrangers ne bénéficient d'aucun privilège.

La dernière phase est celle du règlement financier du sinistre avec l'examen des papiers du navire, « connoissements », « charte-parties » et l'inventaire des biens remontés du rivage. La procédure est identique à celle de l'ensemble des naufrages avec la simple mention dans l'article 23 de l'ordonnance de la Marine des « écrits en langue étrangère qui seront à la diligence de nos procureurs, communiqués aux consuls des nations et aux interprètes ». Si les consuls ne paraissent pas se déplacer sur les lieux des naufrages, en revanche, les ventes, les mainlevées des marchandises, voient la présence de commissionnaires locaux, représentants des arma-

19. Arch. dép. de la Charente-Maritime, B 118, 6-12-1734.

teurs étrangers dont ils défendent les intérêts. On y retrouve toujours les mêmes noms de négociants des petits ports proches où se règlent les procédures de naufrages : Dechézeaux, le plus gros armateur de Saint-Martin-de-Ré ou Samuel Nau, marchand protestant de Marennes, en relation avec les nations du Nord, autre indicateur de la densité des relations internationales du monde du négoce maritime.

Au-delà du traumatisme du naufrage sur une terre inconnue, les marins étrangers sont soumis à peu de chose près au même régime que leurs collègues français, tant au niveau de l'accueil des populations et de l'administration, que de la procédure du « sauvement », longue, pénible sur les grèves et les dunes balayées par le vent glacial. L'ordonnance de la Marine définit à partir de la fin du XVIIe siècle un cadre général protégeant sans distinction naufragés nationaux et étrangers, prescriptions bien appliquées par les gens de l'Amirauté et intégrées par les populations littorales.

Les étrangers et les pilleurs d'épaves

Dérive spectaculaire et médiatisée du naufrage, le pillage, sous différentes formes, touche environ 15 % des sinistres[20]. Là aussi, à quel degré et sous quelles formes les navires et les équipages étrangers subissent-ils ces atteintes aux biens et aux personnes ?

Les navires étrangers, cibles privilégiées des pilleurs ?

Premier constat, les navires étrangers sont relativement plus exposés au pillage que leurs homologues d'infortune français. En effet 27 % des navires étrangers naufragés sont touchés par un pillage (contre 15 % de l'ensemble des navires), représentant à eux seuls près de 40 % des épaves pillées. Cette sur-représentation est difficile à interpréter : les épaves étrangères, unités de grand cabotage, constituent-elles des cibles plus attirantes par leurs cargaisons ? Rien n'est moins sûr ; en effet c'est surtout l'occasion qui fait le larron chez les riverains pilleurs qui paraissent peu regardants sur le pavillon de l'épave. En revanche, on peut penser que les capitaines étrangers portaient plainte plus souvent contre les pilleurs, soucieux, loin de leurs ports d'attache, de rendre des comptes à leurs armateurs et de se justifier. Dans cette perspective, les officiers de l'Amirauté se devaient de lancer enquête et information judiciaire.

Dans un premier temps, comme nous l'avons déjà vu, les populations littorales font leur devoir de sauvetage, au large (les pilotes) ou sur le rivage (les garde-côtes et les riverains). Les exceptions sont rares, illustrées par l'accident de *La Perle*, caboteur anglais qui s'échoue en mai 1702 devant Oléron, par la faute d'un « ignorant pilote », avant que « différents particuliers, au lieu de les secourir s'emparent des débris, câbles et marchandi-

20. Voir CABANTOUS, Alain, *Les Côtes barbares…*, *op. cit.* et PÉRET, Jacques, *Naufrages et pilleurs d'épave…*, *op. cit.*, 3e partie.

ses[21] ». Mais le schéma type est très différent : après le temps du sauvetage de l'équipage, récupéré et hébergé, une fois sur quatre environ, de sauveteurs les riverains deviennent ensuite pilleurs. Le cas de *La Fortune*, de Hambourg disloqué sur les rochers de Cordouan en janvier 1754[22], est en cela exemplaire : l'équipage est sauvé en pleine mer par les chaloupes des pilotes de Saint-Georges. Mais les jours suivants la cargaison de merrains échappée de l'épave est récupérée sur les rivages de la Gironde et en mer par des dizaines de riverains et une demi-douzaine de pilotes de Saint-Georges et de Saint-Palais, ravis de ce don de l'Océan. Sauver les hommes n'est en rien contradictoire avec le pillage des épaves venues sur les rivages.

Du ramassage à la violence

Les formes de pillage des navires étrangers n'ont rien de véritablement original. Le premier stade, le plus fréquent, est celui du ramassage des épaves et des marchandises dispersées sur les grèves des longues côtes sauvages difficilement contrôlables par les gens de l'Amirauté. Le capitaine du caboteur irlandais *Le Jean*[23] se plaint ainsi, après son naufrage sur la côte d'Oléron et la dislocation de son bateau, de ce que « nombre de particuliers des environs de la coste ont pillé et emporté des vins et eaux de vie qui étaient venus à la coste », sans compter ses effets personnels ; de la même façon, plusieurs particuliers sont accusés d'avoir pillé « les marchandises répandues le long de la coste », après le naufrage de *La Fleur de la Mer* de Jersey[24], processus de ramassage banal, sans doute sous estimé. On touche là à des pratiques d'usage traditionnelles sur des rivages considérés comme un territoire communautaire ouvert où ramasser n'est pas véritablement conçu comme un délit.

Au-delà de ces pillages-ramassages, relevant pour l'essentiel d'actions individuelles (que l'on retrouve dans des vols de hardes ou d'effets commis de nuit sur l'épave), on passe à des pillages organisés et collectifs portant sur l'épave elle-même du navire. Douze délits de ce type ont été relevés pour des navires étrangers. Le scénario, relaté minutieusement dans les dépositions des capitaines, est presque toujours le même : après la phase de sauvetage et d'accueil de l'équipage par les garde-côtes et les riverains, dans les heures qui suivent, avant l'arrivée des officiers de l'Amirauté sur les lieux du sinistre, on assiste à la venue massive de « particuliers », de « paisans », de « quantité de personnes », originaires de la paroisse du naufrage. Le capitaine des *Deux Frères* de Londonderry évoque même « la plus grande et majeure partie des habitans de Saint-Denis » en 1717 [25]. Ces grou-

21. Arch. dép. de la Charente-Maritime, B 66, 9-05-1702.
22. Arch. dép. de la Charente-Maritime, B 138.
23. Arch. dép. de la Charente-Maritime, B 118, 10-12-1734.
24. Arch. dép. de la Charente-Maritime, B 132, 18-02-1749.
25. Arch. dép. de la Charente-Maritime, B 91, 25-12-1717.

pes communautaires où l'on retrouve paysans, gens de mer, artisans des villages du littoral se livrent dans des actions concertées à un pillage en règle du navire et de sa cargaison en présence de l'équipage et des garde-côtes impuissants. Les habitants de Saint-Denis démolissent ainsi littéralement *Les Deux Frères* et « emportent la plus grande partie des membrures dudit vaisseau », tandis que la cargaison de beurre de *La Dame Catherine* de Cork[26] est emportée à la vue du capitaine « sans pouvoir l'empescher », tout comme le commandant du *Jeune Guillaume*, de Rotterdam[27] qui se voit dérober ses effets et doit laisser « plusieurs païsans couper et emporter les menues manœuvres ». Le plus souvent, par prudence, devant le nombre et la détermination des pilleurs, le capitaine et son équipage laissent faire, attendant l'arrivée des officiers de l'Amirauté pour porter plainte. Là non plus le statut d'étranger ne protège pas ; au contraire, la difficulté de communiquer, l'absence de liens de familiarité qui peuvent exister dans le cas des barques locales naufragées, peuvent accentuer la tentation du pillage chez les populations littorales.

Du pillage à la violence

Dans quatre cas, on passe au stade de la violence verbale ou physique contre l'équipage mais surtout contre les garde-côtes, boucs émissaires idéaux[28]. Les choses dégénèrent lorsque l'équipage et les garde-côtes veulent résister aux pilleurs. Le capitaine et les marins de *La Lutte de Jacob*, de Lûbeck[29] ne peuvent ainsi malgré « toutes leurs résistances et menaces » empêcher le pillage du navire. À un degré supérieur, les deux garde-côtes chargés de surveiller l'épave des *Deux Frères* de Londonderry, reçoivent une volée de coups de bâton en voulant s'opposer aux pilleurs, l'équipage, lui aussi menacé, restant au second plan. Mais dans l'ensemble, par rapport à d'autres affaires plus violentes, les équipages étrangers ne subissent au pire que menaces et insultes. Leur position d'étrangers paraît les inciter à rester en retrait, à laisser faire le pillage, quitte à déposer plainte dans un second temps en insistant sur l'impossibilité et le danger de résister. Peut-être aussi que du côté des pilleurs, le statut de non natif incline à ne pas trop maltraiter ces marins, leur statut d'étranger pouvant conduire l'Amirauté à lancer de lourdes enquêtes et informations pour faire des exemples, ce qui est le cas pour les affaires du *Jeune Antoine*, du *Jean*, de *La Fortune* ou de *La Lutte de Jacob*, avec à la clé de vastes perquisitions et interpellations.

•

Les résultats de cette enquête s'avèrent finalement assez peu spectaculaires et par certains aspects décevants. Les navires étrangers ne sont

26. Arch. dép. de la Charente-Maritime, B 89, 24-12-1714.
27. Arch. dép. de la Charente-Maritime, B 88, 18-01-1716.
28. PÉRET, Jacques, « Les garde-côtes sentinelles du rivage : une autorité ambiguë et contestée », *L'autorité, Cahiers du GERHICO,* n° 7, 2004, p. 105-115.
29. Arch. dép. de Charente-Maritime, B 122, 8 janvier 1739.

ni plus ni moins sujets aux fortunes de mer sur les côtes charentaises que leurs homologues français ; ces gros caboteurs hollandais, anglais ou de la Baltique, empruntent en effet des rails maritimes internationaux qu'ils maîtrisent parfaitement, les conduisant de l'Europe du Nord à Bordeaux et à « la mer des pertuis ». De la même façon, les populations riveraines accomplissent vis-à-vis des marins étrangers leur devoir de sauvetage et d'accueil, apparemment sans discrimination, avant parfois de piller les épaves sans distinction de nationalité. L'examen attentif de la procédure de « sauvement » n'a pas dégagé non plus de spécificité pour les non natifs ; ici la grande ordonnance de la Marine de 1681 joue un rôle fondamental en imposant un cadre réglementaire unifié qui s'impose progressivement partout et met sur un même plan navires français et étrangers.

Les spécificités sont à chercher dans le domaine du traumatisme subi, sans doute accentué pour les marins étrangers, isolés sur une terre inconnue dans des conditions matérielles difficiles, confrontés à l'inhumation de leurs noyés dans le sable des dunes, parfois au pillage, souffrances physiques et psychologiques qui apparaissent au détour d'un interrogatoire ou d'un témoignage.

Plus largement, les naufrages de navires étrangers renforcent la réalité d'une communauté internationale des gens de mer rassemblée autour du métier, de la navigation et de ses dangers. Les naufrages constituent enfin un révélateur parmi d'autres de l'intégration, ici involontaire et provisoire, des marins étrangers dans des sociétés littorales à la fois rurales et maritimes mais largement ouvertes sur le monde.

RÉSUMÉ

Les navires et équipages étrangers qui font naufrage sur les côtes charentaises constituent un bon révélateur des trafics maritimes reliant l'Europe du Nord aux ports du Golfe de Gascogne. Les marins étrangers, jetés sur des rivages inconnus, sont néanmoins soumis aux règles communes à tous, définies par l'ordonnance de la Marine de 1681 qui protège les marins et les épaves. Celle-ci est bien appliquée dans l'ensemble tant pour le sauvetage, l'accueil et la récupération des épaves, les étrangers étant soumis au droit commun. De la même façon, leurs navires connaissent pour plus d'un quart d'entre eux les affres du pillage, leur statut d'étranger ne les protégeant ni plus ni moins que leurs homologues français. Cette absence de spécificité nationale dans le naufrage met finalement en évidence une communauté internationale des gens de mer et des sociétés littorales qui fonctionnent selon des règles communes et dans lesquelles s'intègrent les marins étrangers.

ABSTRACT

The ships and their crews shipwrecked on the coasts of Charente give us a pretty clear idea of the shipping traffic going on between Northern Europe and the different ports of the Baye of Biscay. Even if foreign sailors end up on some unknown coasts they are submitted to common rules applying to everyone and defined by the Navy Ordinance of 1681 protecting survivors of a shipwreck and their ships. Theses rules were properly applied to all rescue missions concerning French ships as well as foreign ships. Similarly, "pillage" concerned a foreign ship one out of four times. Their foreign status was neither a protection nor a danger; they were as much exposed as the French ships. This lack of national specificity shows the presence of an International sailing community and shows that shipping companies act according to common rules including foreign sailors.

Le littoral saintongeais, terre d'accueil pour les étrangers au XVIIIe siècle ?

Thierry Sauzeau
Maître de conférences d'histoire moderne
Université de Poitiers
Groupe d'Études et de Recherches Historiques du Centre-Ouest – EA 4270

Dès le Moyen Âge, la Saintonge maritime s'est imposée comme une aire de production de sel et de vin. Son intégration internationale a bénéficié de plusieurs facteurs exogènes comme le développement du commerce des vins de Bordeaux[1] ou la fourniture de sel pour les flottes morutières cinglant vers Terre-Neuve[2]. Dès le XVIe siècle et jusqu'au milieu du XVIIe siècle, la cité de Brouage a symbolisé cette ouverture. Pour l'historien Marc Seguin, Brouage était alors « une Babel où l'on parlait vingt langues[3] ». Venue de l'Europe du Nord maritime et protestante la présence étrangère était alors une donnée fondamentale. À côté de ses origines commerciales, l'immigration enregistrait aussi des renforts issus de la diffusion de la foi protestante[4]. Sous ces deux aspects, le règne de Louis XIV semble avoir représenté une période charnière. Avec l'envasement du havre de Brouage et la montée en puissance de La Rochelle, on a assisté à une progressive délocalisation des opérations commerciales vers la capitale de l'Aunis toute proche. Ce phénomène fut aussi accentué par l'émigration huguenote consécutive à la révocation de l'édit de Nantes. Les talents et les fortunes protestantes, nombreuses dans les Isles d'Arvert, prirent le chemin du Refuge (Hollande, Angleterre, Prusse, Amérique anglaise ou Afrique du sud) mais aussi de Bordeaux, où elles allaient poursuivre et diversifier

---

1. Huetz de Lemps, Christian, *Géographie du commerce bordelais à la fin du règne de Louis XIV*, Paris, Mouton, 1975.
2. Delafosse, Marcel et Laveau, Claude, *Le commerce du sel de Brouage aux XVIIe et XVIIIe siècles*, Paris, A. Colin, 1960.
3. Seguin, Marc, « Brouage aux XVe et XVIe siècles », dans Guillemet, Dominique, et Augeron (dir.), Michaël, *Champlain, les portes du Nouveau-Monde*, La Crèche, Geste éditions, 2005.
4. Miot-Ducluzeau, Francine (dir), *Histoire des protestants charentais (Aunis, Saintonge, Angoumois)*, Paris, Le croît vif, 2001.

leurs activités au XVIIIe siècle[5]. Certes, la production de sel put se maintenir, grâce au redéploiement des zones de production, depuis l'ancien havre de Brouage vers les salines de l'estuaire de la Seudre. Cependant, à la fin du XVIIIe siècle, les flottes du sel venues de Hollande ne représentaient plus que quelques navires dans les registres de congés tenus à l'Amirauté de Marennes[6]. Quant à l'armement des flottes de commerce, activité connue pour attirer la main d'œuvre gyrovague des matelots[7], jamais vraiment développée en Saintonge, elle connut une polarisation exclusive autour des grands ports, et initia des flux d'émigration temporaire vers Bordeaux ou La Rochelle[8]. Ces échanges commerciaux, maritimes et religieux n'étaient pas les seuls facteurs expliquant la présence d'étrangers dans la société saintongeaise. La progressive nationalisation de la frontière maritime à partir du règne de Louis XIV entraîna la militarisation du littoral et le stationnement de troupes, parfois recrutées hors des frontières du royaume. Enfin, comme l'ensemble des provinces de l'Ouest français, les pays d'entre Charente et Gironde furent associés à l'édification humaine de l'empire colonial français en Amérique du Nord. L'estuaire de la Seudre figurait parmi les bassins d'émigration des XVIIe et XVIIIe siècles[9]. Avec la fondation de Rochefort en 1666, son implication dans les rouages d'un Atlantique français fut renforcée[10]. Au rythme des guerres et des traités de paix, le littoral charentais s'est aussi reconverti en terre d'accueil des rapatriés venus de la Nouvelle-France ou encore des Isles à sucre (les Antilles)[11]. Avec ses aléas, une présence étrangère se maintint donc en Saintonge maritime tout au long de l'Ancien Régime. La question de son ampleur et de sa qualité reste posée. C'est par une enquête dans les registres paroissiaux et protestants de la deuxième moitié du XVIIIe siècle, menée dans vingt paroisses riveraines de la Seudre, que l'on se propose de traiter cette question [12]. À travers les

5. Un intéressant développement sur la famille Conte de Chaillevette dans Combeaud Bernard, *Bordeaux corsaire*, Paris, Mollat, 1997.

6. Dans le cadre du programme ANR Navigocorpus, une vingtaine de Hollandais peuvent être identifiés au mouillage à Marennes sur l'année 1787, parmi 1172 mouvements de navires, Arch. nat., G 5117.

7. Cabantous, Alain, *Les Citoyens du large. Les identités maritimes en France (XVIIe-XIXe siècles),* Paris, Aubier, coll. « Historique », 1995; Sauzeau, Thierry, « Entre nomades et habitués : les marins étrangers de la flotte marchande à La Rochelle et Rochefort à la fin du XVIIIe siècle », Colloque franco-allemand *Les Étrangers dans les villes portuaires*, La Rochelle-Brouage, 7-9 déc.2006, actes à paraître.

8. Sauzeau Thierry, *Les Marins de la Seudre (XVIIIe-XIXe siècles)*, La Crèche, Geste Editions, coll. « Pays d'histoire », 2005.

9. Debien, Gabriel, « Engagés pour le canada au XVIIe siècle, vus de La Rochelle », *Revue d'Histoire de l'Amérique française,* vol. VI, n° 2, p. 177-233 et vol. VI, n° 3, p. 374-407, Montréal, 1952.

10. Guillemet, Dominique et Augeron, Mickaël (dir.)., *Champlain, les portes du Nouveau-Monde op. cit.*, La Crèche, Geste éditions, 2005.

11. Puaud, O., *Les marins rapatriés de la Nouvelle France dans les ports du Centre-ouest (1740-1815)*, Mémoire de Master 2 d'histoire, Poitiers, 2006.

12. Collections numérisées accessibles en ligne à partir du portail des archives départementales de la Charente-maritime : [*http://www.cg17.fr/conseil_general_17/archives_departementales/accueil_archives.htm*].

registres de baptêmes, mariages et sépultures, il sera d'abord question d'effectuer une modeste pesée globale, afin de cerner la consistance de cette population étrangère. Dans un second temps, on poursuivra l'enquête par la cartographie des lieux d'origine des migrants installés sur ces côtes et par la mise en perspective des « vagues » d'arrivées en fonction des cycles de la politique internationale. Enfin, c'est la question de l'insertion dans la société locale qui sera examinée autour de la question du mariage.

La « pesée » des étrangers au pays de Marennes

À la fin du XVIIIe siècle, le quartier maritime de Marennes s'étendait sur vingt paroisses et rassemblait environ 16000 habitants. C'était un pays rural centré sur la Seudre, un modeste fleuve où seules les embarcations de faible tirant d'eau pouvaient remonter. Le territoire était aussi caractérisé par son unité physique, sensible dans le vocabulaire des contemporains qui parlaient volontiers d'Isles de Marennes et d'Arvert pour le désigner. L'ensemble du Quartier ainsi délimité ne dépassait pas les 25 kilomètres de long sur 20 de large. Il s'agissait enfin d'une région isolée du reste de la Saintonge. Au nord des Isles de Marennes, des zones de marais transformés en pâturages résultaient de prises médiévales. Au sud des Isles d'Arvert un important système dunaire prolongeait la côté landaise et longeait l'estuaire girondin.

Dans ce bout du monde, visité par des flottes du sel de moins en moins internationales, la présence de l'étranger sédentarisé, on disait autrefois « acclimaté », était rare. Sa recherche passe par l'exploitation d'une source classique, les actes de mariage. Les collections catholiques sont d'une qualité très inégale : les professions sont rarement mentionnées et les lieux de naissance des conjoints passés sous silence au profit des lieux de résidence. Quant aux registres protestants, ils sont assez nombreux et bien tenus, si bien qu'ils permettent des comparaisons entre les communautés, mais ils ont été sujets à des fluctuations, regroupant les conjoints de plusieurs paroisses au gré de la présence des pasteurs. En dépit de sa position littorale et des échanges ininterrompus qui l'affectent, le pays des Isles d'Arvert et Marennes se signalait par un régime très classique dans le domaine de la mobilité au mariage. La sédentarité était la règle et le comportement était celui de ruraux insulaires. On n'allait pas plus loin pour trouver une épouse[13] que pour s'asseoir en face de son notaire[14] ou pour enrôler un matelot sur une barque. Dans un tel contexte, la présence de l'étranger ne pouvait qu'être très minoritaire dans la société. Sur les 31 registres consultés, 21 se révèlent ainsi vierges de toute référence à des

13. PÉRET, Jacques, « Mobilité sociale et géographique en pays d'Arvert (XVIIIe-XIXe siècles) », *Les Sociétés littorales du Centre Ouest atlantique*, colloque GERHICO, Rochefort, 1995, Poitiers, SAO éd., 1996.

14. PAPOT, C., *Vivre à Marennes dans la deuxième moitié du XVIIIe siècle*, Mémoire de DEA d'histoire, Poitiers, 2005.

étrangers. Les 10 registres restants en recèlent un nombre variable. On en recense un seul dans chacun des registres catholiques de Chaillevette, Mornac et Etaules, deux pour le registre catholique d'Arvert (1730-1749), quatre pour le registre protestant de La Tremblade (1738-1792), cinq pour chacun des registres catholiques de La Tremblade et Marennes (1670-1792) et vingt dans le registre protestant de Marennes (1757-1792). Par ailleurs, on dispose de six mariés étrangers dans le registre protestant d'Arvert (1752-1792) ainsi que de deux baptêmes exotiques, sur lesquels nous reviendrons en fin d'article. La répartition géographique des 44 étrangers mariés autour de la Seudre au XVIIIe siècle étaient assez en phase avec les équilibres démographiques des paroisses. Marennes, le seul bourg du pays, enregistrait 25 époux étrangers parmi ses 4800 habitants. La Tremblade et Arvert, les plus grosses paroisses des Isles d'Arvert (2500 habitants chacune), en comptaient respectivement 9 et 8. Enfin, les villages d'Etaules, Chaillevette et Mornac n'en enregistraient qu'un seul chacun.

D'un point de vue archivistique, on ne dispose pas de la totalité des actes catholiques et protestants du pays considéré. Néanmoins, la représentation qui résulte de cette approche donne l'avantage aux protestants sur les catholiques. Les facteurs de mobilité attachés à l'histoire de cette communauté ne manquent pas. Nous aurons l'occasion de revenir sur chacun de leurs aspects économiques, militaires et confessionnels. Notons toutefois que le groupe protestant apparaissait singulièrement plus féminisé (12 femmes sur 30 étrangers) que le groupe catholique (4 sur 16). Cette migration féminine confirmait ce que les études sur les communautés protestantes ont établi du rôle des femmes chez ceux de la « religion prétendue réformée », à l'échelle européenne comme dans le cadre saintongeais. L'étude des origines sociales est fragilisée par le zèle très tiède des curés et des pasteurs dont le travail n'a livré à nos investigations que 15 métiers sur 46 étrangers recensés. Encore faut-il préciser que cet aperçu des origines socioprofessionnelles des époux mélange les métiers déclarés par les hommes et ceux des parents des étrangères venues se marier en Saintonge. À côté de la domination protestante, un regard sur cet échantillon permet de conclure à la sur-représentation des élites. Marchands et négociants (5) constituent ainsi le groupe le plus nombreux, suivi de près par les aristocrates et « gens vivant noblement » suivant l'expression de la fin de l'Ancien Régime (3). On pourrait leur associer la présence de l'allemande Jeanne Renars, qui épouse à Marennes un huissier du présidial, le 18 février 1747[15] mais aussi celle de Marie-Angélique Chabosseau, fille d'un capitaine de Québec, venue se marier dans le village familial de Mornac avec un officier de marine, Jacques Jappie de La Tremblade[16]. La répartition des 5 représentants des catégories populaires – tous masculins – fait aussi place aux marins (2) aux côtés desquels on retrouve un paysan, un ouvrier et un soldat.

---

15. Collection communale, fonds non coté, registre paroissial des baptêmes, mariages et sépultures (désormais BMS) de Marennes (1739-1748).

16. Arch. dép. de Charente-maritime, 2 E 259/1, registre BMS de Mornac (1739-1792).

En guise de premier bilan, force nous est de constater que la présence des étrangers en Saintonge littorale était exceptionnelle à la fin du XVIIIe siècle. Un croisement des données confessionnelles et socioprofessionnelles affine le profil de ces étrangers acclimatés à la suite de leur mariage, en Saintonge maritime. Ainsi observe-t-on une coïncidence entre les étrangers appartenant aux catégories populaires, la tendance à s'installer dans un village ou un bourg et l'appartenance à la confession catholique. En creux, la communauté étrangère protestante apparaissait plus bourgeoise, plus citadine et aussi plus féminine.

Les foyers d'émigration et leur logique

C'est de manière extrêmement sporadique que les étrangers apparaissent dans les registres de mariage des paroisses de la Seudre. Il n'est donc pas question d'évoquer ici l'existence de flux migratoires. En première lecture, la carte des origines des migrants permet de préciser des liens entre la présence des étrangers et l'intégration à l'espace atlantique. Dans un second temps, il convient de s'interroger sur la chronologie des arrivées. Entre guerre et paix, entre départs et retours des colonies, entre flux et reflux de la politique d'intolérance religieuse, un certain nombre de phases peuvent être identifiées.

Le premier enseignement tiré de la carte des origines tient à l'absence de tout représentant de l'aire méditerranéenne. À La Rochelle, alors même que les Italiens constituaient la cohorte la plus importante des matelots étrangers embarqués sur la flotte de commerce française, notamment durant les périodes de conflit, la rareté des installations définitives au sein de cette population flottante a déjà été soulignée[17]. Le second enseignement majeur de cette géographie tient dans le poids modeste des habitants de l'aire atlantique. Quatre Canadiens et autant de Flamands des Pays-Bas catholiques (Namur, Tournai et Bruges) composent l'essentiel de la cohorte, que complètent deux Irlandais[18], un Portugais et un marin, Bernard Petit, né à Saint-Pierre-de-la-Martinique et marié par le pasteur d'Arvert, à une fille de pilote lamaneur du lieu[19]. L'essentiel de la cohorte d'étrangers provenait finalement d'Europe continentale et les migrants concernés devaient se singulariser en Saintonge par leur fort accent germanique. En effet, parmi les 32 continentaux recensés, Pierre Calvanina, venu du diocèse de Milan[20], et le marchand savoyard

17. SAUZEAU, Thierry, « Entre nomades et habitués : les marins étrangers de la flotte marchande à La Rochelle et Rochefort à la fin du XVIIIe siècle », Colloque franco-allemand *Les Étrangers dans les villes portuaires*, La Rochelle-Brouage, 7-9 déc. 2006, actes à paraître.

18. CLARKE DE DROMARTIN, P., « De l'assimilation des étrangers dans l'ancienne France : mémoires d'une famille irlandaise catholique victime du traité de Limerick (1691-1914) », dans le Bulletin du Centre d'Histoire des espaces atlantiques, Bordeaux, n° 6, 1993.

19. Collection communale, fonds non coté, registre protestant des BMS d'Arvert (1778-1792).

20. Collection communale, fonds non coté, registre paroissial des baptêmes et mariages de La Tremblade (1776-1792).

Blaise Gallons[21] étaient les seuls « latins ». Étant donné la provenance des navires de la flotte du sel qui fréquentaient les salines saintongeaises à la fin du XVIIIe siècle, la présence des marins hollandais parmi les immigrés était attendue. La façade maritime du domaine bourguignon, ouverte sur la Manche et la mer du Nord, est bien représentée mais les 4 mariages incluant un époux des Provinces-Unies impliquent cependant tous des femmes. Leurs origines sont bourgeoises et commerçantes pour 3 d'entre elles. Le mariage de Marie-Marguerite Brunswick, native de Middlebourg en Zélande, avec le marchand royannais Charles Mondon en avril 1770, illustre ce profil[22]. Si le commerce du sel restait un facteur d'acclimatation, cela l'était bien plus pour les bourgeois du sel que pour les marins. Les autres Hollandaises repérées dans les registres portaient les patronymes moins germaniques de Benesset et Godefroy. Ces dames entretenaient sans doute une tradition, celle du mariage au pays, déjà pratiqué par Mathieu Dumoulins, né au Danemark, et dont le curé de La Tremblade avait enregistré l'abjuration 3 jours avant son mariage en août 1691. On était là en présence d'une migration du retour, liée aux aléas de la Révocation[23].

En ce qui concerne l'immense majorité de la cohorte continentale, le lien marchand ou maritime peut difficilement être invoqué. Autour d'un arc calviniste tendu de la Suisse aux Provinces-Unies et passant par la Rhénanie-Palatinat, on trouvait les lieux d'origine de 25 des migrants arrivés au XVIIIe siècle. Leurs patronymes germaniques, ainsi que ceux de leurs parents, les excluent *a priori* de toute référence au Refuge. La grande proximité de 9 mariages, devant le pasteur de Marennes en l'année 1764, invite à rechercher dans l'histoire du XVIIIe siècle d'autres facteurs d'explication. Le règne de Louis XIV (1643-1715) a abrité 10 mariages impliquant des étrangers. Surtout issue de l'aire atlantique, il s'est agi d'une immigration de catholiques : Irlandais, Canadiens, Flamands, Portugais et même un couple, Jacques Michel et Isabel Maybeer, venus « tous deux du pays de Suisse », et pour lesquels le curé de Marennes reçut le secours d'un interprète[24]. En comparaison de cette phase d'ouverture les décennies qui précèdent la guerre de Sept Ans paraissent bien ternes. Entre 1715 et 1756 on n'enregistre que trois mariages d'étrangers en Saintonge, ceux de deux Flamands et de Pierre Fréquent, marin de l'île Royale, marié à Catherine Souffert de Chaillevette, en septembre 1747[25]. Tous passent devant le curé si bien qu'on peut les supposer catholiques. La période qui couvre la guerre de Sept Ans (1756-1763) et son immédiat après guerre rassemble à elle seule 19 mariages impliquant un étranger. Le profil confessionnel change du tout au tout,

21. Collection communale, fonds non coté, registre BMS de Marennes (1622-1640).

22. Collection communale, fonds non coté, registre protestant des BMS d'Arvert (1752-1778).

23. AUGERON, Mickaël, POTON, Didier et VAN RUYMBECK, Bertrand, *Les Huguenots et l'Atlantique. Pour Dieu, la cause ou les affaires*, à paraître.

24. Collection communale, fonds non coté, registre BMS de Marennes (1622-1640).

25. Collection communale, fonds non coté, registre paroissial BMS de Chaillevette (1747-1770).

avec 18 étrangers passés devant le pasteur à Marennes. Il s'agit là de l'avatar local d'une tragédie coloniale du siècle des Lumières : l'expédition de Kourou[26]. Résolu à relever l'Amérique française après la perte du Canada, le duc de Choiseul avait convaincu la Cour de recruter quelques milliers de colons allemands que l'on fit transiter par le Centre-Ouest avant de les expédier via Rochefort vers la Guyane. À Marennes, ces mariés protestants ont tous été unis en trois vagues : 3 juin, 28 juillet et 24 décembre 1764. Seulement de passage en Saintonge, ils sont ensuite allés grossir les rangs des colons, sacrifiés par l'impréparation de leur implantation aux îles du Salut. Au cours de la dernière période, qui va de l'année 1765 à la Révolution, 14 étrangers sont signalés dans les registres. Les profils se font plus divers. L'apaisement des tensions religieuses[27] est à la source d'un appel d'air en direction des calvinistes étrangers. L'arrivée des quatre Hollandaises déjà citées, vraisemblablement rentrées du Refuge, illustre bien cette évolution à laquelle on peut associer deux mariages. Henry Simon et Marie-Barbe Trap, tous deux venus de Haute Alsace et mariés le 18 septembre 1782 s'unissent ainsi devant le pasteur de Marennes[28] comme le font aussi avec des filles du pays les soldats suisses Frédéric Büller et Jean Schilty[29], sans doute attirés en France par la guerre d'indépendance américaine (1778-1783). Quant aux catholiques, leurs motivations semblent difficiles à interpréter même si on retrouve dans leurs rangs deux « rapatriés » de la Nouvelle France : Marie-Angélique Chabosseau de Québec, déjà citée, et Pierre Renaud de Louisbourg, marié à Marie Palmade par le curé de Marennes, en 1784[30].

En dépit de la modestie de l'effectif étudié, la géographie des lieux d'origine et la chronologie des mariages impliquant des étrangers en Saintonge littorale permettent d'avancer quelques conclusions. Alors que la région est connue pour son intégration aux grands flux d'échanges européens et mêmes mondiaux, c'est plutôt son statut de zone frontière qui explique son ouverture internationale au plan humain. En effet, les facteurs de migration se rapportent pour la plupart à la fonction militaire de ce littoral ou bien à ses liens avec un Atlantique français bien mieux défini en termes coloniaux ou religieux que commerciaux.

Entre intégration et marginalité

La typologie des migrants rencontrés en Saintonge à la fin du XVIIIe siècle fait la part belle, au niveau de leurs motivations, aux conséquences des

26. THIBAUDAULT, Pierre, *Échec de la démesure en Guyane : autour de l'expédition de Kourou, une tentative européenne de réforme des conceptions coloniales sous Choiseul*, Paris, L'Harmattan, 1995.

27. TOUROUDE, Georges, *De l'oppression à la liberté, histoire des communautés saintongeaises huguenotes et de leur pasteur du désert, Jean Jarousseau (1729-1819)*, La Rochelle, La Langrotte, 1992.

28. Collection communale, fonds non coté, registre pastoral BM de Marennes (1757-1792).

29. Collection communale, fonds non coté, registre pastoral BMS d'Arvert (1778-1792).

30. Collection communale, fonds non coté, registre pastoral BM de Marennes (1757-1792).

grandes respirations de la politique internationale. Avec les limites liées à l'inégal enregistrement des métiers, on peut attester de l'existence d'une petite élite de mérite et de naissance, hommes et femmes venus nouer des alliances dans un pays où les ramenait une quelconque notion d'intérêt. Pour l'immense majorité, force est de constater que c'était souvent le hasard qui guidait les étrangers venus s'installer au pays de la Seudre. Dans ces conditions, la question de l'intégration par le mariage prend tout son sens.

Le groupe des étrangers dont le mariage a été enregistré dans le pays de Seudre se caractérise en premier lieu par une forte féminisation. En effet, 16 femmes figurent parmi les 44 conjoints rencontrés dans les registres paroissiaux et protestants. Cette statistique est largement déformée par le trompe-l'œil de l'émigration coloniale. De manière tout à fait classique s'agissant des migrants partant peupler l'Amérique, de nombreux mariages ont en effet uni des étrangers entre eux, avant l'embarquement pour traverser l'Atlantique. On peut ainsi retirer du lot 18 personnes, 9 couples appartenant à la cohorte des Allemands de Choiseul, et mariés par le pasteur de Marennes. Pour le migrant de passage, à la manière des engagés pour le Canada, la problématique de l'intégration en Saintonge n'avait aucune signification. Un couple de Suisses figure aussi dans les registres catholiques de Marennes, unis à l'église sous le règne de Louis XIV. La réalité de l'immigration féminine en Saintonge peut donc être appréhendée autour de 6 cas : 5 filles de la diaspora protestante et une canadienne catholique. Si l'on met à part la Hollandaise Marie Vandergen, épouse de Charles Nadeau, paysan à Arvert[31], on a affaire à des mariages entre gens « de condition ». Ainsi, Jeanne Godefroy, née à « Torgos en Hollande » épousait-elle Jean Saboureau, marchand d'Arvert, devant le pasteur de ce village le 30 décembre 1773[32]. Quant à la demoiselle Chabosseau de Québec, déjà citée, elle rentrait au pays pour épouser un officier de marine. Ces 6 mariages étaient également caractérisés par l'adéquation entre le lieu de résidence de l'époux et le lieu de célébration du mariage : l'intégration de ces dames devait en être facilitée.

Du côté des hommes, 18 unions mixtes peuvent être étudiées. L'union avec une épouse domiciliée là où le mariage était célébré domine (12 cas). C'est dans ce cadre que l'on observe les mariages entre gens « de condition ». Par exemple, en 1763, le négociant flamand Léopold de Bonnay épousait à La Tremblade une demoiselle Chaillé La Couture, fille d'un négociant « vivant noblement[33] ». De même, Jean-Chrétien Blosfeld négociant et écuyer originaire de Saxe, épousait à Arvert « Marie Charlotte Leneuf de Beaupapin de la Valière, fille de Philippe, écuyer et de Marie Charlotte d'Accariote » tous les deux villageois de d'Arvert[34]. Ce modèle de mariages entre élites cohabitait avec une homogamie entre gens plus modestes. C'était

31. Collection communale, fonds non coté, registre paroissial BMS d'Etaules (1728-1792).

32. Collection communale, fonds non coté, registre pastoral BMS d'Arvert (1778-1792).

33. Collection communale, fonds non coté, registre pastoral BM de La Tremblade (1752-1792).

34. Collection communale, fonds non coté, registre pastoral BMS d'Arvert (1778-1792).

le cas pour Pierre Fréquent, marin de l'île Royale déjà rencontré, époux d'une fille d'un pilote de Chaillevette. Derrière cette apparente banalité de comportements matrimoniaux, certains étrangers ne convolaient pas avec une épouse domiciliée dans la paroisse où leur mariage était enregistré. L'intégration sociale prenait donc la forme d'une union entre « étrangers », d'échelles différentes. Ainsi en 1759, Jean-Rodolphe Ernst, négociant de Berne en Suisse, épousait-il à Marennes Marie-Magdelaine Grenot, de Saint-Pierre d'Oléron. En 1783, l'Italien Pierre Calvanina épousait quant à lui à La Tremblade, Marie-Anne Georget, habitant Le Douhet, près de Saintes. La fréquence de ce type d'union s'élevait au tiers des migrants masculins recensés, ce qui était très significatif, dans un contexte rural où un tel schéma était très marginal.

Hors les liens du mariage, la spécificité maritime du pays de Seudre s'illustrait enfin à travers la présence de deux baptêmes exotiques, rencontrés dans les registres d'Arvert. D'une part, le 9 juin 1760, le curé d'Arvert baptisait « le nommé Jean Baptiste, nègre de la nation Hibeau, appartenant à M. Jacques de Queux, 22 ans, chevalier de l'ordre militaire de St-Louis, demeurant à Arvert[35] ». D'autre part le 9 mars 1769, le pasteur protestant d'Arvert baptisait « un certain sauvage amené de l'île de Saint Pierre au Canada par Maître Michel Paquinet, lequel sauvage a dit être le fils d'un nommé Turlide auquel nous avons donné le nom de Jacques[36] ». Bien connue dans les villes de la région[37], la présence de ressortissants extra-européens est l'une des curiosités de l'étude de la population étrangère dans cette zone rurale. L'intégration atlantique de ce pays de marins et de négociants qu'était la Saintonge maritime suffit en tout cas à expliquer ce phénomène tout aussi marginal que significatif.

Parmi les 46 migrants présents au XVIIIe siècle en Saintonge maritime, un gradient de situations pouvait donc être observé. Une petite moitié d'entre eux (18), les « Allemands » de l'expédition de Kourou, n'étaient que de passage mais leur présence était révélatrice du rôle de porte du Nouveau Monde que jouait sous l'Ancien Régime l'ensemble du littoral atlantique français. Parmi les migrants définitifs, une étroite minorité exclusivement masculine ne trouvait apparemment pas dans le mariage la clé d'une intégration réussie : les épouses de ces hommes n'étaient pas elles-mêmes originaires de la paroisse. Il restait donc un gros tiers des migrants (6 femmes et 12 hommes) pour attester par leur mariage en Seudre d'une intégration réussie, passant souvent par une homogamie aristocratique, commerçante ou maritime.

•

Dans la seconde moitié du XVIIIe siècle, le pays de Marennes se caractérise par une très étroite capillarité aux phénomènes d'immigration. Sa pro-

35. Collection communale, fonds non coté, registre paroissial BMS d'Arvert (1728-1792).

36. Collection communale, fonds non coté, registre pastoral BM d'Arvert (1752-1778).

37. Treuil, Aline, Denier, Valérie et Guillemet, Dominique, « Des amérindiens en Centre-Ouest aux XVIIe et XVIIIe siècles », dans Guillemet, Dominique et Augeron, Mickaël (dir.), *Champlain, op. cit.*, La Crèche, Geste éditions, 2005, p. 157-160.

gressive spécialisation dans une économie extravertie explique largement cette évolution. Le temps des marchands du sel et du vin, venant négocier eux-mêmes leurs marchés à Brouage ou Marennes étant révolu, le principal facteur de mobilité avait disparu. Débusqués dans les registres de mariage principalement, 46 étrangers viennent néanmoins s'acclimater au sein de ce petit pays, qui compte peu ou prou 4000 feux, soit 16000 habitants. Cette très modeste représentation (0,3 %) étonne par sa diversité d'origines, d'histoires et de destins. La cohorte ainsi définie s'illustre par un partage assez équitable entre catholiques et protestants, et, pour ce que nous en disent les sources, elle est moins le fait de gens de peu que des membres de l'élite d'Ancien Régime (aristocrates, bourgeois). Assez étonnante est la féminisation du groupe, avec un tiers des migrants recensés. Plus frappant est le caractère continental des attaches géographiques, liées à une aire culturelle germanique plus continentale (Suisse, Rhénanie) que littorale (Provinces-Unies, Flandre). L'une des clés réside dans le fait que l'ensemble du siècle des Lumière est traversé par un lent mais continu mouvement de retour au pays pour les exilés de la Révocation, mais pas seulement. L'ouverture atlantique n'intervient quant à elle que de manière ponctuelle. Marquée par son appartenance aux élites, une rare population de « rapatriés » de la Nouvelle-France vient sporadiquement s'installer sur un littoral où la ramènent peut-être quelques affaires ou des solidarités familiales. Plus populaire et étonnant est le passage d'une partie des Allemands enrôlés dans l'affaire de Kourou sous le ministère Choiseul. Mariés à Marennes, ces gens de passage, représentent la moitié de l'effectif d'étrangers repérés dans les sources. Si on met de côté ces 10 mariages, entre « pays », avant leur passage vers la Guyane, force est de constater que les stratégies matrimoniales dessinent deux profils très nets. Autant le mariage est un gage d'intégration pour les migrants atlantiques, appartenant aux élites sociales, autant il conforte en quelque sorte le caractère fragile et provisoire de l'installation chez les autres. Certes, les filles venues de Hollande, dans le cadre d'une immigration huguenote du retour, trouvent toutes un époux natif de la paroisse où elles convolent. En revanche, le migrant masculin semble avoir plus de mal à trouver sa place sur le marché matrimonial rural du pays de Marennes et son épouse n'est, dans un tiers des cas, pas originaire de la paroisse où ils s'unissent. Pour finir, on rappellera que l'ouverture atlantique a aussi entraîné son lot de migrations forcées, dans le cadre d'un esclavage domestique, dont témoigne la présence d'un « sauvage » et d'un « nègre » à Arvert, gros bourg éponyme d'une presqu'île connue pour son rôle de vivier de capitaines au long-cours et d'officiers de Marine. Quoique modeste et extrêmement marginale, l'immigration en Saintonge maritime à la fin du XVIIIe siècle présente donc toute la gamme des situations probables alors, dans un contexte religieux, commerçant et atlantique, à l'apogée de la marine à voile.

RÉSUMÉ

Avant 1789, les côtes de Saintonge étaient ouvertes au commerce international. Les marchands de l'Europe du nord et leurs flottes venaient sur ces côtes pour acheter le sel de Brouage. Malgré tout, les migrants installés dans cette région étaient rares, par exemple dans les registres de mariage. Ils venaient plus souvent pour d'autres raisons que pour le commerce. La Saintonge recevait la plupart des migrants pour des raisons de politique coloniale. La plupart étaient des migrants temporaires et venaient de l'espace germanique. Ils furent envoyés sur les côtes atlantiques avant de traverser l'océan et de commencer une nouvelle et dangereuse vie en Guyane. D'autres vinrent du Canada français après la conquête anglaise. D'autres vinrent finalement en Saintonge pour retrouver leurs origines, comme les fils de la diaspora protestante.

ABSTRACT

Before 1789, the coasts of Saintonge were opened to international trade. The traders of northern Europe and their fleets came on those shores in order to buy the salt of Brouage. Nonetheless the migrants installed in this land were rare, for example in the marriage registers. They came more often for reasons other than trade. The Saintonge received most of its migrants because of French colonial policy. Most of them were temporary ones and came from Germanic countries. They were sent to the Atlantic coast before crossing the ocean and beginning a new but dangerous life in Guyana. Some other came from French Canada after the English conquest. Other people came finally in Saintonge, back to their origins, as the sons of the Protestant diaspora.

Le règlement des litiges commerciaux entre bourgeois et étrangers : les juridictions compétentes pour « fait de marchandises » à Bordeaux du milieu du XVe au milieu du XVIe siècle[1]

Michel Bochaca
Professeur d'histoire médiévale
université de La Rochelle
Centre de Recherche en Histoire Internationale et Atlantique – EA 1163

La juridiction consulaire de Bordeaux fut créée en décembre 1563 par un édit de Charles IX. Elle hérita d'une partie des attributions de juridictions ordinaires plus anciennes qui avaient jusque-là connu des différends pour actes de commerce entre marchands selon qu'ils étaient bourgeois ou étrangers. Ce transfert de compétences suscita des réactions de méfiance. Le 14 janvier 1564, le parlement de Bordeaux convoqua pour le lundi suivant (17 janvier) le sénéchal de Guyenne, les juges de l'Amirauté ainsi que le maire et les jurats de Bordeaux, pour qu'ils vinssent dire à la Cour « ce que bon leur semblerait de ces lettres patentes ». Par-delà la procédure d'enquête préalable à l'enregistrement de l'édit royal, le Parlement, la sénéchaussée de Guyenne, l'Amirauté et la municipalité de Bordeaux représentaient les quatre juridictions directement affectées par l'apparition de la nouvelle cour. Il y eut des résistances car la monarchie fut obligée à deux reprises, le 22 février et le 25 mars, de faire pression sur le Parlement pour obtenir l'enregistrement et la publication de l'édit. Celui-ci s'exécuta finalement le 27 avril 1564 et, le 8 mai, les jurats firent procéder à la première élection. Jean de Bonneau fut choisi comme juge pour l'année 1564-

1. Sous le titre « Les juridictions bordelaises compétentes pour «fait de marchandises» avant la création de la Juridiction consulaire (milieu XVe-milieu XVIe siècle) », la présente étude a d'abord fait l'objet d'une communication orale lors des Journées régionales d'histoire de la justice tenues à Bordeaux les 14 et 15 décembre 2001 sur le thème : *Les tribunaux de commerce, histoire du modèle français*. Nous proposons ici une version remaniée et augmentée du texte resté jusqu'alors inédit.

1565, assisté par Jean de Reynac et François de Pontcastel en qualité de consuls. D'après l'article 3 de l'édit de décembre 1563, la compétence du juge et des consuls des marchands s'étendait à « tous procès et différends qui seront ci-après mus entre marchands pour fait de marchandises seulement, leurs veuves marchandes publiques, leurs facteurs, serviteurs et commis, étant tous marchands, soit que lesdits différends procèdent d'obligations, cédules, récépissés, lettres de change ou crédit, recomptes, calcul ou erreur en iceux, compagnies, sociétés, ou associations[2]... »

Avant l'entrée en fonction de la juridiction consulaire au printemps 1564, les procès « pour fait de marchandises » étaient portés devant diverses cours dont les attributions variaient selon la position de chacune au sein de la hiérarchie judiciaire mais aussi en fonction de la nature des affaires (compétence *ratione materiae*) et de la qualité des justiciables (compétence *ratione personnae*). À une époque où le droit commercial et la partie du droit maritime relative au commerce par mer relevaient du domaine de la coutume (coutumes de Bordeaux, rôles d'Oléron), les litiges pour actes de commerce entre marchands, tant bourgeois de Bordeaux qu'étrangers, étaient portés devant des juridictions ordinaires jugeant au civil. En raison de la mauvaise et inégale conservation des sources nous restreindrons notre propos à la période qui s'étend de la conquête française de 1453 jusqu'à la fin du règne de François Ier en 1547 et qui fut marquée à Bordeaux par un certain nombre de réformes judiciaires importantes. Une ordonnance de réformation de la justice, promulguée le 28 janvier 1455, assura tout d'abord la remise en ordre de l'appareil judiciaire de la Guyenne, désormais sous le contrôle de la monarchie française. Après quoi, la création du parlement de Bordeaux en 1462 et l'organisation de l'amirauté de Guyenne[3] firent apparaître deux nouvelles cours qui, à côté de la commune de Bordeaux, du prévôt royal de l'Ombrière et du sénéchal de Guyenne, pouvaient, elles aussi, être saisies des litiges commerciaux, la première par le jeu des appels, la deuxième pour les affaires liées au commerce par mer. S'agissant de juridictions ordinaires, il n'est pas toujours aisé de démêler parmi leurs compétences celles qui concernaient de façon spécifique le commerce, d'autant que la disparition quasi totale de leurs archives pour la période considérée, à l'exception d'une partie du fonds du Parlement, n'autorise qu'une approche sommaire et théorique de leurs attributions. Après un certain nombre de rappels concernant le statut des bourgeois et des étrangers à Bordeaux, les différentes cours seront présentées les unes après les autres selon un ordre hiérarchique.

2. Damas, Pierre, *Histoire de la Juridiction consulaire de Bordeaux*, Bordeaux, 1947, p. 77-85.

3. Gouron, Marcel, *L'Amirauté de Guienne*, Paris, 1938, p. 109-137. Le premier amiral de Guyenne connu est Odet d'Aydie (1469-1487).

Bourgeois de Bordeaux et étrangers à Bordeaux

Les travaux sur le statut juridique des bourgeois de Bordeaux et des étrangers à Bordeaux à la fin du Moyen Âge concernent surtout la période anglaise (XIVe siècle et première moitié du XVe)[4]. Ils prennent appui sur les registres de la jurade conservés pour les années 1406-1409, 1414-1416 et 1420-1422, ainsi que sur les cartulaires municipaux (*Livre des Bouillons*, *Livre des Coutumes*, *Livre des Privilèges*). La perte totale des registres de la jurade jusqu'aux années 1520 nous prive d'une source essentielle pour la poursuite de l'étude pendant les 70 ans qui suivent la conquête française de 1453, au cours desquels un pouvoir royal fort s'instaure à Bordeaux. On peut cependant penser que les bases juridiques du statut de bourgeois et les conditions d'accès à la bourgeoisie n'ont pas fondamentalement changé, sous réserve de la fidélité due désormais au roi de France.

C'est davantage du point de vue des étrangers que le changement de domination se fit sentir avec un spectaculaire renversement de la situation des Anglais à Bordeaux. Sujets du roi d'Angleterre, duc d'Aquitaine, ils jouissaient à Bordeaux d'une protection et d'une grande liberté d'action. À partir de la première réduction de la Guyenne en 1451 et plus encore après la deuxième en 1453, ils furent considérés comme des ennemis du roi de France[5]. Si les traités de Picquigny (1475) et d'Étaples (1492) normalisèrent les relations entre France et Angleterre au regard du droit international, la méfiance envers les Anglais, liée à la crainte d'une attaque de Bordeaux par une flotte venue d'outre-Manche, demeurait encore vive au temps de François Ier. Il resterait à étudier comment se diffusa à Bordeaux sous Charles VII et Louis XI la notion d'étrangeté au royaume et la manière dont s'opéra le « rattrapage juridique » par rapport aux terres plus anciennement sous contrôle royal[6].

Dans des lettres du 8 janvier 1475, Louis XI distingue nettement les « marchands et autres gens du royaume d'Angleterre » qui viennent « tant par mer que par terre, pour faire fait de marchandises en icelui nostre royaume[7] ». L'étrangeté au royaume de France est soulignée par une liste de marchands de diverses « nations » qui ont déserté Bordeaux et qu'il s'agit de faire revenir pour relancer le commerce, tels « les Anglois, Flamencs, Hollandois, Zelandois, Alemans, Espaignolz, Portugalois, Ytaliens, Escossois

4. LAVAUD, Sandrine, « Une communauté enracinée : les Anglais à Bordeaux à la fin du Moyen Âge », *Revue historique de Bordeaux et du département de la Gironde*, nouvelle série, nº 1, 2002, p. 35-48. *Idem*, « L'entrée en bourgeoisie à Bordeaux à la fin du Moyen Âge (XIVe-XVe siècles) », *ibidem*, n° 7-8, 2005, p. 105-118.

5. GOURON, Marcel, *Recueil des privilèges accordés à la ville de Bordeaux par Charles VII et Louis XI*, Bordeaux, 1938, p. 112, mars 1462, « ladicte ville [Bordeaux] et tout le pais d'environ ont esté par moult temps tenuz et occupés par noz anciens ennemis et adversaires les Angloiz ».

6. ALTEROCHE, Bernard d', *De l'étranger à la seigneurie à l'étranger au royaume, XIe-XVe siècles*, Paris, 2002.

7. ISAMBERT, François-André *et al.*, *Recueil général des anciennes lois françaises depuis l'an 420 jusqu'à la révolution de 1789*, Paris, 1825, t. 10, p. 733.

et autres nations[8] ». Dans le contexte troublé de la guerre du Bien Public, des lettres du 6 juillet 1465 rappellent que « les marchands estrangiers, ensemble leurs navires et marchandises », « de quelque pays ou nacion qu'ilz soient », peuvent en toute quiétude « venir marchandement en la ville et cité de Bourdeaulx ». En revanche, il est interdit aux « navires des pays de Flandres, Hollande et Zelande, Bretaigne et autres lieux et pays a nous rebelle » de remonter la Gironde plus loin que Lamarque (Médoc), avant d'obtenir un congé pour rallier Bordeaux[9]. Enfin, en juin 1472, pour aider Bordeaux à se repeupler, Louis XI accorde à « tous estrangiers et natifz hors du royaulme » le droit de « tester et dispouser de tous les biens meubles et immeubles qu'ilz ont ou auront en icellui nostre royaulme, tout ainsi que s'ilz en estoient natifz, sans ce qu'ilz soient tenuz a ceste cause de paier a nous ou a noz successeurs aucune finance[10] ».

En dépit de la persistance d'un profond marasme économique jusque dans le dernier quart du XVe siècle, le cosmopolitisme des milieux marchands bordelais ne s'est pas démenti[11]. Des étrangers au royaume (Castillans et Anglais surtout, quelques Italiens, Zélandais et Allemands) et, plus nombreux, des régnicoles étrangers à Bordeaux (Saintongeais, Aunisiens, Bretons, Normands, Picards, Périgourdins, Marmandais, Agenais, Toulousains, Albigeois, Bayonnais, Béarnais, Bigourdans) formaient le gros de la présence étrangère à Bordeaux à la fin du XVe siècle. Des litiges commerciaux et financiers s'élevaient parfois entre étrangers ou bien entre étrangers et bourgeois de Bordeaux, débouchant sur des procès qui, selon la nature de l'affaire et le statut juridique des plaignants, étaient portés devant différentes juridictions ayant leur siège dans la ville.

Les juridictions de première instance

Le prévôt royal de l'Ombrière

D'après l'ordonnance du 28 janvier 1455 sur « la justice de la ville et cité de Bordeaux », qui reprenait les dispositions en vigueur au temps des rois d'Angleterre, le prévôt de l'Ombrière exerçait au nom du roi la justice sur les étrangers[12]. Assisté d'un clerc ou greffier, en charge des écritures,

8. Gouron, Marcel, *Recueil des privilèges…, op. cit.*, p. 124, 12 juillet 1463.

9. *Ibidem*, p. 127-128.

10. *Ibid.*, p. 159-160.

11. Bochaca, Michel, *Les Marchands bordelais au temps de Louis XI. Espaces et réseaux de relations économiques*, Bordeaux, 1998, p. 115-134. *Idem*, « Le cosmopolitisme des milieux marchands bordelais à la fin du Moyen Âge », *Revue historique de Bordeaux et du département de la Gironde*, nouvelle série, n° 1, 2002, p. 27-33. *Id.*, « Le commerce de Bordeaux dans la seconde moitié du XVe siècle : du marasme à la reprise des affaires », Augeron, Mickaël et Guillemet, Dominique (dir.), *Champlain ou les portes du Nouveau Monde. Cinq siècles d'échanges entre le Centre-Ouest français et l'Amérique du Nord*, La Crèche, 2004, p. 42-46.

12. *Livre des Coutumes*, Bordeaux, 1890, second appendice, n° XXIII, art. 76 à 123, p. 660-667 et art. 172 à 187, p. 676-678.

d'un portier, responsable de la prison, et de sergents, il tenait ses assises dans l'ancien palais ducal de l'Ombrière ou bien sur la place située devant celui-ci. Par recoupement avec l'étendue des juridictions qui entouraient Bordeaux, on peut penser que le ressort territorial de la prévôté se confondait avec la ville et englobait la partie *extra muros* des paroisses urbaines (Saint-Rémi, Saint-Maixent, Notre-Dame-de-Puy-Paulin, Sainte-Eulalie et Sainte-Croix) ainsi que la paroisse suburbaine de Saint-Seurin[13]. Or, c'est dans la ville et ses abords immédiats que se concentraient les étrangers venus pour affaires. Ils y disposaient du port et de ses installations. Les navires de mer qui ne pouvaient échouer sur la berge mouillaient dans le chenal profond de la Garonne dans l'attente d'un chargement ou d'un déchargement. Les marchandises entrant dans la ville et en sortant transitaient par les espaces compris entre le mur d'enceinte et la berge du fleuve ou bien elles y étaient provisoirement entreposées. Les paroisses riveraines du port, depuis Sainte-Croix jusqu'à Saint-Rémi, en particulier les quartiers urbains de La Rousselle et de Tropeyte ainsi que dans celui *extra muros* des Chartrons, offraient aux marchands et aux gens de mer une fois descendus à terre des auberges pour se loger temporairement, mais aussi des maisons et des chais à louer pour stocker leurs marchandises quand ils séjournaient plus longuement. Les principaux marchands bordelais avec lesquels ils entraient en relations d'affaires vivaient là avec leurs familles, tenaient boutique et disposaient de chais où ils entreposaient leurs marchandises, notamment les vins qu'il était ainsi possible de « taster » sur place. Ils pouvaient aussi y rencontrer les courtiers, intermédiaires obligés des échanges entre bourgeois et étrangers, les notaires nécessaires à l'instrumentation des contrats, les contrôleurs et mesureurs chargés de réprimer les fraudes, enfin les officiers préposés à la perception des divers droits levés au profit du roi et de la ville sur la circulation et la vente des marchandises.

Le prévôt de l'Ombrière exerçait sur les étrangers une juridiction civile et criminelle[14]. En matière civile, il était habilité à apposer son sceau pour authentifier les « lectres de debtes, cartes ou autres contraictz quelxconques [...] d'eritaiges, eschanges, partaiges de heritages et lectres testimoniatoires[15] ». Les litiges liés à ces actes étaient de son ressort et, à ce titre, il avait connaissance des procès pour dettes entre marchands étrangers[16]. Afin de ne pas les retenir à Bordeaux trop longtemps contre leur gré, il devait, dans la mesure du possible, leur faire droit dans le temps de

13. Bochaca, Michel, *La Banlieue de Bordeaux. Formation d'une juridiction municipale suburbaine (vers 1250-vers 1550)*, Paris, 1997, p. 81-84.

14. *Livre des Coutumes..., op. cit.*, art. 82 et 83, p. 661. Selon l'importance de l'affaire, le prévôt pouvait laisser les prévenus en liberté provisoire, avec ou sans le versement d'une caution de 3 sous tournois.

15. *Ibidem*, art. 82, p. 661; art. 126, p. 668 et art. 135, p. 669.

16. Arch. dép. de la Gironde, 3 E 84, 8 mars 1475, mention de l'emprisonnement au château de l'Ombrière de Johan Dabadia dit de Maria, marchand de Villeneuve de Marsan, à la demande de Robert Johan dit Genson, marchand de Londres, pour défaut de paiement de 99 francs bordelais, dont Johan Dabadia avait reconnu être débiteur « par une cédule signée de sa main ».

trois marées, soit dans les deux jours qui suivaient le dépôt de la plainte [17]. Enfin, on peut rappeler pour mémoire que cet officier assura la police du port de Bordeaux jusqu'en 1473, date à laquelle Louis XI la lui retira pour l'attribuer au maire et aux jurats [18].

Le maire et les jurats de Bordeaux

Durant la période anglaise, le maire et les jurats de Bordeaux avaient développé leur juridiction dans la ville et aux abords immédiats de celle-ci en grande partie aux dépens du prévôt ducal de l'Ombrière [19]. Un accord passé le 18 juin 1314 entre celui-ci et la commune établissait un partage des compétences [20]. Il conférait à la municipalité la justice haute et basse sur les bourgeois de Bordeaux [21], alors que le prévôt connaissait des affaires entre étrangers. Les procès opposant des bourgeois à des étrangers relevaient de la cour de Saint-Éloi ou de celle du prévôt selon que le plaignant était bordelais ou bien étranger, et en fonction de la gravité du délit. Ainsi, le maire et les jurats exerçaient seuls la haute justice dans tous les cas. La basse justice leur appartenait lorsque les Bordelais étaient défendeurs, au contraire du prévôt à qui revenait les affaires où les étrangers étaient défendeurs. On peut imaginer que les procès pour fait de marchandises portés devant la justice municipale répondaient à ce partage de compétences. Dans la pratique, cette dernière fonctionnait sur le mode d'une double instance. Les affaires étaient examinées en premier lieu par le prévôt de Saint-Éloi, puis, le cas échéant, jugées en appel par le maire et les jurats. Habilité à intervenir à Bordeaux et dans l'étendue de la prévôté de Saint-Éloi, dont le ressort se confondait probablement avec celui de la prévôté de l'Ombrière, le prévôt de la ville avait vu ses compétences judiciaires définies à plusieurs reprises. Parmi les quatre articles des Coutumes de

---

17. *Livre des Coutumes*..., *op. cit.*, art. 77, p. 660, « et lequel prevost doibt ouyr les personnes qui playdoieront par devant luy sommayrement et de plain et sans longue figure de proces, et doit faire droit entre les estrangiers dedens troys marees si bonnement faire se peult, si non que la cause soit de grant pois et valleur et de si grant faict qu'elle ne se puisse tenir determiner desdens lesdites troys marees ».

18. *Livre des Privilèges*, Bordeaux, 1878, appendice, n° V, p. 256-260. Le prévôt de l'Ombrière donnait l'autorisation de débarquer le lest, d'accoster sur la berge et de décharger « à la planche ». Il veillait à ce que les autres navires en attente se tiennent mouillés à plus de 45 brasses du bord pour ne pas gêner les manœuvres (*Livre des Coutumes*..., *op. cit.*, second appendice, n° XXIII, art. 89 à 92, p. 662-663). Voir aussi BOCHACA, Michel, « El control del puerto de Burdeos y de su tráfico mercantil del siglo XIII al XV : jurisdicciones y estructuración del espacio », ARIZAGA BOLUMBURU, Beatriz et SOLORZANO TELECHEA, Jesús Ángel (dir.), *Ciudades y villas portuarias del Atlántico en la Edad Media*, Logroño, 2005, p. 91-113.

19. BOCHACA, Michel, *La Banlieue de Bordeaux*..., *op. cit.*, p. 81-84. ROUXEL, Marcel, *La Compétence de la cour des jurats de Bordeaux*, Bordeaux, 1949, p. 41-47.

20. *Livre des Coutumes*..., *op. cit.*, n° CXVI, p. 359-364. *Livre des Bouillons*, Bordeaux, 1867, n° XLIX, p. 448-452.

21. En conflit à propos d'un sauf-conduit acheté au roi d'Angleterre, Johan Amaniu et Alphonse Ferrandes, bourgeois et marchands de Bordeaux, portent d'abord leur différend devant la cour du maire, avant qu'Alphonse Ferrandes ne fasse appel de la sentence municipale devant le sénéchal de Guyenne (Arch. dép. de la Gironde, 3 E 84, 8 août 1475).

Figure 1 – *Les juridictions bordelaises compétentes en matière de commerce (1453-1547)*

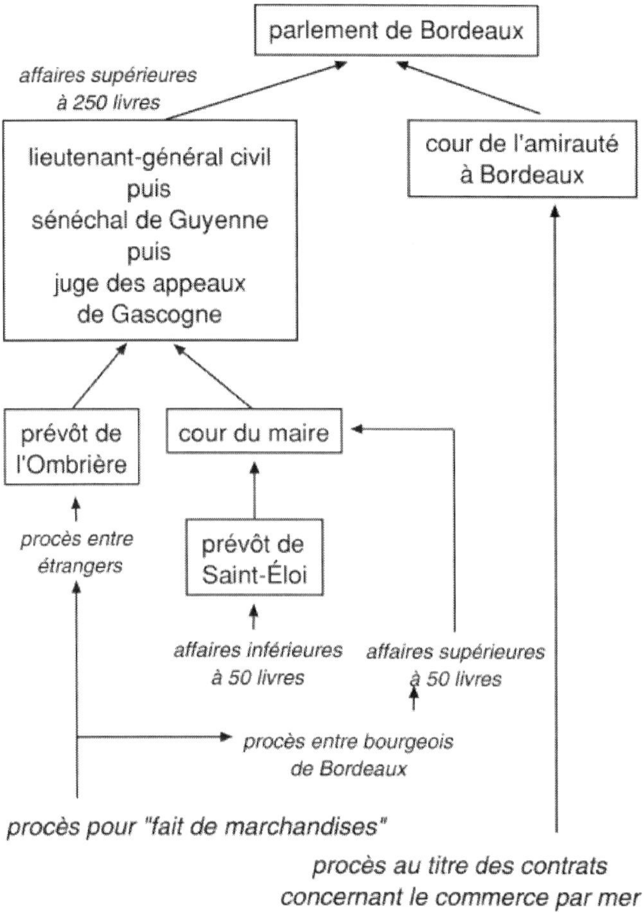

Bordeaux traitant de ses attributions, deux concernaient les procès pour dettes[22]. Comme le prévôt royal de l'Ombrière, c'est à ce titre qu'il pouvait être saisi de contentieux commerciaux. Les pouvoirs du prévôt municipal furent à nouveau précisés le 2 août 1376, mais cette ordonnance municipale

22. *Livre des Coutumes...*, *op. cit.*, n° III, art. 138, p. 109-110, le débiteur qui avoue sa dette après l'avoir niée en justice encourt 6 sous d'amende à la cour du seigneur et 4 sous à celle du prévôt; art. 150, p. 117-118, lorsqu'un débiteur fait défaut après avoir été assigné par deux fois devant le prévôt, le créancier peut demander que l'on ferme sa porte et exiger qu'on lui remette des biens de son débiteur quand celui-ci a par deux fois reconnu sa dette en justice.

ne nous éclaire guère sur ses compétences en matière de commerce, sauf qu'il ne connaissait désormais que des dettes de 50 livres au plus[23]. À partir de cette date, les contentieux les plus importants étaient du seul ressort de la cour du maire et des jurats.

Une juridiction partagée sur les étrangers

Les textes législatifs et réglementaires permettent de déduire que le prévôt de l'Ombrière et la cour de Saint-Éloi étaient saisis des litiges commerciaux en vertu de leurs compétences *ratione materiae* (procès pour dette) et *ratione personnae* (juridiction partagée sur les étrangers et les Bordelais). La disparition des archives de ces deux cours interdit toute connaissance précise de leur fonctionnement interne. À la lumière d'informations ponctuelles glanées dans d'autres sources, il semblerait que le partage de la juridiction sur les étrangers, tel que le prévoyait l'accord de 1314, ait été plus ou moins respecté. Nous avons connaissance de plusieurs marchands étrangers en prison pour dettes au château de l'Ombrière dans la seconde moitié du XVe siècle. Certains ont faussé subrepticement compagnie à leur geôlier pour aller quérir l'asile dans la sauveté de Sainte-Croix[24]. Dans la plupart des cas, ils ont recouvré leur liberté après accord avec leurs créanciers bordelais, soit qu'ils aient acquitté eux-mêmes leur dette soit que des garants les aient relevés de leur obligation[25], quitte à ce que ces derniers se retournent ensuite contre eux[26].

23. *Livre des Bouillons*..., *op. cit.*, n° CLIV, p. 512-514. Afin de prévenir certains abus, il fut aussi décidé que les parties n'auraient pas d'avocats et ne signifieraient pas d'écritures dans les procès de la compétence du prévôt de Saint-Éloi.

24. Arch. dép. de la Gironde, H 1184, f° 7 v°, 27 janvier 1457, octroi de la sauveté par le prieur claustral de Sainte-Croix à Maurric de Prossida, marchand de Montpellier, « *que aue romput l'arrest deu castet de l'Ombreyra* ». Arch. dép. de la Gironde, H 738, f° 155, 3 juin 1463, transaction entre le portier du château de l'Ombrière et Yvonet de Granadez, natif de Brest, lequel, détenu à l'Ombrière pour non-paiement de dépens et autres dettes, en est sorti sans s'acquitter et sans prendre l'autorisation du portier et s'est retiré dans la sauveté de Sainte-Croix.

25. Arch. dép. de la Gironde, H 1188, 5 octobre 1464, accord avec un marchand anglais « *detingut en arrest dinz lo castet de l'Ombreyra* » pour dette envers un religieux de l'abbaye Sainte-Croix de Bordeaux. Arch. dép. de la Gironde, 3E 84, 13 avril 1475, Galhard Gros, de Garos en Béarn, emprisonné pour dette au château de l'Ombrière à la demande de Bernard de La Corneyra, marchand et bourgeois de Bordeaux, transige avec son créancier. Un autre marchand de Bordeaux, Arnaud de La Font, de Saint-Michel, s'est porté garant pour lui et a promis de payer à Bernard de La Corneyra, dans un délai d'un mois, les 37 francs bordelais qu'il devait. Galhard Gros reconnaît devoir 37 f. à Arnaud de La Font.

26. Arch. dép. de la Gironde, 3 E 84, 8 mars 1475, dénouement d'une affaire embrouillée, commencée près de 10 ans plus tôt. Johan Dabadia, marchand de Villeneuve de Marsan, avait été emprisonné au château de l'Ombrière pour défaut de paiement d'une dette de 99 francs bordelais contractée envers Robert Johan dit Genson, marchand de Londres. Il avait été libéré grâce à l'intervention de Guilhem deu Cos, marchand de Bordeaux, qui s'était porté garant pour lui. Guilhem deu Cos eut à son tour du mal à recouvrer les 99 francs que lui devait Johan Dabadia. Il porta plainte devant l'official de Bordeaux et devant le sénéchal de Guyenne. Enfin, le 8 mars 1475, Guilhem deu Cos reconnut avoir été payé.

Les juridictions supérieures

La cour du sénéchal de Guyenne

Juridictions de première instance, la prévôté royale de l'Ombrière et la justice communale (prévôt municipal et cour du maire et des jurats) représentaient de par leurs origines un héritage anglo-gascon que la monarchie française laissa en place durant la période à laquelle nous nous plaçons. Les appels interjetés depuis ces cours allaient devant le juge des appeaux de la cour de Gascogne, instance provisoirement maintenue par les commissaires de Charles VII le 28 janvier 1455[27]. Puis ils furent portés devant le sénéchal de Guyenne. Successeur du sénéchal de Gascogne, cet officier fut assez vite cantonné dans un rôle honorifique. Ses attributions judiciaires échurent à un lieutenant-général civil, aux côtés duquel apparut un lieutenant-général criminel durant le règne de François Ier[28]. Tous deux disposaient de larges compétences. Le lieutenant-général chargé des affaires civiles statuait en dernier ressort sur les affaires jusqu'à 250 livres et à charge d'appel sur celles jusqu'à 500 livres. Faute d'avoir conservé les archives judiciaires de la cour du sénéchal de Guyenne, il est impossible de déterminer avec précision quel fut son rôle en matière de litiges commerciaux concernant les étrangers aussi bien que les Bordelais. Les échos de quelques litiges nous sont cependant parvenus au hasard d'autres sources[29]. La pratique régulière des appels explique que certaines affaires arrivaient devant le parlement de Bordeaux.

Le parlement de Bordeaux[30]

Institué en 1462, au terme d'une évolution commencée avant le règne de Louis XI, transféré à Poitiers pendant les trois années où le duché fut érigé en apanage au profit de Charles de France (1469-1472) et réinstallé à Bordeaux lorsque la Guyenne fit retour au domaine royal, le parlement de Bordeaux était l'organe supérieur de la justice royale. Cette cour souveraine recevait les appels interjetés des juridictions inférieures dans un vaste ressort qui englobait depuis 1474 la Saintonge, le Limousin, le Périgord,

---

27. *Livre des Coutumes...*, *op. cit.*, second appendice, n° XXIII, art. 1 à 26, p. 643-651 et art. 36 à 75, p. 654-660.

28. En janvier 1551, un édit d'Henri II institua les présidiaux à côté des bailliages (dans le Nord) et des sénéchaussées (dans le Midi). Quinze présidiaux furent créés dans le ressort du parlement de Bordeaux, dont celui de Bordeaux. À partir de 1563, ils se confondirent avec les sénéchaussées.

29. Arch. dép. de la Gironde, 3 E 84, 15 février 1475, Sauvat de Cappet, marchand de Bayonne, alors en procès devant le sénéchal de Guyenne, donne procuration à Laurent Solam (?), Arnaud Dieuzaide et Pierre Palu pour s'occuper de « ses choses et négoces ». Par d'autres sources, nous savons qu'Arnaud Dieuzaide était un notaire attaché à la cour du sénéchal de Guyenne.

30. Nous ne traiterons pas ici des Grands Jours de Bordeaux de 1456 et 1459, au cours desquels les juges eurent à statuer sur un certain nombre de litiges commerciaux. Voir *Archives historiques du département de la Gironde*, Bordeaux, 1867, t. IX.

le Quercy, l'Agenais, le Bordelais, le Bazadais, les Lannes, le Condomois, l'Armagnac, le Labourd et la Soule[31]. Bien qu'incomplets et lacunaires, les registres d'arrêts qui nous sont parvenus pour la fin du XVe et la première moitié du XVIe siècle montrent que le Parlement fut occasionnellement saisi d'affaires commerciales, en général à la suite d'appels interjetés depuis la cour du sénéchal de Guyenne. Le 31 août 1463, un long arrêt est rendu dans lequel il est question d'un maître de barque allemand, de marchands anglais et bordelais aux prises les uns avec les autres au sujet de vins, de draps, de pastel et autres marchandises confisquées à la suite d'un faux témoignage. Il fut décidé que les enquêtes seraient faites et publiées comme les parties auraient pu le faire devant le maire et les jurats[32]. Le 10 décembre 1510, c'est un conflit impliquant des marchands espagnols, un marchand de Bordeaux, Arnaud de Pontac, et des marchands de Toulouse à propos d'une vente de pastel qui est évoqué devant le Parlement[33]. En août 1521, Jean Gourelle et Jean Ayquart, marchands flamands, saisissent cette cour au sujet de contestations portant sur des ventes[34].

L'amirauté de Guyenne

La présentation des juridictions bordelaises compétentes en matière de commerce, antérieures à la création de la juridiction consulaire en 1563, serait incomplète sans l'évocation de l'amirauté de Guyenne. Le rôle de cette institution était triple : militaire, avec la surveillance de la Garonne et de la Gironde et l'installation d'une base navale à Bordeaux, diplomatique, l'amiral étant chargé des négociations relatives à la navigation et au commerce avec les autres puissances, judiciaires enfin, les juges de l'Amirauté ayant compétence pour « tous les cas advenant sur mers et costes, prises, naufrages et marchandises ». Dix amiraux se succédèrent en Guyenne pendant le siècle qui nous intéresse : Odet d'Aydie (1469-1487), Malet de Granville (1487-1491), Jean de Chalon (1491-1493 ou 1498), Mathieu de Bourbon (1493 ou 1498-1502), Louis de La Trémoïlle (1502-1526), Odet de Foix (1526-1528), le marquis de Saluces (1528), Henri II de Navarre (1529-1532), Philippe de Chabot (1532-1543) et, de nouveau, Henri II de Navarre (1543-1555)[35]. Un lieutenant (ou vice-amiral) et un juge assisté d'un personnel subalterne étaient établis à Bordeaux auprès de l'Amiral. Ils avaient dû trouver place au palais de l'Ombrière qui abritait toute l'administration royale, notamment le prévôt de l'Ombrière et le Parlement.

31. Le ressort défini en 1462 comprenait aussi l'Aunis et l'Angoumois. En 1474, ces deux provinces furent rattachées au parlement de Paris et l'Armagnac incorporé au ressort du parlement de Bordeaux. BRIVES-CAZES, Émile, *Origines du Parlement de Bordeaux, 1370-1462*, Bordeaux, 1877. BOSCHERON DES PORTES, Charles-Bon-François, *Histoire du parlement de Bordeaux depuis sa création jusqu'à sa suppression (1451-1790)*, Bordeaux, 1877, t. I, *1462-1640*.

32. Arch. dép. de la Gironde, B 1, registre 1, f° 24 v°-28 v°.

33. Arch. dép. de la Gironde, B 1, registre 11, f° 24 v°.

34. Arch. dép. de la Gironde, B 1, registre 16, f° 104 v°-105.

35. GOURON, Marcel, *L'Amirauté de Guienne*..., *op. cit.*, p. 109-154 et 201-206.

L'amiral de Guyenne délivrait aux navires étrangers les sauf-conduits les autorisant à remonter la Garonne et à venir mouiller devant Bordeaux[36]. Juridiction au ressort mal défini, l'Amirauté se heurta aux seigneurs riverains du littoral et surtout aux jurats de Bordeaux qui entendaient défendre le contrôle qu'ils exerçaient sur la Garonne. Ces derniers revendiquaient l'exclusivité de la police sur le port, ainsi que les droits d'ancrage et de lest. L'édit du 12 juillet 1490 portait bien que « la juridiction des choses, besongnes et faictz qui se font en la mer et ez portz et havres ou se contractent les affaires qui touchent le faict du navigaige et des obligations et promesses qui en dépendent avec toute haute justice, moyenne, mixte et impere compecte à notre amiral de France[37] »; celui de François Ier, du 27 février 1534, avait beau ordonner que l'amiral de Guyenne devait connaître des causes civiles et criminelles qui procèdent du fait de la navigation « de la mer, ports, havres et côtes, ports et havres enclos tant en villes, bourgades que dehors, que la mer couvre et découvre » ; rien n'y fit et la police sur le port resta aux magistrats municipaux telle que Louis XI la leur avait concédée en mai 1473[38]. En revanche, toutes les actions judiciaires procédant des chartes-parties, des affrètements, des assurances et des obligations à la grosse aventure relevaient du domaine exclusif des juges de l'Amirauté, qui étaient donc amenés à exercer une juridiction commerciale au titre des contrats concernant le commerce par mer. Mais le fonds de l'amirauté de Guyenne, abondamment pourvu pour les XVIIe et XVIIIe siècles, n'a conservé aucun document antérieur au milieu du XVIe siècle[39].

La juridiction d'appel était confuse à la fin du XVe et au début du XVIe siècle[40]. Odet d'Aydie, amiral de Guyenne de 1469 à 1487, tenta de contourner le parlement de Bordeaux. En 1481, il confia au juge d'amirauté de La Rochelle l'examen d'une sentence du juge de Bordeaux, s'attirant les foudres du Parlement auquel le roi donna raison. Dès lors l'affaire semble entendue même si des litiges émaillent les relations de l'Amirauté et du Parlement dans la première moitié du XVIe siècle. Le 22 décembre 1523, Ferrando d'Estouville et François de Heredic se tournent en toute logique vers le parlement pour faire appel de la sentence du juge de l'amirauté de Guyenne dans un procès qui les oppose au procureur de l'Amirauté, à Laurent Gassie, maître d'un navire, et à diverses autres personnes[41]. Le 15 avril 1524, un long arrêt est rendu suite à la confiscation de navires et de marchandises qui avaient entraîné un conflit entre l'Amirauté et le

36. Arch. dép. de la Gironde, 3E 6091, 14 mars 1472, reconnaissance de dette de 250 réaux d'or, de la part de trois marchands de Bristol envers Noël du Val, receveur de l'amiral de Guyenne, à cause d'un sauf-conduit délivré à Blaye le 25 mars 1471, payable quinze jours après l'arrivée de leur navire.

37. PARDESSUS, Jean-Marie, *Ordonnances des rois de France de la troisième race*, Paris, 1849, t. 21, p. 370.

38. *Livre des Privilèges…*, *op. cit.*, appendice n° V, p. 256-260.

39. OUDOT DE DAINVILLE, Maurice, *Répertoire numérique des fonds de l'amirauté de Guienne (6 B) et de la Juridiction consulaire (7 B)*, Bordeaux, 1913, p. 31.

40. GOURON, Marcel, *L'Amirauté de Guienne…*, *op. cit.*, p. 290-293.

41. Arch. dép. de la Gironde, B 1, registre 19, f° 32.

Parlement[42]. Le 14 mai suivant, un procès opposant Pierre de Foix, chevalier, seigneur du Pont, au maître et au contremaître de la *Marie* de Saint-Sébastien est soustrait à l'Amirauté pour être jugé directement par le Parlement[43]. C'est donc par le biais des registres d'arrêts de cette dernière cour que l'on entrevoit certaines affaires évoquées en première instance devant le juge de l'Amirauté et dans lesquelles les étrangers étaient relativement nombreux parmi les plaignants. Cette présence étrangère témoigne au passage d'une reprise progressive des affaires dans le dernier quart du XVe siècle et la première moitié du XVIe siècle.

•

La pauvreté de la documentation, en dehors de quelques textes législatifs et réglementaires, est telle qu'il est parfois difficile de s'en tenir aux aspects strictement commerciaux et de ne pas verser dans un exposé plus général sur l'organisation judiciaire à Bordeaux. La complexité de la situation est aussi liée à l'absence de spécialisation des juridictions étudiées. Il faut attendre l'institution de la juridiction consulaire en 1563 pour voir apparaître une cour spécialisée dans les procès pour fait de marchandises. En distinguant plus nettement affaires civiles et commerciales, cette création amoindrissait la justice municipale qui perdait dès lors toute compétence en matière de commerce sur les bourgeois de Bordeaux. Elle entamait aussi les prérogatives du prévôt de l'Ombrière concernant les marchands « natifs originaires de notre royaume, pays et terres en notre obéissance » (art. 18 de l'édit de 1563). Il ne resta plus à ce dernier que la connaissance des litiges impliquant des étrangers au royaume et encore pour quelques années seulement jusqu'à la suppression de l'office prévôtal le 20 mars 1578[44]. Tout en introduisant une simplification notable, l'institution de la juridiction consulaire n'entraîna pas une unification totale du contentieux commercial. Les litiges pour actes de commerce de mer continuèrent à faire partie du contentieux maritime et, à ce titre, à relever de l'Amirauté. Si les différentes juridictions en place à Bordeaux à la fin du XVe siècle fournissaient un cadre légal pour le règlement des litiges commerciaux entre étrangers ou bien entre ces derniers et des bourgeois de Bordeaux, la pratique ancienne des arbitrages n'avait pas totalement disparu. Elle permettait de régler « à l'amiable » des contentieux qui, par le jeu des appels, traînaient en longueur devant les différentes juridictions et finissaient par coûter cher en raison des frais de justice. C'est la solution que choisirent le 3 décembre 1472 Guillaume Aigenter dit Golsmich, marchand de Bristol, et Johan de Portenne, marchand de Bordeaux, pour tenter d'en finir avec un litige dont nous ignorons la nature[45]. Par un acte notarié en bonne et due forme, ils convinrent de s'en remettre à quatre arbitres. Le premier choisit Johan Dalam et Johan Gotnem (?), probablement d'origine anglaise vu leurs patronymes, tandis que le second fit appel à deux marchand de Bordeaux,

42. Arch. dép. de la Gironde, B 1, registre 19, f° 136 v°-138.
43. Arch. dép. de la Gironde, B 1, registre 19, f° 183.
44. *Livre des Privilèges*..., *op. cit.*, n° XLVI, p. 346.
45. Arch. dép. de la Gironde, 3 E 6091.

Arnaud de Lescalat et Pey de Reynaut. Les arbitres avaient jusqu'au lundi suivant[46] pour donner leur avis. Il était prévu à l'avance que la partie qui ne respectait pas la sentence arbitrale devait payer au roi une amende de 100 livres.

RÉSUMÉ

Après une présentation des marchands et des gens de mer étrangers venus à Bordeaux pour affaires à la fin du Moyen Âge, l'article analyse le rôle des différentes juridictions appelées à régler les litiges commerciaux et financiers qui s'élevaient entre étrangers ou qui les opposaient à des bourgeois de Bordeaux. Tour à tour seront analysées la juridiction du prévôt royal de l'Ombrière et de la cour du maire et des jurats en première instance, celle du sénéchal de Guyenne puis du parlement de Bordeaux en appel, avant de terminer par les attributions de l'amiral de Guyenne touchant les aspects maritimes du commerce.

ABSTRACT

After a presentation of foreign merchants and seafarers foreigners come to Bordeaux for business in the late Middle Ages, the article analyzes the role of the various courts called upon to settle commercial and financial disputes between foreigners or between foreigners and the citizens of Bordeaux. In turn we shall analyze the jurisdiction of the courts of .the royal Provost of Ombrière, and that of the Mayor and the Aldermen in the first instance, then the courts of the Seneschal of Gascony and the Parliament of Bordeaux on appeal, before ending with the powers of the Admiral of Guyenne touching the aspects of maritime commerce.

46. Le 8 décembre, soit un délai d'une semaine, l'acte ayant été passé devant notaire le mardi 3 décembre.

Les étrangers à Bordeaux à l'époque moderne

Jean-Pierre Poussou
Professeur émérite d'histoire moderne
université de Paris-Sorbonne – Centre Roland-Mousnier – UMR 8596

Très grand port atlantique, et l'une des grandes capitales provinciales du royaume de France depuis le milieu du Moyen Âge, Bordeaux a toujours connu une forte présence étrangère, essentiellement, à l'époque médiévale, celle des Anglais – car Bordeaux et la Gascogne appartiennent au roi-duc jusqu'en 1453 –, que rejoignent, mais en petit nombre seulement, quelques Espagnols, du Pays Basque notamment, et Portugais[1]. La présence d'étrangers y est donc permanente depuis des siècles et même si, à l'occasion, les marchands et négociants locaux se plaignent de leur concurrence[2], en réalité les Bordelais savent pertinemment que leur présence est bénéfique sur le plan commercial et qu'ils ont besoin de leur activité pour leur propre commerce. Du point de vue local, la venue d'étrangers est donc parfaitement habituelle, et l'hostilité, si elle existe, ne peut jamais être permanente. Encore faut-il qu'ils ne contreviennent pas aux lois nationales, ou aux impératifs de la politique royale, ou qu'ils ne donnent pas l'impression de porter atteinte aux intérêts locaux ou régionaux. Ces éléments contra-

1. Renouard, Yves (dir.), « Bordeaux sous les rois d'Angleterre », dans Higounet, Charles (dir.), *Histoire de Bordeaux*, t. III, Bordeaux, Fédération Historique du Sud-Ouest, 1965, spécialement p. 63-64, 264-284, 449-450, 547-560. Voir aussi Bochaca, Michel, « Le cosmopolitisme des milieux marchands bordelais à la fin du Moyen Âge », *Revue historique de Bordeaux*, 2002, t. 1, p. 27-33. Cet article fait partie d'un très important numéro spécial, intitulé *Le cosmopolitisme bordelais*, dans lequel on trouve notamment un texte de Lavaud, Sandrine, « Une communauté enracinée : les Anglais à Bordeaux à la fin du Moyen Âge », p. 35-48.

2. Voir Éon, Jean, *Le Commerce honorable*, Nantes, 1646. Éon publie p. 109-119 un texte très important intitulé : « Ce que le sieur Canisilles a couché par escrit et exposé à Nosseigneurs du Parlement de Bourdeaux au nom de Messieurs les habitants de la même ville, pour avoir quelque sorte de maintien contre les usurpations des étrangers. » Ce texte, largement oublié, a été « réinventé » par Henri Enjalbert dans son article « Le commerce de Bordeaux et la vie économique dans le Bassin Aquitain au XVIIe siècle », *Annales du Midi*, 1950, p. 21-35.

dictoires sont une première cause de complexité. Une autre vient du fait que les situations relatives des divers étrangers que l'on peut rencontrer sur place sont éminemment variables. Et il faut aussi tenir compte des relations de guerre ou de paix avec tel ou tel pays. Il reste que, sur l'ensemble de la période, et d'une manière générale, les étrangers ont trouvé à Bordeaux, pendant des siècles, un accueil très favorable, qui leur a permis non seulement d'y exercer leurs activités, mais encore de donner beaucoup d'ampleur à celles-ci et, dans de nombreux cas, s'agissant au moins des négociants et des marchands, d'y édifier ou d'y accroître de solides fortunes, à l'égal des Français de souche.

Du simple passage à l'installation de colonies

Des étrangers de simple passage

Encore faut-il, à ce sujet, distinguer entre les catégories d'étrangers. Les plus nombreux ont sans aucun doute été des marins et matelots faisant partie d'équipages de navires de pays étrangers dont les allogènes pouvaient constituer ou non la totalité. Il y avait également, sur des navires français, des étrangers, en nombre minoritaire certes, mais cela signifie aussi qu'on en trouvait en permanence dans la ville[3]. Il venait à coup sûr chaque année un ou deux milliers de marins étrangers à bord de ces navires d'autres pays, leur nombre et leurs pays d'origine variant en fonction du trafic des navires et du plus ou moins grand afflux de vaisseaux étrangers fréquentant le port. Si les périodes de conflit font fortement reculer ceux qui appartiennent à des pays en guerre avec le royaume de France, il n'est pas sûr – tout au moins lorsque le trafic n'est pas bloqué – qu'elles entraînent un fort recul global, les « Neutres » venant compenser l'absence des « nations[4] » habituelles. Ces étrangers contribuent, n'en doutons pas, à fortement colorer la vie bordelaise, sans pour autant constituer un problème : leur très faible place parmi les enquêtes et procédures le montre[5]. Mais, même si certains reviennent fréquemment dans « le port de la lune », ce sont surtout les officiers et la maistrance qui sont des « habitués[6] », le *turn over* étant, on le sait, très grand parmi

3. L'étude des rôles d'équipage ne laisse aucun doute à ce sujet. On y constate, d'une part, un faible pourcentage de marins bordelais ou même « girondins », et la présence permanente d'étrangers, même s'ils sont nettement minoritaires et en nombres très variables, et, d'autre part, une grande instabilité de ces équipages. Voir Huetz de Lemps, Christian, *Géographie du commerce de Bordeaux à la fin du règne de Louis XIV*, Paris/La Haye, Mouton, 1975, p. 579-592; et surtout Butel, Paul, *La croissance commerciale bordelaise dans la seconde moitié du XVIIIe siècle*, Lille, Université de Lille III, p. 737-751.

4. Le mot de « nations » est d'un usage fréquent autrefois; il désigne tout groupement autre que celui de la population locale : on parle, par exemple, pour les étudiants parisiens, de la « nation picarde » qui regroupe, dans un collège, les natifs de cette province.

5. Ainsi, parmi les sentences prononcées par les jurats entre 1729 et 1740, les étrangers ne sont concernés qu'à deux reprises : voir Arch. dép. de la Gironde, 12 B 12.

6. Le mot désigne ceux qui fréquentent de manière continue et répétée un endroit donné.

les équipages dans toute l'Europe, et pas seulement pour des raisons de forte mortalité[7]. Leur séjour n'excède guère deux mois ; il peut même être notablement plus court lorsqu'il est aisé de former une cargaison à un prix intéressant. S'ils participent aux activités de la ville, et même à sa prospérité, ils ne sont cependant que des gens de passage, vivant pour l'essentiel au milieu de la Garonne, à bord des navires.

Fréquentent également Bordeaux d'autres gens qui ne sont que de passage ou venus simplement pour un court séjour. Ils peuvent être des marchands qu'attire la possibilité de faire des affaires. Il y a aussi des voyageurs, mais seul un petit nombre d'entre eux ont laissé des traces. Parmi eux, notons quelques princes étrangers et leur suite[8]. Leur passage donne lieu à des cérémonies, voire à des fêtes, mais, pas plus que les marins et matelots, ils ne marquent, si ce n'est très momentanément, la vie de la cité. Les témoignages que nous avons sur Bordeaux sont bien entendu divers, mais il est difficile d'en tirer de nombreuses conclusions : trop de voyageurs n'ont laissé aucune trace. Il reste que la ville est mentionnée dès le XVIIe siècle dans un guide de voyage, celui du Hollandais, Jodocus Sincérus[9]. Au cours de ce même siècle, séjournent à Bordeaux le Dantzicois Abraham Golnitz, le Hollandais Gisbert de With[10], et surtout le Flamand Van der Hem qui nous a laissé, autour de 1640, un ensemble remarquable de gravures nous gardant les aspects de différentes parties de la ville[11]. Par la suite, les voyageurs illustres n'ont pas manqué, parmi lesquels, en 1777, Joseph II[12], mais aussi Thomas Jefferson qui n'a décrit

7. Les ouvrages français de référence sont ceux d'Alain CABANTOUS qui a mis en valeur à la fois l'instabilité des équipages et le recours à des marins étrangers ; voir CABANTOUS, Alain et MESSIAEN, Jean, *Gens de mer à Dunkerque aux XVIIe et XVIIIe siècles*, Dunkerque, Kim-Dunkerque, 1997, p. 25-26 ; CABANTOUS, Alain, *La Mer et les hommes : Pêcheurs et matelots dunkerquois de Louis XIV à la Révolution*, Dunkerque, Westhoek, 1980, p. 51-92 ; *idem*, *10 000 marins face à l'océan. Les populations maritimes de Dunkerque au Havre aux XVIIe et XVIIIe siècles*, Paris, Publisud, 1991. Pour un exemple étranger essentiel, LUCASSEN, Jon, *Dutch Long Distance Migration. A Concise History 1600-1900*, Amsterdam, 1991 ; *idem*, *Migrant Labour in Europe 1600-1900. The Drift to the North Sea*, Londres, 1987.

8. Par exemple, Joseph II, qui voyageait, il est vrai, sous le nom de comte de Falkenstein, accompagné d'une suite peu nombreuse, en 1777, ou, en 1789, la soeur du roi de Pologne, Stanislas II Poniatowski : voir LEROUX, Alfred, *La Colonie germanique de Bordeaux*, t. 1, De 1462 à 1870, Bordeaux, Féret, 1918, p. 137-139. On peut encore citer, en 1791, le passage de Frédéric-Auguste, fils du roi d'Angleterre : voir THOMAS, Fernand, « Un prince royal d'Angleterre à Bordeaux », *Revue historique de Bordeaux*, 1912, p. 63. Ou, en 1701, le passage de Philippe V en partance pour son royaume d'Espagne : voir CELESTE, Raymond, « Le roi d'Espagne à Blaye, Bordeaux et Bazas (1700-1701) », *Revue historique de Bordeaux*, 1908, p. 49-61, 134-149.

9. DESGRAVES, Louis, *Voyageurs à Bordeaux du dix-septième siècle à 1914*, Bordeaux, Mollat, 1991, p. 11-12.

10. *Ibidem*, p. 21-22.

11. Dessinateur hollandais, né à Amsterdam en 1619, Hermann van der Hem séjourna à Bordeaux au moins à partir de 1638, et jusqu'à sa mort en 1649. On lui doit un ensemble aussi précieux que remarquable de vues de Bordeaux. Voir AVISSEAU, Jean-Paul et POUSSOU, Jean-Pierre, *Illustration du Vieux Bordeaux*, Avignon, Aubanel, 1990, p. 9 *sqq*.

12. DESGRAVES, Louis, *Voyageurs à Bordeaux...*, *op. cit.*, p. 52.

que les vignes du Bordelais [13]. Holderlin séjourne à Bordeaux du 1er janvier au 14 juin 1802, comme précepteur chez Meyer, consul de Hambourg dans cette ville, mais il n'écrit pas une ligne sur son séjour [14]. Tel n'est pas le cas de Johanna et d'Arthur Schopenhauer dont les souvenirs de leur séjour en 1804 sont assez merveilleux [15]. Des témoignages conservés, il est clair que Bordeaux faisait une forte impression, et qu'Arthur Young lui-même souligna que si Londres était très supérieure à Paris, Liverpool ne pouvait égaler Bordeaux, ni aucune autre ville provinciale dans les îles Britanniques [16].

Parmi ceux qui sont simplement de passage, notons encore des militaires: quatre compagnies suisses sont présentes à Bordeaux au XVIe siècle [17], et on a la trace d'autres soldats étrangers faisant partie de la garnison du Château-Trompette, des soldats allemands ou suisses faisant partie de la garnison jusqu'au règne de Louis XVI [18]. On en rencontre également parmi les vagabonds et gens sans aveu, mais il ne s'agit que de petits nombres et on ne leur voit jouer aucun rôle [19]. Plus intéressants sont des migrants spécialisés dans des professions déterminées : ainsi, des Italiens, qui viennent fabriquer des parapluies et ombrelles [20]. Les Espagnols sont rares, tout comme les Portugais ou les Flamands – les métiers du commerce mis à part –, mais l'on rencontre des Suisses, aussi bien dans le service des églises que comme pâtissiers. Cette dernière occurrence doit nous retenir : les pâtissiers suisses sont en effet originaires des Grisons. Arrivés dès le début du XVIIIe siècle, ils ont continué à être représentés – souvent pour le haut de gamme – dans la pâtisserie bordelaise jusqu'à la fin du XXe siècle,

---

13. Gamard, Jean, *Journal de voyage en Europe de Thomas Jefferson... en 1787-1788*, Bordeaux, Féret, 2001.

14. Lefebvre, Jean-Paul, *Hölderlin, journal de Bordeaux (1er janvier-14 juin 1802)*, Bordeaux, William Blake and Co, 1990. Sans que ce soit un ouvrage d'historien, s'agissant d'Hölderlin, on aura profit à lire Peter Härtling, *Hölderlin*, Paris, Seuil, 1976.

15. Ruiz, Alain (éd.), *Johanna et Arthur Schopenhauer: Souvenirs d'un voyage à Bordeaux en 1804*, Lormont, Éditions de la Presqu'île, 1992. Notons encore deux très intéressants journaux d'étrangères ayant séjourné à Bordeaux : Delphin-Balleyguier, O. (éd.), *La vie française à la veille de la Révolution (1783-1786). Journal inédit de Mme Craddock*, Paris, Perrin, 1991 ; Méaudre de Lapouyade, « Impressions d'une Allemande à Bordeaux en 1785 », *Revue Historique de Bordeaux*, 1911, p. 168-190 et p. 253-270 (Il s'agit de Sophie de La Roche, cousine de Wieland). Toutes trois témoignent de l'éclat qu'ont acquis de grands négociants étrangers, comme Jean-Jacques de Bethmann, ou juifs, comme Raba. À l'évidence, aucune discrimination ne les frappe!

16. Voir Arthur Young, *Voyages en France 1787, 1788, 1789*, Sée, Henri (éd.), 3 vol., 2e éd., Paris, A. Colin, 1976, t. 1, p. 154-155.

17. Alfred Leroux indique qu'il « y avait à Bordeaux, dès le XVIe siècle, quatre enseignes ou compagnies suisses, qui étaient, en 1586-1587, sous les ordres du colonel Hans von Affry ». Voir Leroux, Alfred, *La colonie germanique de Bordeaux..., op. cit.*, p. 15.

18. *Ibidem*, p. 38-44.

19. Tel est l'enseignement que l'on peut tirer des documents qui ont conservé la trace ténue de leur passage : registres de décès hospitaliers, registres du dépôt de mendicité, et, ici ou là, quelque enquête de police ou procédure.

20. On trouve quelques actes de mariage et quelques cas de décès hospitaliers qui nous l'indiquent.

mais ce n'est pas une originalité bordelaise car on en trouve dans d'autres capitales régionales françaises[21].

Les Savoyards méritent tout spécialement de nous retenir, car ces migrants temporaires, issus essentiellement de Sainte-Foy-Tarentaise[22], forment un groupe compact, avec certes quelques ramoneurs mais surtout des décrotteurs et frotteurs. Leur nombre est élevé : plus d'une trentaine chaque année; leur discipline interne est très forte[23], et leur présence permanente, malgré les retours au pays où la plupart ont une femme et des enfants, encore qu'une minorité se fixe à Bordeaux : 29 s'y marient entre 1737 et 1791. En fait, ils sont le seul groupe d'étrangers cohérent en dehors des milieux du commerce, cette cohésion étant accentuée par l'esprit de groupe propre aux migrants saisonniers ou temporaires, et par leurs âges très proches : les deux tiers ont entre 15 et 29 ans[24].

L'installation à Bordeaux de négociants et marchands

C'est sur les milieux du commerce qu'il nous faut nous attarder maintenant. Deux raisons le justifient. D'une part, ils sont de manière permanente le seul groupement important d'étrangers, en dehors des moments où viennent les flottes[25], même si, à cet égard, il y a une différence numérique très forte entre le XVIIIe siècle et les XVIe-XVIIe siècles. D'autre part, ils jouent un rôle majeur dans l'activité de la cité au point de devenir partie intégrante de ses élites. Il s'agit en effet de négociants et de marchands, quelques-uns étant plus précisément des armateurs, et quelques autres des banquiers. La majorité d'entre eux ne sont pas seulement des éléments allogènes, ce sont aussi des hérétiques, ce qui accroît encore leur singularité. Les plus jeunes viennent seuls, avant le mariage, soit pour créer et fonder leur maison de commerce, soit pour faire leurs preuves, sans parler des appren-

21. Voir Poussou, Jean-Pierre, *Bordeaux et le Sud-Ouest au XVIIIe siècle : croissance économique et attraction urbaine*, Paris, EHESS et J. Touzot, 1983, p. 203; Bareyt, Anne-Marie, Renateau, Françoise et Casse, Jean-Paul, « Les pâtissiers suisses » (de Bordeaux), Le Léopard, 2008, 2, p. 3-20. Pour un autre exemple, Bourilly, Vincent-Louis, « Les protestants à Marseille au XVIIIe siècle », *Bulletin de la Société d'Histoire du protestantisme français*, t. 59, 1910, p. 518-553.

22. Poussou, Jean-Pierre, *Bordeaux et le Sud-Ouest*..., *op. cit.*, p. 137-138.

23. L'un d'entre eux ayant commis un vol, le 16 novembre 1771, 41 immigrés, presque tous originaires de Sainte-Foy, adressèrent aux maire et jurats de Bordeaux une supplique condamnant le coupable, destinée à sauvegarder leur réputation d'honnêteté. Voir Vie, D., *La criminalité à Bordeaux de 1768 à 1777 d'après les plaintes et informations de la cour des jurats*, thèse multigraphiée, École Nationale des Chartes, 1971; Mme Pinzutti-Vié y publie ce texte.

24. La Consigne du Sel de 1759 indique qu'à cette date ne sont présents à Sainte-Foy que 385 hommes pour 766 femmes; 149 hommes sont portés absents, dont 58 en Bourgogne, 36 à Bordeaux et 10 dans la Brie. Voir Poussou, Jean-Pierre, *Bordeaux et le Sud-Ouest*..., *op. cit.*, p. 393-396.

25. Le rythme du commerce maritime bordelais est très irrégulier car il dépend des dates des foires (octobre et mars), de celles des vendanges, et des moments forts du trafic entre les Antilles et les bords de la Garonne.

tis. En effet, passée la trentaine, ces négociants et marchands étrangers ne sont que les chefs de famille de colonies étrangères qui comprennent aussi leurs épouses – même si une partie d'entre elles sont bordelaises –, leur descendance, leur domesticité et leurs employés. Il y a toute une vie de comptoir, que Paul Butel a remarquablement décrite[26]. Elle peut d'ailleurs avoir pour conséquence le maintien d'un particularisme. Certes, nous n'avons pas à Bordeaux ce que l'on rencontrait, par exemple, avec les Hanséates de Bergen, qui n'avaient pas le droit de se marier sur place avec des Norvégiennes. Néanmoins, Alain Ruiz a montré que Piter Poel, un jeune Hambourgeois, qui a séjourné à Bordeaux de 1776 à 1778, « n'étendit guère le cercle de ses fréquentations au-delà du petit monde obscur des employés de commerce étrangers concentrés aux Chartrons ». Il faisait ainsi partie d'un groupe de jeunes Allemands, relevant des maisons de commerce, surtout hanséates, installées sur les rives de la Garonne, qui vivaient beaucoup entre eux, ce qui ne les empêchait pas d'avoir de bonnes relations avec les Bordelais[27].

Enfin, les Israélites constituent un cas tout à fait particulier. Le groupe le plus ancien est constitué de Juifs sépharades, chassés dès la fin du Moyen Âge et le début des Temps modernes par les souverains des royaumes ibériques. Certes, leur colonie se renouvelle sans cesse et accueille, dans la seconde moitié du XVIIIe siècle, de nouveaux arrivants. Mais bon nombre de familles sont à Bordeaux, Bayonne, ou dans d'autres villes du Sud-Ouest depuis fort longtemps, et sont de véritables régnicoles, au point de pouvoir se porter candidats aux élections aux États généraux en 1788-1789[28]. Pourtant, ils sont toujours considérés par une partie de l'administration ou des habitants comme des étrangers, par suite de leurs particularités, notamment religieuses et, à plusieurs reprises, les étudiants s'en prennent à eux[29]. Or, à partir de la fin du XVIIe siècle, mais surtout après 1740, donc après le démarrage du grand essor bordelais, ils sont rejoints par d'autres Juifs qui ne sont arrivés dans le royaume que récemment, les uns venant d'Avignon et dénommés pour cela Avignonnais, les autres – ou Tudesques

26. Voir Butel, Paul, « Le comptoir », Butel, Paul et Poussou, Jean-Pierre, *La vie quotidienne à Bordeaux au XVIIIe siècle*, Paris, Hachette, 1983, p. 76-78, nouv. éd. *La vie à Bordeaux au XVIIIe siècle*, Pau, Cairn, 2007.

27. Ruiz, Alain, « Piter Poel, un jeune hanséate à Bordeaux en 1776-1778 », Lachaise, Bernard et Schmidt, Burghard (dir.), *Bordeaux-Hambourg, deux villes dans l'histoire*, Hambourg, Dobn Verlag, 2007, p. 316-334.

28. Les Juifs bordelais des XVIe-XIXe siècles ont été l'objet de nombreux travaux, depuis celui ancien de Cirot, Georges, *Recherches sur les Juifs espagnols et portugais à Bordeaux*, t. I seul paru, Bordeaux, Féret, 1908, qui reste un ouvrage de référence ; le dernier livre de synthèse est celui de Nahon, Gérard, *Juifs et Judaïsme à Bordeaux*, Bordeaux, Mollat, 2003. On trouvera une mise au point, plus ramassée, dans les pages consacrées aux Juifs du royaume de France à l'époque moderne par Frances Malino et Jean-Pierre Poussou, dans Lequin, Yves (dir.), *La Mosaïque France : Histoire des étrangers et de l'immigration en France*, Paris, Larousse, 1988, p. 255-274 et 291-321.

29. Poussou, Jean-Pierre, « L'agitation étudiante à Bordeaux sous l'Ancien Régime, spécialement au XVIIIe siècle », *Revue Historique de Bordeaux*, 1970, p. 79-92.

– de l'Europe germanique ou orientale, ce qui ne laisse pas de poser des problèmes parfois difficiles de cohabitation entre ces différents groupes dans la communauté israélite. Le point le plus important est sans doute la différence de statut entre les « Portugais » et les autres[30]. Quoi qu'il en soit, comme beaucoup d'autres groupes d'origine allogène, les Juifs bordelais, quel que soit leur lieu de provenance, exercent essentiellement des activités liées au commerce.

Globalement, c'est bien celui-ci, donc, qui explique principalement la venue d'étrangers à Bordeaux, et cela depuis le milieu du Moyen Âge au moins, comme nous l'avons vu. Bien entendu, cela n'exclut nullement – tout au contraire ! – de fortes variations, aussi bien dans le nombre global des étrangers qui fréquentent les bords de la Garonne ou qui s'y installent, que d'un groupe d'étrangers à l'autre. Les présences anglaise et flamande sont dominantes à partir du milieu du Moyen Âge mais, au XVIe siècle, ce sont les Basques, dont beaucoup sont Espagnols, et surtout les Italiens qui dominent le paysage migratoire, comme vient de le montrer Bernard Allaire, les Hollandais et les Hanséates étant cependant bien présents à partir du milieu de ce même siècle. La colonie marchande italienne représente alors un peu plus de 200 individus, dont une quinzaine de familles domiciliées à Bordeaux entre la fin du XVe et le début du XVIIe siècle, cependant que de nombreux autres Italiens ne font qu'un court séjour, ou même ne sont que de passage. Les difficultés économiques liées aux guerres de religion entraînent leur départ[31]. Les Anglais, ou plutôt les Britanniques, sont présents tout au long de la période moderne, à cette différence près qu'au XVIIIe siècle l'élément irlandais, dont une partie seulement relève du courant jacobite[32], tient une

30. La « Nation » juive bordelaise qui existe, est celle des Portugais. Il vient aussi dans la ville de Bordeaux, dès le XVIIe siècle, des juifs originaires du Comtat Venaissin – ce sont les « Avignonnais » – puis, après 1740, des juifs askhénazes venant d'Alsace ou de Lorraine, voire d'Europe centrale ou orientale – ce sont les « Tudesques ». Ni les uns ni les autres n'obtiennent un statut semblable à celui des Portugais. Leur réussite est très médiocre, et beaucoup sont pauvres. Ils sont considérés comme de dangereux concurrents par les marchands bordelais – notamment drapiers –, y compris les Portugais. En 1734, une expulsion générale de ces deux catégories de juifs est ordonnée par l'intendant, mesure renouvelée en 1744, cette fois à la demande de la *Sedaca* ou Société de charité des Juifs portugais. Leur expulsion, plus ou moins importante – 152 juifs en septembre 1761, par exemple –, fut renouvelée à plusieurs reprises au cours du siècle. Voir CIROT, Georges, *Recherches sur les Juifs espagnols…*, *op. cit.*, p. 62-72 ; NAHON, Gérard, *Juifs et judaïsme…*, *op. cit.*, p. 93-108.

31. ALLAIRE, Bernard, *Crépuscules ultramontains : marchands italiens et grand commerce à Bordeaux au XVIe siècle*, Talence, Presses Universitaires de Bordeaux, 2008. Pour la venue d'autres marchands étrangers, voir BOUTRUCHE, Robert (dir.), *Bordeaux de 1453 à 1715*; HIGOUNET, Charles (dir.), *Histoire de Bordeaux*, t. IV, Bordeaux, Fédération Historique du Sud-Ouest, 1966.

32. POUSSOU, Jean-Pierre, « Recherches sur l'immigration anglo-irlandaise à Bordeaux au XVIIIe siècle », *Revue historique de Bordeaux*, 1974, p. 163-180. Les Jacobites ont été l'objet de nombreuses études, notamment celle de CLARKE DE DROMANTIN, Patrick, « La colonie jacobite à Bordeaux au XVIIIe siècle », *Revue Historique de Bordeaux*, 2002, p. 52-71. Pour une vision plus distanciée et plus nuancée du rôle réel des Jacobites, voir CULLEN, Louis, « The Huguenots from the Perspective of the Merchant Networks of Western Europe (1680-1720)

place de plus en plus importante dans ce groupe. Le xviie siècle a été marqué par le rôle majeur des Hollandais, mais aussi par la venue croissante de Sépharades[33]. Au xviiie siècle, l'arrivée d'autres Sépharades et tout autant des Avignonnais et des Tudesques fait des Israélites le groupe d'allogènes le plus important[34], cependant que, pour le grand négoce, le fait majeur est la domination progressive exercée par les Hanséates, alors que la part relative des Hollandais ne cesse de reculer, mais non pas leur nombre[35].

La bienveillance des autorités et de la population à l'égard des étrangers

La politique des autorités

Leurs conditions de vie varient en fonction de leurs qualités et de leurs activités. Il est clair qu'une bonne partie de ces étrangers, appartenant à l'élite du négoce, ou capables de s'y insérer par leurs activités, jouissent par là même d'excellentes conditions de vie. Tel n'est pas le cas de beaucoup de nouveaux arrivants juifs du xviiie siècle[36], ni non plus de ceux qui appartiennent à des milieux marginaux ou simplement populaires, à l'exception bien évidemment des employés de commerce, ou de la domesticité des négociants, banquiers et importants marchands. Beaucoup de Savoyards, pour leur part, finissent leurs jours à l'hôpital, ce qui ne signifie pas en soi une extrême pauvreté, mais un système de vie pratiqué par des migrants temporaires dont le but est de rapporter un maximum d'argent au pays; il en va de même pour les travailleurs du bâtiment limousins, et ce n'est évidemment pas vrai seulement à Bordeaux[37]. Leur existence est par ailleurs

», dans Caldicott, C. J., Gough, Hugh et Pittion, Jean-Paul (dir.), *The Huguenots and Ireland : Anatomy of an Emigration*, Dublin, 1987, p. 129-149 ; *Idem*, « Le réseau commercial du négoce du cognac dans les années 1760 », dans Crouzet, François Marie (dir.), *Le négoce international xiiie-xxe siècles*, Paris, 1989, p. 153-168. Louis Cullen souligne que seule une partie des négociants et marchands irlandais peut être rattachée au Jacobitisme.

33. Pour le xviie siècle, voir Gautier, Bernard, « Les nouvelles prédominances étrangères à Bordeaux dans la première moitié du xviie siècle », dans Guillaume, Pierre (dir.), *Bordeaux, Porte Océane, carrefour européen*, Bordeaux, Fédération Historique du Sud-Ouest, 1999, p. 183-208. L'époque est marquée par la continuation d'une forte immigration de négociants et marchands juifs portugais, déjà nette dans la seconde moitié du xvie siècle, et surtout par la venue de marchands hollandais en nombre toujours croissant : 29 entre 1630 et 1635, 37 entre 1645 et 1650, 63 entre 1655 et 1660. Bernard Gautier note que si les Portugais forment une communauté à part, les Hollandais épousent assez souvent des Françaises ; quant à leurs filles, elles se marient elles aussi avec des Bordelais. Il souligne p. 207 que « les étrangers furent bien intégrés dans la société bordelaise », au contraire de ce qui se passa à Nantes.

34. Sur les juifs, voir note 28.

35. Sur les Hanséates, les livres de référence sont ceux, déjà cités, de Leroux, Alfred, *La colonie germanique de Bordeaux…*, *op. cit.* et de Butel Paul, *La Croissance commerciale bordelaise au xviiie siècle…*, *op. cit.*

36. Pour les juifs pauvres, voir Cirot, Georges, *Recherches sur les Juifs espagnols et portugais…*, *op. cit.*, chap. III, « La Sedaca et la Nation portugaise (xviiie siècle) », p. 30-99.

37. Les Limousins se sont fait une spécialité des métiers du bâtiment (maçons, tailleurs de pierre, appareilleurs) aussi bien à Bordeaux qu'à Paris ou Lyon. Voir *Bordeaux et*

soumise aux lois générales du royaume. D'un côté, il n'y a aucune xénophobie de la monarchie française, bien au contraire : on a, en fait, « une politique (monarchique) d'ouverture, qui va chercher les talents où ils sont, afin de se les attacher [...] ». Dans ce contexte, « le concept même de xénophobie est anachronique » : aussi bien parmi les grands serviteurs de l'État que parmi les militaires ou de grands acteurs de la vie économique, nous trouvons des étrangers (le maréchal de Saxe, Mazarin, Van Robais...) que le roi ou ses ministres sont allés chercher[38]. Et malgré cela, le royaume accueille moins d'étrangers qu'il ne laisse partir à l'extérieur des Français de souche[39]. Mais, d'un autre côté, les règles sont dures, comme au demeurant dans les autres pays : Jean-François Dubost et Peter Sahlins les ont récemment rappelées, montrant que les étrangers pouvaient être amenés à supporter de lourdes taxes et soulignant qu'ils ne sont pas des sujets à part entière[40]. En réalité, ils vont trop loin : la situation de 1697 était exceptionnelle, puisque le royaume était en guerre, notamment avec l'Angleterre et les Provinces-Unies, dont les membres formaient à ce moment-là les colonies marchandes étrangères les plus importantes. Or, à l'opposé, d'autres textes sont tout à fait favorables. Ainsi, les lettres patentes de Louis XI de 1474 donnent à tous les étrangers, Anglais exceptés, l'autorisation de venir demeurer à Bordeaux, avec la libre disposition de leurs biens, sans être tenus de prendre des lettres de naturalité[41]. Celles d'août 1550 d'Henri II accordent « aux marchands et autres Portugais appelés Nouveaux Chrétiens tous les droits et privilèges des habitants des villes où ils demeurent », ce qui permet le développement de leurs colonies de Bordeaux, Bayonne, Bidache, Dax, Peyrehorade... Quant à l'édit de 1686, il ouvre la France à tous les étrangers désireux de s'établir, de quelque religion qu'ils soient, sous réserve de ne pas célébrer de culte public. Mais cela n'exclut pas une surveillance, parfois tatillonne, voire sévère, des étrangers : « si un étranger ne couche qu'une nuit, il faut le déclarer tout de suite au commissaire de police[42] ». Sont tout particulièrement surveillés les étrangers non domiciliés. Il en va de même pour les activités des non régnicoles. Et il y a d'ailleurs à Bordeaux, depuis 1724, un Bureau des Étrangers, institué d'abord aux Chartrons, puis doublé d'un autre, situé à l'Hôtel de ville pour les quartiers autres que Saint-Seurin et les Chartrons. Les aubergistes, traiteurs et hôteliers devaient y déclarer les étrangers qu'ils logeaient[43]. Deux moments entraînent à chaque fois un contrôle plus strict, voire une véritable

le Sud-Ouest au XVIIIe siècle..., op. cit. ; sur leurs conditions de vie, voir POITRINEAU, Abel, *Remues d'hommes : Les migrations montagnardes en France 17e-18e siècles*, Paris, Aubier-Montaigne, 1983, p. 149-182 ; MOULIN, Marie-Annie, *Les Maçons de la Haute-Marche au XVIIIe siècle*, Clermont-Ferrand, Publications de l'Institut d'Études du Massif Central, 1986.

38. LEQUIN, Yves (dir.), *La Mosaïque France..., op. cit.*, p. 201.

39. *Ibidem*, p. 203-204.

40. DUBOST, Jean-François et SAHLINS, Peter, *Et si on faisait payer les Étrangers ? Louis XIV, les immigrés et quelques autres*, Paris, Flammarion, 1999.

41. Pour tous ces textes officiels, voir LEQUIN, Yves (dir.), *La Mosaïque France..., op. cit.*, p. 233.

42. Butel, Paul, *Vivre à Bordeaux sous l'Ancien Régime*, Paris, Perrin, 1999, p. 285.

43. LEROUX, Alfred, *La Colonie germanique de Bordeaux..., op. cit.*, p. 109.

surveillance : les époques d'épidémie tout d'abord[44], les guerres surtout. Cela concerne au premier chef les Anglais, la grande crainte étant la venue d'une flotte anglaise que les nombreux protestants locaux aideraient. Ce fut tout particulièrement le cas lors de la guerre de Sept Ans, ce qui nous vaut l'existence, pour 1756, d'une liste d'un intérêt prodigieux des étrangers domiciliés à Bordeaux[45]. Il n'y avait là rien de nouveau, simplement la répétition de mesures devenues habituelles, qui semblent avoir été précisées et codifiées sous Louis XIV. Ainsi, en mars 1711, Pontchartrain demande à l'intendant de Bordeaux quels sont les « étrangers ennemis à Bordeaux », et, « en ce cas, leurs noms, s'ils ont des permissions d'y demeurer, quelle religion ils professent, s'ils sont naturalisés, la conduite qu'ils tiennent, et si vous croyez qu'ils sont utiles au commerce ». Ces remarques sont réitérées un an plus tard, en avril 1712 : « j'apprends qu'il y a encore à Bordeaux plusieurs marchands étrangers, sujets des Princes avec lesquels Sa Majesté est en guerre. Je vous prie de m'en envoyer la liste et de marquer à côté de leurs noms s'ils ont la permission du Roi de rester en cette ville[46] ». En fait, les marchands étrangers ne cessèrent d'être protégés. Néanmoins, les débuts des guerres les mettaient dans une situation difficile, surtout pour ceux de religion protestante. C'est tout le sens du climat de la guerre de Sept Ans dont David Bien a montré l'importance capitale pour le déclenchement de l'affaire Calas[47].

Quelques exemples d'intégration et d'ascension sociale

Pour comprendre les craintes et la surveillance, il ne faut pas oublier que ces étrangers formaient souvent de véritables colonies, qu'ils restaient liés à leur pays natal, et que nombre d'entre eux n'étaient pas catholiques. Une surveillance n'avait donc rien d'étonnant. En fait, on peut dire qu'à l'exception de quelques très rares épisodes, tout se passait très bien. Tout d'abord, il n'y avait dans la population aucune crainte particulière à l'égard des étrangers ni aucune animosité. Il y a donc de très nombreux exemples d'intermariages et d'intégration, au point qu'il existe à Bordeaux de véritables dynasties familiales étrangères. Il est hautement significatif de voir des étrangers entrer à la Chambre de commerce. Le mouvement a commencé très tôt. Ainsi, les Merman arrivent à Bordeaux à la fin du XVIe siècle, en provenance d'Amsterdam ; Michel Merman s'y installe au début du XVIIe siècle, devenant bourgeois de Bordeaux dès 1603, et y nouant des alliances familiales[48]. Deux autres exemples sont constitués par les Collingwood et les Ainslic : en 1764, Marie-Jeanne Collingwood, fille de

44. En fait, il en va ainsi partout. Ce n'est pas l'étranger en lui-même qui est visé mais toute personne arrivant dans une ville, et dont on ne sait pas si elle porte ou non avec elle l'épidémie.

45. Arch. dép. de Gironde, C 1072.

46. Arch. dép. de Gironde, C 4473. Il existe donc également une liste pour 1711.

47. Bien, David D., *L'affaire Calas : Hérésie, persécution, tolérance au XVIIIe siècle*, Toulouse, Eché, 1987.

48. Butel, Paul, *La croissance commerciale bordelaise au XVIIIe siècle...*, *op. cit.*, p. 547-548.

Jean, négociant et secrétaire du roi, épouse messire François de Chaperon, conseiller au parlement; l'année suivante, sa sœur, Marie, épouse un autre conseiller au parlement, messire de Lalyman. L'alliance avec des familles parlementaires s'explique évidemment par le fait que Collingwood était à la fois secrétaire du roi et catholique. En 1764 encore, Pénélope Ainslic, fille de Georges, négociant et secrétaire du roi, épouse messire Lacave de Montbrison[49]. Particulièrement rapide a été l'intégration des Jacobites qui bénéficiaient de leur catholicisme, tels les Gernon, Richard, son épouse et ses cinq enfants s'étant installés à Bordeaux en 1730; dans la deuxième moitié du XVIIIe siècle, les Gernon sont l'une des familles les plus fortunées de Bordeaux[50]. Cette intégration pouvait passer par des mariages, ou se manifester par eux; elle était bien sûr considérablement facilitée, comme le montrent les exemples qui viennent d'être cités, par l'appartenance au catholicisme. On peut, à cet égard, considérer qu'un des exemples les plus spectaculaires est celui de Joseph Fenwick, né en 1762 dans une famille catholique du Maryland : arrivé en 1787, consul des États-Unis en 1791, il épouse en 1792 une fille de négociant, Catherine Eléonore Ménoire, qui « appartient à une famille en pleine ascension sociale, qui oscille encore entre la robe et le négoce[51] ». Fenwick fait bâtir en 1798, au coin du Pavé et de la façade des Chartrons, un aussi imposant que magnifique hôtel, qui existe toujours, et que le peintre Pierre Lacour a en quelque sorte immortalisé dans un des tableaux les plus importants sur l'activité portuaire de Bordeaux[52]. Mais, dans un premier temps, cela n'était pas nécessaire, et les unions avec des familles bordelaises n'intervenaient le plus souvent qu'à la seconde génération, marquant ainsi l'installation définitive de la famille et son intégration.

La participation des étrangers au commerce bordelais était donc souvent couronnée de succès. Elle leur assurait dans la ville de solides positions. Parmi les plus grandes réussites de familles d'immigrés figurent les Gradis, qui atteignent leur apogée au milieu et dans la seconde moitié du XVIIIe siècle. À la fin du XVIIe siècle, le chef de la famille n'est qu'un modeste marchand juif portugais qui avait quitté Bordeaux pour Toulouse et qui y était revenu en 1685. Dans les années 1760-1770, Abraham Gradis est le plus grand nom de la nation portugaise. C'est son père qui a d'abord su amasser une fortune, mais Abraham va très au-delà, devenant l'un des deux ou trois plus grands armateurs bordelais, et jouant un rôle considérable dans les armements pour Québec durant la guerre de Sept Ans. Comme

49. *Ibidem*, p. 1063.

50. MARZAGALLI, Silvia, « Une famille jacobite et son parcours dans le Bordeaux du XVIIIe siècle : les Gernon », COCULA, Anne-Marie, PONTET, Josette (dir.), *Au contact des Lumières : Mélanges offerts à Philippe Loupès*, Talence, Presses universitaires de Bordeaux, 2005, t. II, p. 245-255.

51. MARZAGALLI, Silvia, « Un américain à Bordeaux. Joseph Fenwick, premier consul des États-Unis », *Revue Historique de Bordeaux*, 2002, 1, p. 73-90.

52. Sur Pierre Lacour (1745-1814), voir *Illustration du vieux Bordeaux*, *op. cit.*, p. 98-100. L'hôtel a été bâti par l'architecte Dufart en 1798; le tableau date de 1804.

je l'ai déjà signalé dans une autre publication, « il sait nouer des relations avec les personnalités les plus en vue : les d'Harcourt, les Berryer, le baron de Rochechouart, M. de la Porte, chef du service des colonies en 1738. Il compte parmi ses débiteurs le maréchal de Richelieu, et il est très lié à Maurepas… Il n'est pas de grand personnage de passage à Bordeaux qui ne le visite ; à Paris, il se montre à l'Oeil-de-Boeuf. À sa mort, en 1780, son actif net est supérieur à 4 millions de livres ! [53] ». Évidemment, avec Gradis comme avec l'ensemble des Juifs portugais de Bordeaux, on est devant une situation tout à fait complexe. D'un côté, leur provenance et leur religion n'en font pas des sujets du Roi comme les autres ; mais, d'un autre côté, ce sont depuis longtemps des régnicoles, de fidèles et loyaux sujets qui doivent être considérés dès le XVIIe siècle non plus comme des étrangers mais comme de véritables « Français », à cette réserve près que leurs liens familiaux avec d'autres sépharades, installés notamment à Londres ou à Amsterdam, restent fort étroits, ainsi que les échanges avec les colonies juives de ces villes, et que, comme cela a déjà été signalé plus haut, même au XVIIIe siècle des Sépharades continuent à venir s'installer dans le royaume de France pour la première fois.

L'influence de la présence des colonies de négociants étrangers sur la politique religieuse locale

Par ailleurs, la bienveillance des autorités municipales ou royales à l'égard des étrangers est évidente. Elle est formalisée par les lettres patentes favorables, déjà citées plus haut, et par l'instauration de consulats. Mais elle est surtout permanente et se manifeste notamment dans le domaine religieux, au point que les protestants français eux aussi en bénéficient[54], même si la question des sépultures reste aiguë jusqu'à la fin de l'Ancien Régime[55]. Elle amène des plaintes nombreuses, telle cette lettre de Saint-Florentin aux jurats de Bordeaux du 8 mai 1751 dans laquelle il est écrit : « M. l'Ambassadeur de Hollande, Monsieur, a remis à M. le Marquis de Puisieux un mémoire par lequel on se plaint que, lorsqu'un Hollandais meurt à Bordeaux, les Magistrats indiquent un endroit pour pouvoir l'inhumer, soit à côté du chemin public, soit dans le fossé de la ville, et qu'il en résulte plusieurs inconvénients. On prétend, entre autres choses, qu'en fouillant dernièrement un terrain sur lequel on voulait bâtir, on a exhumé et exposé des cadavres

53. Lequin, Yves (dir.), *La Mosaïque France…*, *op. cit.*, p. 253-254.

54. Voir Loupès, Philippe et Poussou, Jean-Pierre, « Les protestants bordelais des années 1680 et la Révocation », *La Révocation de l'Édit de Nantes et le protestantisme français en 1685*, Paris, Société de l'histoire du Protestantisme français, 1986, p. 149-172.

55. Alfred Leroux indique que le cimetière protestant français a été fermé en 1686 et désaffecté en 1704. Un nouveau cimetière ne fut ouvert qu'en 1779. La situation était particulièrement pénible pour les religionnaires qui ne décédaient pas en famille : ceux qui « mouraient à l'Hôpital général » n'avaient « d'autre lieu de sépulture que les marais avoisinant l'Archevêché ». Voir Leroux, Alfred, *La colonie germanique de Bordeaux…*, *op. cit.*, note 2, p. 129.

dont le spectacle était aussi indécent qu'horrible et, à cette occasion, l'on demande l'établissement d'un cimetière [56] ». Mais, en réalité, le problème de fond ne venait pas du fait qu'ils étaient étrangers : la question du cimetière se posait pour les protestants et les juifs. Ceux-ci réglèrent le problème en utilisant, moyennant finance, les dépendances d'une maison conventuelle[57]. Les jurats de Bordeaux finirent par accepter que les protestants étrangers puissent acquérir un grand terrain, situé à l'ouest des Chartrons, au grand coude de la rue Pomme-d'Or ; ce cimetière, qui ne devait avoir aucun marque particulière, et surtout pas l'indication qu'il s'agissait d'un cimetière, connut une première inhumation le 14 octobre 1769[58].

La date n'est pas indifférente : nous sommes à une époque où la politique royale à l'égard des protestants s'infléchit nettement. À la fin du XVIIe siècle, après la révocation de l'édit de Nantes, c'étaient les protestants bordelais qui avaient bénéficié de la présence de leurs coreligionnaires étrangers établis comme marchands à Bordeaux[59]. Désormais, ce sont ceux-ci qui bénéficient de ce changement de la politique royale dont l'arrêt du conseil d'État du 30 octobre 1767 est largement la conséquence :

> « Les étrangers établis dans le royaume et qui s'y établiront à l'avenir pour y exercer le commerce de gros, et qui auront obtenu à cet effet des lettres, en la forme prescrite par les arrêts et lettres patentes du 21 juin dernier, l'arrêt du 23 août aussi dernier, et par le présent arrêt, jouiront de tous les privilèges énoncés au présent arrêt, et de l'exemption du droit d'aubaine [...] et de tous les autres privilèges, droits, franchises et libertés mentionnés en icelui, sous la réserve toutefois y portée, en ce qui concerne les charges, offices ou autres emplois qui ne peuvent être possédés que par les sujets naturels de Sa Majesté [...] » (article VI).

•

Au total, les étrangers ont constitué un élément essentiel de la prospérité bordelaise au cours du XVIIIe siècle, mais aussi de toutes ses activités commerciales depuis le XIIe siècle. Chaque année, en particulier au moment des foires d'octobre qui sont les plus importantes parce qu'elles correspondent aussi au moment où l'on peut charger des farines, des prunes et autres fruits, et très vite des vins, les navires étrangers sont attendus avec impatience. C'est donc avec anxiété que sont ressenties les menaces de conflit. Les correspondances commerciales ne cessent de traduire cette anxiété que partagent les marchands et négociants de l'arrière-pays car

56. Arch. dép. de la Gironde, C 3669. Le texte en a été publié dans les *Archives historiques du département de la Gironde*, t. XXV, 1887, p. 229. La question du cimetière pour les protestants étrangers est abordée de manière approfondie dans LEROUX, Alfred, *La Colonie germanique de Bordeaux...*, *op. cit.*, p. 129-137.

57. CIROT, *Georges, Recherches sur les Juifs Espagnols et Portugais...*, *op. cit.*, p. 100-153. D'abord inhumés dans les dépendances des couvents des carmes et des minimes, puis des cordeliers, ils obtinrent hors ville un premier cimetière en 1725, puis un deuxième, toujours hors ville, en 1764. *Ibidem*, p. 133-135.

58. *Ibid.*, p. 133-135.

59. LOUPÈS, Philippe et POUSSOU, Jean-Pierre, « Les protestants bordelais des années 1680 et la Révocation », art. cité.

non seulement le prix de leurs productions mais également la vente de celles-ci en dépendent complètement[60]. La dépendance du trafic maritime à l'égard des Antilles et tout autant des pays étrangers – essentiellement ceux du nord-ouest de l'Europe d'abord, puis surtout ceux de la Baltique au XVIIIe siècle – est donc totale. Elle s'accompagne de cette forte présence étrangère dans la ville et en est la cause. Les colonies étrangères – encore plus importantes au XVIIIe siècle – sont donc un trait permanent de l'histoire de la ville, qui débouche au XIXe siècle sur des maires bordelais issus de familles négociantes immigrées, et sur une participation finalement considérable de descendants de ces familles immigrées à tous les aspects de la vie de la cité. Les Lopes Dubec en sont un exemple intéressant puisqu'à partir du milieu du XIXe siècle, l'un d'entre eux devient vice-maire de Bordeaux, un second député, un troisième président du Consistoire israélite de Bordeaux[61]. Cela s'accompagne d'un tissu relationnel tout à fait intéressant puisque non seulement les étrangers sont acceptés mais encore les relations sont aussi étroites que multiples, au point que l'on peut sans hésiter parler d'intégration. Faut-il, comme Michel Espagne, parler de « transferts culturels[62] » et accorder à ceux-ci une importance considérable ? C'est bien sûr affaire d'appréciation personnelle, mais c'est à mon sens aller trop loin, surtout lorsque la question est posée en termes d'échanges franco-allemands. D'une part, en effet, la colonie marchande en provenance des îles Britanniques reste nombreuse à la fin du XVIIIe siècle : s'il y a, en 1777, 52 commissionnaires d'origine allemande, et 17 d'origine hollandaise, 33 négociants sont « anglais[63] ». D'autre part, et surtout, c'est

60. Voir, par exemple, la correspondance de la maison Beaujon et Petit, notamment 7 B 1023 (du 14 octobre 1756 au 19 novembre 1757). Ce sont des protestants originaires de l'Agenais, qui travaillent beaucoup avec l'arrière-pays bordelais et, pour l'extérieur, avec le réseau huguenot implanté aux Provinces-Unies ou dans les villes hanséates.

61. On a, parmi les maires de Bordeaux, David Johnston (1838-1842), Alexandre de Bethmann (1867-1870) ; parmi les préfets, Henri-Auguste Barckhausen (1871) ; parmi les hommes politiques, Jacques Wustenberg, très en vue sous la Monarchie de Juillet. Quant à la vie bordelaise, à ses mondanités et moments forts (courses de chevaux, *lawn-tennis*...), elle est largement dominée à la fin du XIXe et au début du XXe siècle, par les Guestier et les Lawton, exemples remarquables de familles bordelaises qui sont devenues des membres reconnus de la société bordelaise sans perdre le contact avec leur pays d'origine. La question est excellemment traitée par Butel, Paul, *Les dynasties bordelaises de Colbert à Chaban*, Paris, Perrin,1991 ; voir également Dupeux, Georges, « L'immigration britannique à Bordeaux au XIXe et au début du XXe », *Revue Historique de Bordeaux*, 1974, p. 233-243.

62. Michel Espagne, après avoir fait la théorie des transferts culturels (voir Espagne, Michel et Werner, Mickaël, *Transferts. Les relations interculturelles dans l'espace franco-allemand XVIIIe-XIXe siècle*, Paris, Éditions Recherches sur les civilisations, 1988), l'applique à la colonie germanique bordelaise dans *Bordeaux-Baltique. La présence culturelle allemande à Bordeaux aux XVIIIe et XIXe siècles*, Paris, CNRS, 1991. L'on pourrait, à coup sûr, utiliser cette théorie pour les échanges franco-anglais à Bordeaux marqués par de fortes influences réciproques ; pour les échanges franco-allemands, elle paraît très forcée, et surtout très déséquilibrée au profit de l'influence française et de l'intégration des négociants venus des bords de la Baltique et des autres espaces germaniques.

63. Butel, Paul, *La croissance commerciale bordelaise au XVIIIe siècle*..., *op. cit.*, p. 547-548 ; *Idem*, « Armateurs bordelais et commissionnaires londoniens au XVIIIe siècle », *Revue histo-*

davantage le style de vie anglais et, par le biais du développement des vins de qualité[64], la clientèle anglaise qui marquent la société bordelaise que la clientèle d'origine allemande, ou, si l'on préfère, germanique.

Ce qui est sûr, c'est qu'il y avait bien, au moins au XVIIIe siècle, une sociabilité bordelaise évidente. On la trouvait dans toutes les couches de la société : le jeune Poel est frappée par la gaieté des habitants, par leur exubérance, « leur fureur de danser », ce qui amène Alain Ruiz, dans l'article qu'il consacre à son séjour, à écrire que « nulle part en France cette sociabilité réputée propre aux Français n'était plus voyante que dans cette ville où l'accentuait la vivacité proverbiale des Gascons[65] ». Et cette sociabilité était très ouverte aux étrangers : « L'hospitalité des Bordelais envers les étrangers est célèbre », rappelle Arthur Schopenhauer[66].

---

rique de Bordeaux, 1974, p. 151-162 ; POUSSOU, Jean-Pierre, « Recherches sur l'immigration anglo-irlandaise à Bordeaux au XVIIIe siècle », art. cité. Cet article indique qu'au milieu du siècle, en 1756, on trouve à Bordeaux 25 négociants et 27 commis originaires des îles Britanniques, en fait surtout de l'Irlande.

64. PIJASSOU, René, « Le marché de Londres et la naissance des grands crus médocains (fin XVIIe siècle-début XVIIIe siècle) », *Revue Historique de Bordeaux*, 1974, p. 139-150.

65. RUIZ, Alain, « Piter Poel, un jeune hanséate à Bordeaux… », art. cité, p. 331.

66. RUIZ, Alain (dir.), *Johanna et Arthur Schopenhauer…*, *op. cit.*, p. 137.

RÉSUMÉ

Dans un grand port, comme Bordeaux, la présence étrangère est ancienne et permanente. Elle est non moins importante à l'époque Moderne. Il y avait cependant deux catégories d'étrangers, les uns n'étant là que de simple passage, les autres installés à demeure pour des activités surtout commerciales. Les colonies constituées par ces derniers étaient britannique, hollandaise, hanséate ou juive. Leur rôle essentiel pour l'activité bordelaise explique la bienveillance des autorités nationales ou locales à leur égard. On a, de ce fait, de nombreux exemples d'intégration et d'ascension sociales, y compris parmi les membres du Parlement. Il en résulte aussi un évident assouplissement local de la politique religieuse à l'égard des protestants. Il s'insère dans une sociabilité bordelaise très ouverte aux étrangers.

ABSTRACT

Because it was a great and old commercial port , there were always numerous foreigners in Bordeaux, especially in Early Modern times. But, these strangers belonged to two categories: some only passing through, others settled for trading activities. The colonies former by the latter were British, Dutch, Hanseatic or Jewish. They played an essential role for the trade of Bordeaux, which explain the benevolence of national or local authorities. Therefore we have, in Bordeaux, numerous examples of social integration and elevation, including members of Parliament, and also a softening of religious policy against the protestants. That must be attached to a local sociability very open to the foreigners.

Le déshonneur d'être « gouverné de par Bretons » : gouvernements et identités allochtones en Guyenne française, 1451-1462

Pierre PRÉTOU
Maître de conférences d'histoire médiévale
université de La Rochelle
Centre de Recherche en Histoire Internationale et Atlantique – EA 1163

L'histoire du couturier Bernard de Castaings, né à Dax, résidant à Bordeaux, mais banni pour crime de parole en Angleterre après avoir assimilé la couronne de France aux intérêts bretons, illustre singulièrement l'état d'enchevêtrement conceptuel auquel nous renvoient les conceptions tardives de l'étranger médiéval. Rebelle banni, allogène de tout lieu, Bernard de Castaings n'imaginait pas devenir apatride lorsque, entre 1457 et 1458, ses adversaires l'accusèrent d'avoir injurié Charles VII, sa couronne et ses officiers. La dénonciation des « hayneulx » du couturier, après avoir alerté le procureur du roi, déclencha l'arrestation et l'emprisonnement au château de l'Ombrière à Bordeaux. Interrogé par les gens du sénéchal de Guyenne, il nia les faits que les témoins lui imputèrent pourtant. Selon ces derniers, il avait commis un crime de parole[1], six ans plus tôt, en injuriant Charles VII, ce « roi de cartes » et roi des « marchands de Paris ». En qualifiant de « Bretons » les officiers du Valois, il avait également comparé ces derniers à des chats de gouttière, avant de faire mine de vouloir tuer ces félines effigies. Enfin, il aurait déclaré « que ce seroit deshonneur que le pais de Bourdeloys fut gouverne de par Bretons ! ». Malgré ses dénégations, le couturier fut convaincu de crime de parole et la justice de Guyenne le condamna au bannissement[2]. Bernard de Castaings dut alors s'exiler en Angleterre. D'outre-Manche, il fit supplier le roi et en 1462, à l'occasion

1. Sur la criminalisation de la parole à la fin du Moyen Âge : LEVELEUX, Corinne, *La Parole interdite. Le blasphème dans la France médiévale (XIIIe-XVIe siècles) : du péché au crime*, Paris, De Boccard, coll. « Romanité et modernité du droit », 2002, p. 373 *sqq.*

2. Sur les conséquences du bannissement : ZAREMSKA, Hanna, *Les Bannis au Moyen Âge*, Paris, Aubier Montaigne, coll. « Historique », 1996.

d'une entrée souveraine à Bordeaux, Louis XI reçut la supplique du malheureux qu'il accepta de gracier en le rappelant au pays. Bernard de Castaings redevint alors bon sujet de son roi. Une lettre de rémission et de rappel de ban en résulta, acte que nous éditons ci-après. Ce document autorise un regard singulier sur la fabrique de l'étrangeté au milieu du XVe siècle, lorsque plusieurs définitions s'affrontent dans une même affaire. Au-delà des peines et des faveurs dont le couturier fit l'objet, son cas témoigne de l'essor d'une définition royale de l'étranger adaptée aux territoires rétifs mis en sujétion par les Valois, et qui reposait sur la mesure attentive de la fidélité des hommes.

Conquête et tourmentes identitaires

La conquête de la Guyenne troublait particulièrement les ralliements aux identités souveraines. Traditionnellement attachée à la couronne d'Angleterre, la municipalité de Bordeaux s'était rebellée en 1452 avant de devoir rendre les armes après la victoire de Castillon[3]. En moins de trois ans, le pays avait changé quatre fois d'obédience et les propos de Bernard Castaings illustraient bien l'état d'esprit des gens de métier, ralliés aux intérêts des marchands régionaux. Pour ces derniers, la royauté française était une royauté étrangère implantée par la force des armes. Elle menaçait les activités marchandes qui unissaient le Bordelais au marché anglais[4]. On ne peut donc être surpris de rencontrer un couturier qui ne reconnaissait pas la légitimité de Charles VII, identifié comme un roi partisan et promoteur des intérêts des marchands de Paris. Ces paroles « mal sonnantes », Bernard de Castaings les avait proférées alors que les compagnies de Charles VII avaient entrepris la réduction en obéissance du Bordelais consécutive à sa rébellion. À l'instar de sa municipalité, Bernard de Castaings se sentait spolié par des étrangers triomphants qu'il appréhendait à l'aune de son vécu professionnel. Les officiers implantés par le Valois menaçaient des élites dépossédées de leur rôle traditionnel. En les désignant sous le terme de « Bretons », le couturier faisait en réalité allusion aux origines d'Olivier de Coëtivy, nommé sénéchal de Guyenne par Charles VII. Cette inacceptable nomination laissait entrevoir que l'on favoriserait les adversaires commerciaux de la cité portuaire : remettre Bordeaux aux Bretons revenait à livrer la cité portuaire à une nation marchande rivale. Le propos paraissait facile et sans danger car le sénéchal, capturé lors du retour de Talbot, avait alors été livré aux Anglais. En 1457, date à laquelle le couturier fut arrêté, la rançon d'Olivier de Coëtivy, chambellan et conseiller du roi, n'avait toujours

3. Sur la chronologie et l'attachement à la couronne d'Angleterre, nous renvoyons à Boutruche, Robert, *Bordeaux de 1453 à 1715*, Bordeaux, Fédération historique du Sud-Ouest, Bordeaux, 1966, p. 9-30.

4. Bochaca, Michel, « Le commerce de Bordeaux dans la seconde moitié du XVe siècle : du marasme à la reprise des affaires », dans Augeron, Mickaël et Guillemet, Dominique, *Champlain ou les portes du Nouveau Monde. Cinq siècles d'échanges entre le Centre-Ouest français et l'Amérique du Nord*, La Crèche, Geste Éditions, 2004, p. 42-46.

pas été acquittée : la dénonciation n'en était que plus efficace. Le paiement, achevé l'année d'après, permit la délivrance et le mariage du serviteur du roi avec Marie de France, fille de Charles VII et d'Agnès Sorel. L'homme ne pouvait toutefois être assimilé totalement aux intérêts bretons. Sa famille avait rallié le lys de France et mis ses armes au service des Valois. Son aîné, Prégent, avait obtenu la charge d'amiral de France, tandis que son oncle, Tanguy du Chastel, grand favori du souverain, avait occupé la charge de prévôt de Paris. Les Coëtivy furent largement dotés, en particulier à Taillebourg, sur les biens confisqués aux rebelles qu'ils avaient contribué à défaire militairement. Noble breton, le sénéchal de Guyenne était donc, avant tout, fidèle parmi les fidèles, l'envoyé de Charles VII dans une région aux obédiences incertaines, précisément parce que sa fidélité lui semblait inébranlable. Pour beaucoup de Bordelais ralliés à la croix rouge d'Angleterre, la nomination de cet officier revenait à hisser la croix blanche des Valois dans une cité qui n'en voulait pas.

Rigueur royale et fabrique de l'étrangeté

À l'occasion de la seconde réduction en obéissance, Charles VII avait aboli la trahison bordelaise mais la lettre d'abolition ne put bénéficier au condamné[5]. Là encore, cette situation n'étonnera pas : l'apparence de la libéralité cachait mal la rigueur de la reprise en main[6]. La rébellion de Bordeaux confirmait en effet la fragilité des fidélités régionales, tiraillées entre les intérêts rivaux de deux couronnes souveraines et de trois grandes maisons féodales[7]. Face à la trahison, le conseil du roi avait recommandé de « pugnir » les Bordelais, « qui pouvoient bien estre comparez à Judas[8] », « tellement que ce fust example aux aultres et memore perpetuelle[9] ». La cité portuaire fut placée sous « bride et subgection[10] » et l'on confia le gou-

5. Charles VII accorde abolition aux Bordelais à l'issue de la seconde chute de la Guyenne. Cette miséricorde relatée par les chroniqueurs Mathieu d'Escouchy et Jean Chartier ne fut pourtant pas entérinée en parlement avant le 24 janvier 1457. Dans les faits, le roi laissa les sénéchaux poursuivre les rebelles jusqu'à cette date. Or, la lettre de rémission indique que le suppliant ne put s'aider de l'abolition alors même qu'il aurait été condamné dans le courant de l'année 1457, voire 1458 si l'on avise le style. Il subsiste donc un point d'ombre sur la justification de cette non-application. Voir *Ordonnances des Rois de France*, XIV, 271, également édité dans GOURON, Marcel, *Recueil des privilèges accordés à la ville de Bordeaux par Charles VII et Louis XI*, Archives municipales de Bordeaux, Bordeaux, Castéra, 1938, p. 31 et sqq.

6. CHARTIER, Jean, *Chronique de Charles VII, roi de France*, chap. 258, éd. par VALLET DE VIRIVILLE, Paris, P. Jannet, 1858, t. II et III.

7. *Chronique* de Mathieu d'Escouchy, chap. XCIX; éd. par DU FRESNE DE BEAUCOURT, Paris, Renouard, 1863, t. II.

8. Reproduction de la miniature dans REYNAUD, Nicole, *Jean Fouquet, Les heures d'Etienne Chevalier*, Paris, Faton, p. 33.

9. STEVENSON, John, *Letters and papers illustrative of the wars of the English in France during the reign of Henry the Sixth, King of England*, Londres, Longman Green Roberts, 1861-1864, t. I, p. 343.

10. PEYRÈGNE, A., « Les émigrés gascons en Angleterre, 1453-1485 », *Annales du Midi*, t. 66, p. 113-128.

vernement à des étrangers au pays, tenus par la seule faveur du roi et moins enclins aux changements d'obédience que ne l'étaient les élites régionales. Au lendemain de la conquête, alors que les Lannes étaient confiées au capitaine écossais Robin Petit Lo[11], la Guyenne fut remise à Olivier Coëtivy. Ces sénéchaux se hâtèrent de réformer le pays tout en poursuivant les rebelles avec l'ardeur que suscitent les perspectives de confiscation de biens. Le roi gouvernait donc à l'aide d'étrangers haïs de leur province et ce n'est pas un hasard si à la même date, Jean Fouquet, en peignant une *Adoration des Mages* qui célébrait le triomphe de Charles VII, avait figuré ce dernier en roi mage[12]. L'analogie picturale produite par le patronage des étrangers accompagnait une assimilation du massacre des saints Innocents à la prise de la Guyenne, tandis que l'étoile de Bethléem faisait écho au miracle de Bayonne[13]. En l'enchâssant entre sa garde du corps écossaise et le corps du Christ, le peintre avait logé le souverain Roi Mage entre les deux maisons, spirituelle et temporelle, de la royauté. Enfin, le caractère tardif de la dénonciation qui accabla Bernard de Castaings n'étonnera pas non plus. Elle démontre que quatre ans après la seconde chute de Bordeaux, les tensions demeuraient vives. À la même date, le roi Charles VII ne s'y trompait pas et, dans un courrier expédié au roi d'Écosse, il écrivait : « Et quant au pais de Guyenne, chacun scet que a este Anglois l'espace de trois cent ans ou environ et sont ceux du pays, de leur droicte condition, tous enclins au parti d'Angleterre ; par quoy est besoing de y pourvoir plus que a nul autre de ses pais[14]. » En conséquence, les officiers pourchassaient encore les rebelles. Les « hayneulx » du suppliant virent là un moyen efficace de faire chuter leur adversaire. Le bannissement pour crime de parole confirma cette analyse et Bernard de Castaings dut s'exiler en Angleterre où d'autres familles bordelaises avaient été chassées en 1453[15]. Ni les Grands Jours de Bordeaux en 145[16], ni l'entérinement de la lettre d'abolition en parlement le 24 janvier 1457[17], ne permirent au suppliant d'échapper à la punition. Cet acharnement laisse songeur, d'autant qu'il arguait de sa « pouvrete » et « petite faculte ». Chose certaine, l'exemplarité de la sanction était toujours utile à la sénéchaussée de Guyenne à la date de la condamnation.

---

11. « Registres des Grands Jours de Bordeaux », *Archives historiques du département de la Gironde*, t. IX, Bordeaux, 1867.
12. Gouron, Marcel, *Recueil des privilèges…*, *op. cit.*, p. 31 *sqq.*
13. Les gens de l'évêque affrontaient les serviteurs du sénéchal en raison de lourds différends relatifs à l'exercice de la justice ecclésiastique et de l'application des principes de la Pragmatique. De même, les officiers du roi peinaient à s'emparer des domaines confisqués aux rebelles, lorsque ceux-ci s'y maintenaient. Voir « Registres des Grands Jours de Bordeaux », *Archives historiques du département de la Gironde*, t. IX, Bordeaux, 1867.
14. Prétou, Pierre, *Justice et société en Gascogne : 1360-1526*, thèse de l'université de Paris I Panthéon-Sorbonne, 2004, p. 366 *sqq.*
15. Sur l'émergence de l'étranger au royaume : Alteroche, Bernard d', *De l'Étranger à la seigneurie à l'étranger au royaume, xie-xve siècles*, Paris, LGDJ, 2002.
16. « Registres des Grands Jours de Bordeaux », *Archives historiques du département de la Gironde*, t. IX, Bordeaux, 1867.
17. Gouron, Marcel, *Recueil des privilèges…*, *op. cit.*, p. 31 *sqq.*

Grâce, sujétion et naturalité

En 1457, tout Bordelais s'étant déclaré ostensiblement en faveur des intérêts liés au gouvernement anglais pouvait encore être frappé de bannissement. Autrement dit, les habitants étaient gouvernés comme des étrangers à leur nouveau roi et ils l'étaient par des étrangers, perçus comme Bretons ou Écossais, auxquels le roi avait confié les postes clefs de la puissance publique. Ce gouvernement allochtone ne tarda pas à contrarier les Bordelais. Tandis que les mécontents jetaient des pierres sur les gens du sénéchal dans les rues, les familles expropriées se crispaient sur leurs domaines confisqués[18]. Malgré l'agitation des lendemains de la conquête, Charles VII protégea systématiquement ses envoyés par l'exercice distant du pouvoir de grâce[19]. Il fallait tenir, punir les rebelles et soutenir les fidèles. Les officiers du Valois y acquirent une réputation détestable d'ennemis de la région où ils servaient. La haine enfla tant que la mort de Charles VII ouvrit un grand espoir de changement de politique royale. Comme les Bordelais, le fils du roi défunt n'avait que colère à adresser aux serviteurs de son père. Dès son avènement en 1461, Louis XI confirma les intentions qui lui étaient prêtées en rappelant le comte d'Armagnac de son exil, tout en chassant les officiers honnis. Le signal du retour arrivé, les bannis revinrent en Guyenne à la rencontre de Louis XI qui multiplia les entrées royales en Guyenne entre 1462 et 1463. C'est à cette occasion que Bernard de Castaings parvint à introduire sa supplique. Lui qui avait vraisemblablement été banni pour l'exemple en 1457, était maintenant rappelé pour des raisons similaires. Louis XI retirait ici tous les fruits de la politique rigoureuse de son père. Boucs émissaires entre les Gascons et le roi, les officiers étrangers avaient cristallisé et détourné les haines régionales. En les sacrifiant sur l'autel de son joyeux avènement, Louis XI ralliait l'ensemble de la Guyenne à son autorité tandis que le changement de règne validait en fait la politique de mise en sujétion des espaces conquis sur la croix rouge. Un couturier banni pouvait bien redevenir un bon sujet du roi méritant l'amour de son souverain car, cette fois, la grâce l'attacherait au Valois. *Exit* les rivaux bretons, la rébellion, le roi étranger et la couronne d'Angleterre : l'identité de Bernard de Castaings achevait son errance, de même que l'homme qui la portait. Fidélité et infidélité s'étaient certes succédé mais avaient été célébrées par la construction royale avec une même force.

Entre 1457 et 1462, le destin personnel de Bernard de Castaings avait été ballotté par les intérêts aléatoires d'une politique de soutien aux fidèles et de punition des rebelles. Bretons, Parisiens, Français, Anglais ou Bordelais :

18. Les gens de l'évêque affrontaient les serviteurs du sénéchal en raison de lourds différends relatifs à l'exercice de la justice ecclésiastique et de l'application des principes de la Pragmatique. De même, les officiers du roi peinaient à s'emparer des domaines confisqués aux rebelles, lorsque ceux-ci s'y maintenaient. Voir « Registres des Grands Jours de Bordeaux », *Archives historiques du département de la Gironde*, t. IX, Bordeaux, 1867.

19. Pretou, Pierre, *Justice et société en Gascogne : 1360-1526*, thèse de l'Université de Paris I Panthéon-Sorbonne, 2004, p. 366 *sqq.*

les appartenances se précipitaient autour d'une affaire de crime de parole bien discutable. Devenu apatride pour l'exemple nécessaire aux intérêts de Charles VII, le cas servit encore cinq ans plus tard en fondant la miséricorde royale déployée par Louis XI. Le gouvernement allochtone de la Guyenne connut lui aussi son exil, une fois validé le ralliement de l'ensemble régional. En conséquence, l'extrême réversibilité des identités consécutives de la mise en sujétion de la Guyenne infléchissait nettement les définitions traditionnelles de l'étrangeté. Pour les Bordelais, l'étranger nommé s'appréhendait en partie dans les rivalités commerciales et la détention des droits de bourgeoisie. Là étaient les « Bretons » de Bernard de Castaings. Toutefois, cette étrangeté du commerce et des intérêts municipaux avait vu se superposer une autre définition, définition qui n'était pas uniquement une notion d'étranger à la seigneurie des Valois[20]. En exilant, rejetant, ou réintégrant, le souverain inspectait et éprouvait la fidélité de ses sujets qu'il accompagnait tantôt par la grâce, tantôt par la punition. Amour du roi et fidélité à sa personne : l'être du roi devait l'emporter en Guyenne. L'histoire mouvementée de Bernard de Castaings témoigne donc de ce glissement qui fit que l'identité de l'être l'emporta sur celle de l'avoir dans une définition de l'étranger revisitée par la bonne sujétion et promue par la construction royale. Au final, que l'on change de ville, de patrie, de politique, de roi ou d'officiers, seule la fidélité demeure comme unique continuité dans la fabrique de l'étrangeté en Guyenne au milieu du XVe siècle.

20. Sur l'émergence de l'étranger au royaume : ALTEROCHE, Bernard d', *De l'Étranger à la seigneurie à l'étranger au royaum, XIe-XVe siècles*, Paris, LGDJ, 2002.

Annexe

1462 [n. st.], mars. Bordeaux.

Rémission et rappel de ban en faveur de Bernard de Castaings, couturier, natif de Dax, réfugié en Angleterre et banni de la ville de Bordeaux, en raison d'un crime de parole commis à l'encontre du Roi de France et de son sénéchal de Guyenne.

A. Original perdu.

B. Enregistrement de A dans les registres du Trésor des Chartes, Arch. nat., JJ 198, n° 293, f° 255 v°.

[En marge :] *II^{C} IIII^{XX} XIII Remissio pro Bernardo de Castaings*

Loys par la grace de Dieu roy de France savoir faisons a tous presens et a venir nous avoir receu humble supplicacion/de Bernard de Castaings dit d'Actz pouvre homme cousturier aage de trente et cinq ans a ou environ/ natif de la ville d'Actz contenant que par long temps il a demoure en notre ville de Bourdeaulx ou/il y a aprins son mestier de cousturier auquel lieu il s'est bien doulcement gouverne sans aucun/meffait ne mesdit a aucun et soit ainsi que depuis la reduction derreniere de nostre dicte ville de Bourdeaulx en notre obeissance c'est assavoir en l'an mil CCCC cinquante et sept aucuns ses hayneulx voulans/le destruire lui misdrent sur qu'il avoit este traictre et dit plusieurs parolles mal sonnantes/de notre tres chier feu seigneur et pere que Dieu absoille et de sa seigneurie et d'autres ses obeissans/et que durant le siege de [sic] *estans a Blaye de par notre dit feu seigneur et père qu'il avoit dit qu'il estoit/roy de France mais roy de cartes et des merciers de Paris se qu'il ne dit oncques et aussi/desprises et blasmes ses dits officiers c'est a savoir le seneschal de Guienne en disant aucunes parolles/comme en comparagent les Bretons a chatz et disans telz et semblables parolles d'un chapt qui/estoit a une goutiere « Par les playes Dieu se je le tenoy je le tueroye en despit des Bretons! »/et aussy « que ce seroit deshonneur que le pais de Bourdeloys fut gouverne de par Bretons » pour lesquelles/choses ou autrement le dit [suppliant] fut a la requeste du procureur de notre dit feu seigneur et pere prins par/certain sergent royal et constitue prisonnier es prisons de notre chastel de l'Ombriere ou il fut/par aucun temps et apres ce qu'il eut este interroge par l'accesseur dudit seneschal de/Guienne ou autres a ce commis sur les choses dessus dites et plusieurs autres au moien que devant eulx aucuns/contre verite depposerent qu'il avoit dit lesdites parolles tant de notre dit feu seigneur et pere/que dudit seneschal de Guienne se qu'il ne confessa oncques mais l'a tousiours nye en effaict/et contraire ceulx qui ainsi l'avoient dit corps pour corps par sentence et defauts/en jugement par le dit accesseur du lieutenant dudit seneschal de Guienne que pour les dites causes/et autres declairees plus a plein en ladite sentence et mesmement pour plusieurs causes a ce/ mouvans la dite court dudit seneschal il s'en yroit de la dite ville et partiroit hors d'icelle/et du pais de Guienne dedans ung moys hors proces en suivant sans jamais entrer/ne demourer en ladite ville sur peine de confiscacion de corps et de biens et perdre le/benefice de l'efait de l'abolicion octroyee par notre dit feu seigneur et pere au bourgois/et citoyens de la dicte ville de Bourdeaulx dont il s'estoit aide et volu aider jusques a ce/que notre dit feu seigneur et pere en fust autrement ordonne et par ce moien advenu icellui/ poure suppliant qui est homme de mestier et de petite faculte de partir de la dite ville et du dit/pais de Guienne et s'est retraict ou royaume d'Angleterre ou il s'est depuis le dit temps tenu/a sa tres grant desplaisance et ne oseroit jamais retourner ne seurement converser en/la dite ville de Bourdeaulx ne aillieurs ou dit pais se notre grace ne lui estoit sur ce impartie/ainsi qu'il nous a fait remonstrer requerant humblement que actendu qu'il est homme/de mestier et de petite faculte et desja a este futif et absent d'icellui pais l'espace de/troys ou quatre ans ou environ que piteuse chose seroit que soubz umbre desdites parolles/a lui mises sans qu'il a dictes il fust et demourast ainsi banny de la dite ville et ses biens/confisquez il nous plaise sur ce lui impartir notre grace. Pourquoy nous ces choses/considerées voulans misericorde preferer a rigueur de justice au dit poure suppliant qui/sur ce nous a fait requerir avons quicte remis et pardonne quictons remectons et/pardonnons de grace especial plaine puissance et auctorite royal par ces presentes ledit bannissement et retraict oudit royaume d'Angleterre avec les cas et deliz dont icellui ban est ensuy/ensemble toute peine offense et amende corporelle criminelle et civille en quoy pour occasion/dudit cas il pourroit estre avenu envers nous et justice et l'avons rappelle et rappellons/en son hostel et domicille audit lieu de Bourdeaulx es pais de Guienne et restitue et restituons/a sa bonne fame et renommée a ses biens non confisquez et sur ce imposons sillence perpetuel/a notre procureur presens et a venir. Si donnons en mandement par ces presentes a notre seneschal/d'icelle seneschauce de Guienne et a tous noz autres justiciers ou a leurs lieuxtenans presens/et a venir et a chacun d'eulx si comme a lui appartendra que de noz presens grace quictance et rappel de/ban facent seuffrent et laissent le dit suppliant joir et user pleinement et paisiblement/sans lui faire mectre ou donne souffrir estre mis ou donne ores ne pour le temps a venir/aucun empeschement ou destourbier au contraire en corps ne en biens en quelconque maniere/que ce soit lequel se fait mis ou donne lui avoit este mis ou donne ilz l'ostent ou/facent oster et mectre tantost et sans delay chacun en droit soy au premier estat et deu/et affin que ce soit chose ferme et estable a tousiours nous avons fait mectre notre/seel a ces dites presentes sauf en autre choses notre droit et l'autruy en toutes. Donne a Bourdeaulx ou moys de mars l'an de grace mil CCCC soixante et ung/et de notre regne le premier.* [Ainsi signé :] *par le roy a la relacion du conseil. Canpeau. Visa. Contentor.*

RÉSUMÉ

Banni pour avoir injurié le roi et déclaré que les officiers de Charles VII étaient des Bretons, le destin du couturier gascon Bernard de Castaings illustre la superposition des définitions de l'étranger à la fin du Moyen Âge français. Entre punition et miséricorde, ce cas démontre que la mesure de la fidélité l'emportait dans l'analyse de l'identité. Au lendemain d'une conquête, les rois de France ralliaient donc la Guyenne en parvenant à lier naturalité française et bonne sujétion, avant d'imposer ce couple de termes à une population rétive, car attachée à la couronne anglaise depuis des siècles.

ABSTRACT

Banished for having insulted the king and said his officers were Britons, the fate of Bernard Castaings illustrates the mix of definitions of foreignness in late medieval France. Between punishment and mercy, this case demonstrates that the measure of fidelity prevailed in the analysis of identity. In the aftermath of conquest, the kings of France rallied Guyenne. They managed to link being French with being loyal to the king, before imposing these words to an unwilling population that had been attached to the English Crown for centuries.

Seconde partie

L'étranger dans les ports septentrionaux et méridionaux de l'Europe atlantique : éléments de comparaison

L'étranger venu de la mer

Naissance et conscience de la « frontière de mer » dans les îles Britanniques à la fin du Moyen Âge (XIIIe-XIVe siècles)

Frédérique LAGET
Doctorante
Université de Nantes – Centre de Recherches en Histoire Internationale et Atlantique (EA 1163)

L'étranger représente-t-il un risque dans les îles Britanniques à la fin du Moyen Âge? Si oui, de quel type de risque s'agit-il? Et comment est-il combattu? À la racine de ces questions, on trouve souvent trois présupposés. Tout d'abord, le milieu insulaire favoriserait un repli sur soi propice à la crainte des étrangers. Ensuite, les Anglais (plus que les Britanniques en général) ont depuis le Moyen Âge une réputation de xénophobie qui a allègrement passé les siècles[1]. Enfin, il est à noter que dès le Moyen Âge, les Anglais à l'étranger se mêlent très rarement à la population locale, au contraire des autres nationalités; d'autres articles du présent recueil évoquent cela plus en détail.

Les deux derniers points exigent un examen poussé des mentalités qui permettrait de dépasser l'habituel malentendu du « particularisme » britannique[2]. Ce n'est pas là notre propos. Nous nous concentrerons sur les aspects géographiques – l'insularité – et politiques – la perception de l'étranger dans l'idéologie politique – du problème. Autrement dit, le fait que les Îles Britanniques soient entourées par la mer fait-il de celle-ci une frontière? L'insularité britannique fait-elle des étrangers venant par mer un risque particulier?

1. YUNGBLUT, Laura Hunt, *Strangers Settled Here Amongst Us. Policies, Perceptions and the Presence of Aliens in Elizabethan England*, Londres, Routledge, 1996, p. 47.

2. Sur ce point, voir l'article de VINCENT, Nicholas, « Twelfth and Thirteenth-Century Kingship. An Essay in Anglo-French Misunderstanding », dans GENET, Jean-Philippe et RUGGIU, François-Joseph (dir.), *Les idées passent-elles la Manche? Savoirs, représentations, pratiques (France-Angleterre, x^e^-xxe siècles)*, Paris, PUPS, 2007, p. 21-36.

Pour tenter de répondre à cette question, il faut tout d'abord cerner de quoi l'on parle. La question de l'« étrangeté », de l'« extranéité », est complexe. Les îles Britanniques abritent différents peuples depuis le haut Moyen Âge : la césure la plus notable après le Ve siècle est celle qui sépare les « Celtes » des « Anglo-Saxons[3] ». À partir du VIIIe siècle, les invasions scandinaves donnent naissance au clivage entre « Vikings » et « Anglo-Saxons », bien que les Scandinaves installés définitivement en Grande-Bretagne y aient vécu pacifiquement (ainsi dans le Danelaw)[4]. Quant à la conquête normande de 1066, malgré le profond bouleversement qu'elle inaugure, elle ne fait qu'apporter un nouveau clivage idéologique : si les étrangers que sont les Normands s'imposent sans véritable difficulté, ils instaurent progressivement des distinctions entre Anglais (ou « Anglo-Normands »), Gallois, Écossais, Irlandais, qui reviennent en fait à distinguer un « centre » (l'Angleterre, et au-delà le cœur de l'empire Plantagenêt, sur le continent) de ses « périphéries » (les mondes celtiques encore mal connus et mal dominés).

Dans ces conditions, qui est étranger dans les îles Britanniques ? La réponse à cette question serait similaire sur le continent, et les autres articles le rappellent à juste titre : c'est une notion à géométrie variable, qui se définit à différentes échelles (la parentèle, la guilde, la paroisse, la communauté urbaine ou rurale, l'appartenance au même royaume)[5]. Nous comptons l'étudier dans un cadre très précis, celui de l'idéologie politique. Par conséquent, le terme d'« étranger » sera pris ici dans l'acception d'« étranger au royaume », en l'occurrence, au royaume d'Angleterre. Quelques exemples locaux nous aideront à tenter de comprendre le rapport entre la mer et l'étranger et la naissance de cette « frontière de mer » que Froissart évoque à plusieurs reprises dans ses *Chroniques*.

Les XIIIe et XIVe siècles constituent un tournant en la matière : c'est le moment où l'Angleterre s'affirme comme puissance dominante au sein des îles Britanniques, où elle fait montre d'une politique agressive à l'égard de ses voisins et où la guerre contre la France fait de la mer une frontière entre deux pays. Des circonstances particulières, notamment béliqueuses, accroissent le danger.

Les aspects économiques de la question, et surtout le traitement des marchands étrangers, ne seront pas abordés ici. Les intérêts commerciaux et économiques, en effet, ne sont pas exactement les mêmes que les intérêts politiques. Ajoutons à cela que le statut juridique des marchands étrangers, qui conditionne leur accueil et leur traitement, est plus fondé sur leur condition sociale de marchands libres que sur leur qualité d'étrangers[6].

3. CAMPBELL, James, *The Anglo-Saxons*, Oxford, Phaidon, 1982, p. 20.

4. *Ibidem*, p. 162-163.

5. Voir l'introduction de Mathias Tranchant dans le présent recueil.

6. KIM, Keechang, *Aliens in Medieval Law. The Origins of Modern Citizenship*, Cambridge, Cambridge University Press, 2000, p. 10 ; YUNGBLUT, Laura Hunt, *Stranger…*, *op. cit.*, chap. 3 (« *The Presence of Aliens and Government Policy in the Reign of Elizabeth I* »), *passim.*,

Ce sont plutôt des aspects idéologiques qui retiendront notre attention, à travers des sources politiques, mais aussi historiques (notamment des chroniques). Il faut en outre distinguer « l'étranger », au singulier, et « les étrangers » : tandis que le second terme désigne une somme d'individus, le premier se réfère à une notion abstraite et souvent connotée idéologiquement, qui sera étudiée ici.

L'étranger venu de la mer

En quoi l'étranger venant par la mer serait-il différent de l'étranger terrien, c'est-à-dire un Écossais pour un Anglais, un Anglais pour un Gallois, un Français pour un Anglais d'Aquitaine, etc. ? Une petite comparaison peut nous éclairer.

En 1188, Giraud de Barri, dit également Giraldus Cambrensis, termine de rédiger la *Topographia Hibernica*, ou *Topographie de l'Irlande*. Ce clerc gallois accompagne les Plantagenêts dans leur conquête de l'Irlande, et dépeint ce pays et ses habitants dans un but à la fois scientifique et idéologique[7]. Il rapporte une anecdote qu'on lui a relatée :

> « [...] En effet, j'ai entendu des matelots raconter qu'un jour, pendant le carême, ils avaient été poussés par une violente tempête vers les immensités insondables du nord de la mer du Connacht. [...] En moins de trois jours la tempête s'apaisa ; l'air redevint serein et la mer calme. Alors ils aperçurent, à peu de distance, ce qui leur parut être une terre, qui leur était jusque là totalement inconnue.
>
> Peu après, ils virent se diriger vers eux, venant de cette terre, une petite embarcation à rames, étroite et allongée, faite d'osier tressé et couverte de peaux d'animaux cousues entre elles. À bord se trouvaient deux hommes entièrement nus, à l'exception d'une large ceinture de cuir brut nouée autour de leurs reins. Ils avaient des cheveux blonds très longs qui tombaient sur leurs épaules, suivant l'usage irlandais, et leur couvraient presque tout le corps. Quand les matelots apprirent qu'ils étaient du Connacht et parlaient irlandais, ils les firent monter à bord de leur navire. Les deux hommes se mirent à s'étonner de tout ce qu'ils voyaient comme de choses nouvelles.
>
> Ils disaient n'avoir jamais vu auparavant de grand bateau en bois, ni de vêtements d'hommes. On leur offrit à manger du pain et du fromage, mais ils refusèrent l'un et l'autre de ces aliments qu'ils ne connaissaient pas. Ils expliquèrent qu'ils avaient l'habitude de se nourrir seulement de viande, de poisson et de lait. Ils ne portaient pas de vêtements, sauf des peaux de bêtes, parfois, en cas de grande nécessité. Ils demandèrent aux matelots s'ils avaient de la viande à bord pour déjeuner ; ceux-ci répondirent qu'on ne pouvait manger de viande pendant le carême, mais eux ne savaient pas ce qu'était le carême. Ils n'avaient aucune notion de l'année, du mois, de la semaine, et ignoraient complètement le nom des jours. Quand on leur

qui comporte d'utiles rappels sur la politique des rois médiévaux envers les marchands étrangers.

7. En décrivant un univers étranger et incompréhensible, c'est la conquête anglo-normande et son œuvre de « civilisation » des Irlandais qu'il cherche à justifier.

> demanda s'ils étaient chrétiens et baptisés, ils répondirent qu'ils n'avaient jamais entendu parler du Christ et qu'ils ne le connaissaient pas[8] ».

Ce texte donne une vision de l'étranger purement anthropologique. Le clivage entre « nous » et « eux » se fonde sur la connaissance de choses jugées indispensables à la civilisation, au premier chef le Christ. L'extranéité est ici la marque de la barbarie. Ajoutons à cela que le motif de la rencontre au milieu de la mer, probablement ancien, signale pour le lecteur averti un événement de type extraordinaire, voire surnaturel : il est au cœur du voyage de saint Brendan, dont l'origine remonte au ve siècle et qui fut maintes fois relaté au cours du Moyen Âge. On le retrouve dans plusieurs légendes de l'Atlantique nord. On reconnaît là le motif de l'inversion, où les protagonistes rencontrent quelqu'un ou quelque chose qui s'avère être leur double inversé. La mer, élément hors du monde connu, se prête particulièrement à ces rencontres proprement « merveilleuses[9] ». En outre, les matelots sont victimes d'une tempête qui dure trois jours, ce qui est un lieu commun classique dans la littérature[10].

L'étranger ne se distingue, chez Giraud, ni par sa langue ni par sa nation, mais par son exclusion de la « civilisation ». En cela, notre clerc est assez représentatif de l'ambition des Plantagenêts dans les îles Britanniques : conquérir les périphéries celtiques, non pas uniquement par la guerre et la soumission de force, mais principalement par l'assimilation[11].

Giraud est un clerc qui présente une version idéologisée des événements qu'il narre. Près de deux cents ans plus tard, d'autres clercs, relatant eux aussi des faits qui leur semblent mémorables[12], donnent des étrangers venant par la mer une toute autre vision. Prenons le cas de l'un des continuateurs de Matthieu Paris à l'abbaye de Saint-Alban, Thomas Walsingham. Sa *Chronica maiora* couvre les années 1376-1420 et se distingue d'autres chroniques contemporaines par sa virulence envers les « non-Anglais ». Ainsi, par exemple, lors de la retraite française de 1377 :

---

8. GIRAUD DE BARRI, Topographia Hibernica *(La Topographie de l'Irlande)*, éd. de BOIVIN, Jeanne-Marie (éd.), *L'Irlande au Moyen Âge. Giraud de Barri et la* Topographia Hibernica *(1188)*, Paris, Champion-Slatkine, 1993, p. 255-256.

9. Nous nous trouvons doublement ici dans le registre du merveilleux : d'une part parce que l'histoire se situe sur « les immensités insondables » de la mer, d'autre part parce que cette mer, la mer du Connacht, est inconnue de Giraud. Située à l'ouest de l'Irlande, sur sa côte atlantique, elle est pour lui très lointaine et ouverte sur l'inconnu.

10. Nous pouvons raisonnablement penser que l'anecdote est ainsi située dans le cadre de la fiction, mais présentée comme authentique (Giraud a « entendu des matelots raconter ») afin d'apporter du crédit au message idéologique qu'elle porte.

11. DAVIES, Rees R., *Domination and Conquest. The Experience of Ireland, Scotland and Wales, 1100-1300*, Cambridge, Cambridge University Press, 1990, p. 14-15.

12. Nous pouvons citer ici, pour les exemples les plus connus, la *Chronica Majora* de Matthieu Paris, antérieure à 1300, et le *Polychronicon* de Ranulf Higden, traduit en anglais au XVe siècle par John de Trevisa. Sur les chroniques anglaises, voir GENET, Jean-Philippe, *La Genèse de l'État moderne. Culture et société politique en Angleterre*, Paris, PUF, coll. « Le Nœud gordien », 2003, p. 286-292, et GRANSDEN, Antonia, *Historical Writing in England*, vol. 2 *(C. 1307 to the Early Sixteenth Century)*, Londres, Routledge, 1998.

> « Lorsque les Français s'aperçurent que l'hiver était sur eux, ils se hâtèrent de rentrer dans leur pays, surtout parce que les galées dans lesquelles ils étaient ne pouvaient supporter les intempéries hivernales de cette année. Bien qu'ils aient tenté de faire irruption en de multiples lieux, ils ne débarquèrent nulle part, sauf là où aucune défense de mer n'avait été constituée. De sorte que, s'ils avaient été aussi courageux que leur armée était nombreuse, l'Angleterre aurait certainement subi d'irréparables pertes. Mais béni soit Dieu pour tout, qui garda les Anglais en Sa mémoire, les appelant à la pénitence par des événements si terrifiants, de sorte qu'ils furent ramenés des erreurs de leurs chemins alors qu'ils ne savaient comment jouir de Sa douceur[13]. »

Cet extrait est loin d'être le seul à évoquer les étrangers, et notamment les Français. Il est cependant emblématique de la rhétorique de Walsingham pour deux raisons. Tout d'abord, il souligne la couardise des Français, ce que notre auteur ne se prive pas de faire en d'autres occasions, utilisant là un stéréotype déjà largement répandu à l'époque. Ensuite, ce sont des différences de « nations » (nous n'employons qu'avec précaution un terme dont l'usage pourra paraître ici anachronique) et non des différences anthropologiques qu'il remarque. L'étranger se définit en creux comme « celui qui n'est pas Anglais ». Cela correspond, il faut le remarquer, à un clivage réel, et qui naît au cours du XIVe siècle : sont intégrés à la « nation » ceux qui bénéficient de la protection du roi. Pour ce faire, il leur faut prêter hommage au roi, dans certains cas un hommage lige[14]. Nous aurons l'occasion d'y revenir.

Chez Walsingham, il faut noter que l'étranger est systématiquement présenté comme une menace ; la référence fréquente qu'il fait aux défenses côtières souligne bien qu'il s'agit avant tout de s'en protéger, si bien que les étrangers lui paraissent animés d'une hostilité naturelle autant qu'injustifiée envers les Anglais *parce qu'ils sont Anglais*. L'extrait suivant est à ce titre particulièrement éclairant :

> « À la même époque [1385], le roi de France et ses Français commencèrent à se vanter de la destruction qu'il avait imaginé infliger au royaume d'Angleterre depuis longtemps, et donna des ordres pour rassembler des bateaux de partout (*undecunque*) en une flotte et les amarrer à L'Écluse. [...] Une rumeur circula en Angleterre, disant que six cents navires avec une énorme armée étaient sur le point de s'y diriger, et qu'ils rempliraient sur-le-champ la totalité du royaume comme des sauterelles sans qu'il y ait le moindre espoir de salut ; et non seulement les gens du commun, mais aussi les chevaliers eux-mêmes, jadis entraînés, désormais ramollis (*effeminati*), jadis hardis et désormais craintifs, jadis avisés et désormais déraisonnables et lâches, commencèrent à trembler, et ils parlaient, non de résistance ou de tactiques de guerre, mais de fuite et de reddition[15]. »

---

13. *The Saint Albans Chronicle. The* Chronica maiora *of Thomas Walsingham, I (1376-1394)*, éd. de TAYLOR, John, CHILDS, Wendy R. et WATKISS, Leslie, Oxford, Oxford University Press, 2003, p. 166 (ici traduit du latin).

14. KIM, Keechang, (*Aliens in Medieval Law*..., *op. cit.*, p. 143) souligne qu'à partir du statut *Ultra mare* de 1351, c'est le serment d'allégeance au roi d'Angleterre qui fonde l'appartenance au corps politique.

15. *The Saint Albans Chronicle*..., *op. cit.*, p. 752.

Ce qui est au départ une rumeur d'invasion française, phénomène presque courant depuis la fin du XIIIe siècle, devient chez Thomas Walsingham une vision eschatologique. Trois choses sont à remarquer dans cet extrait. Ni ici, ni ailleurs, le texte ne mentionne de raison à cette volonté de « destruction » *(exicium)*; elle apparaît comme la manifestation d'une haine gratuite et tenace, que la simple conquête ne suffirait pas à apaiser. Cette menace inclut également d'autres nations, on ne sait exactement lesquelles (« des bateaux de partout », *undecunque*); l'Angleterre apparaît donc entourée de nations menaçantes. Tout ce qui n'est pas anglais est hostile à l'Angleterre et il faut s'en protéger. La terreur qu'inspire cette rumeur d'invasion est caractéristique. Walsingham fait une référence très claire à l'une des douze plaies d'Égypte, l'invasion de criquets; c'est un élément significatif, car les malheurs de l'Angleterre sont chez lui une expiation de ses péchés.

Le moine de Saint-Alban, on le voit bien, propose une vision particulièrement catastrophiste de la situation de l'Angleterre à la fin du XIVe siècle. Ce point de vue particulier ne peut pas être appliqué mécaniquement au reste de la population britannique, ni même aux autres membres de l'élite intellectuelle anglaise; en revanche, il révèle, derrière une sensibilité individuelle, un air du temps propice aux inquiétudes et aux peurs d'invasion. Walsingham s'inscrit dans ce contexte avec l'outillage mental qui est celui de son milieu et la personnalité qui est la sienne.

Au-delà de ces premières remarques, que peut nous apprendre la tonalité eschatologique de ce texte? Que l'Angleterre apparaît entourée d'ennemis, ce qui crée une équivalence implicite et automatique entre nations étrangères proches, d'une part, et ennemis d'autre part. Que ces ennemis arrivent par mer, ce qui rend leur invasion d'autant plus imprévisible et donc d'autant plus redoutée. L'Angleterre apparaît chez Walsingham comme une « cité assiégée », dont les murailles seraient la mer.

Peut-on attribuer cela au seul contexte de la guerre de Cent Ans? À partir du XIIIe siècle déjà, l'Angleterre se lance dans la défense de ses côtes. Nous étudierons plus loin cet aspect de la question. Reste que cette fortification de la grande île britannique révèle en creux la conscience croissante que les autorités politiques ont du risque maritime, ou plus exactement « venant par mer ». Les menaces françaises, notamment l'invasion ratée de 1216-1217, incitent les rois anglais à se protéger de l'étranger lorsqu'il vient par la mer. Ainsi, le 21 septembre 1264, Henri III donne des ordres précis pour garder les côtes anglaises : installation d'un guet en Essex, Norfolk et Suffolk, réquisition de chevaliers, équipement des navires royaux mouillant à Sandwich[16]. Pourquoi ces précisions? Le texte du *Calendar of Patent Rolls* dit « puisque cela est nécessaire, pour la défense du royaume contre l'invasion des étrangers [...][17] ». Sur toutes les lettres patentes des rois anglais

16. *Calendar of the Patent Rolls Preserved in the Public Record Office* (CPR), *Henry III, AD 1258-1266*, Londres, PRO, 1906, p. 349.

17. « *As it is necessary for the defence of the realm against the invasion of aliens* [...] ». Il faut cependant rester prudent en utilisant les *Calendars*, car ils peuvent reflêter les senti-

de notre période ordonnant la surveillance des côtes, celle-ci est la seule à mentionner une invasion d'étrangers indéfinis ; d'autres citent nommément les Écossais[18] ou les Français[19]. Qui sont alors les « étrangers » évoqués par Henri III, et pourquoi reste-t-il si évasif ? Sans doute cette mention imprécise trahit-elle l'angoisse du roi envers une attaque qui pourrait arriver à tout moment, sans que l'on puisse savoir d'où elle viendra.

L'on retrouve quelque chose de similaire dans un autre texte de la Chancellerie anglaise, un siècle plus tard, à l'époque d'Édouard III, dans un *memorandum* des réclamations de Rye, Hastings et Winchelsea :

> « Fait a remembrer que la ville de Rye par la coste de la mer n'est de peu afforce pour defense de la dite ville, et comme que les gents soient de une conyve et de une volunte, eux ne osent enprendre pour eux mesmes pour saluement garder cele ville pour enemys doint eux pourrouint, que les gentz del ysle de Oxneye[20] soient assignez a eux. [...]
>
> Item les bones gentz de Wynchelse ont bien afforce lour ville devers la mer, et ne soi doutent des aliens, or la garde soet ordine come sus est dit [...][21] ».

Le terme *alien*, passé en anglais à partir du XIVe siècle, vient du latin *alienus*, signifiant littéralement « qui appartient à un autre », et de là « étranger ». Ici, les villes réclament de pouvoir organiser leurs défenses contre à la fois les *ennemis* et les *étrangers* ; il semble bien que les deux catégories soient utilisées de façon interchangeable. Notons bien que les deux villes évoquent leurs défenses « par la coste de la mer », « devers la mer » : il ne s'agit pas d'éventuels intrus arrivant par voie de terre, mais bien de quiconque débarquerait par la mer. Dans ce cas comme dans les précédents, on ne sort pas de la rhétorique obsidionale que nous avons vue plus haut chez Thomas Walsingham.

Si ces témoignages tendent à assimiler étrangers et ennemis, c'est sans doute aussi parce que l'étranger, dans le discours politique, est celui qui n'est pas allié au roi, et qui est par conséquent un ennemi potentiel. Le 28 septembre 1295, Édouard Ier proclame l'édit suivant :

> « *Mandate to John Buteturte, keeper of the sea-coast at Jernemut*[22], *and his bailiffs of Jernemuth, to make public proclamation once a week that no persons presume to molest men of Holland, Zeland and Friesland, who are of the king's alliance, and are coming to fish off Jernemuth, but that they be aiding and assisting them until Martilmas*[23, 24]. »

---

ments du scribe chargé de résumer le *roll*, plutôt que la volonté réelle du roi. En tous les cas, cela dévoile toujours des faits de mentalités intéressants.

18. CPR, *Edward II, AD 1313-1317*, p. 234.

19. CPR, *Henry V, AD 1416-1422*, p. 268.

20. L'île d'Oxney, qui est aujourd'hui un lieu-dit, est située dans le Kent, près de Rye. Elle est maintenant intégrée aux marais de Romney *(Romney Marsh)*, à l'est de Rye, mais était encore une île au moment où la côte a commencé à s'envaser, au XIIIe siècle.

21. National Archives, Kew (Surrey) (PRO), C *(Chancery)* 47/2/48/8, s. d.

22. Yarmouth, sur l'île de Wight.

23. Martilmas, Martlemas ou Martinmas est la fête de saint Martin, célébrée le 11 novembre.

24. CPR, *Edward I, AD 1292-1301*, p. 149.

Ces pêcheurs hollandais, zélandais et frisons sont protégés car leurs nations sont alliées du roi[25]. Ils lui ont donc indirectement prêté allégeance et ne sont pas considérés comme réellement « étrangers ». Leur sort ne diffère pas de celui d'un Anglais : la protection du roi s'obtient, non en raison de l'appartenance à telle ou telle nation, mais en échange d'une garantie de fidélité[26]. Il serait pourtant précipité d'en déduire que l'alliance royale fait de ces étrangers des sujets du roi d'Angleterre. Simplement, ils n'en sont pas ennemis. La proclamation ordonnée par le roi semble toutefois signifier que pour les gens du cru, ces hommes arrivant sur leurs bateaux sont perçus comme une concurrence menaçante. Le discours royal n'est donc pas à considérer comme représentatif de faits de mentalités qui seraient partagés par l'ensemble des sujets du royaume; il caractérise une idéologie politique particulière.

Tandis que la mer de Giraud était ouverte sur de bienveillants inconnus, incarnant un monde à conquérir, celle de Walsingham, de Rye ou Winchelsea, des pêcheurs de Yarmouth, convoie des étrangers menaçants dont il faut se protéger.

Comment se protéger de l'étranger?

La surveillance côtière se met en place dès avant la guerre de Cent Ans, à partir du règne d'Édouard Ier, c'est-à-dire à un moment où l'Angleterre redoute encore une invasion française. À partir des années 1330, les craintes anglaises se révèlent fondées, mais l'ennemi attaque sous une autre forme : le raid côtier, qui a une portée économique (puisqu'il touche les ports) et psychologique profonde. Sa pratique est initiée par les Écossais. Durant toute la décennie 1330, ils attaquent quasiment une fois par an, en East Anglia, sur la côte sud, sur l'île de Man. À partir de 1338, ce sont les Français qui prennent le relais : Portsmouth et Southampton sont ravagés en 1338, Harwich, Hastings et Plymouth en 1339.

La garde de la côte est bien attestée sur le continent depuis le haut Moyen Âge : dès le XIIIe siècle en Normandie, des hommes soldés assurent le Guet de la Mer[27]. En Angleterre, c'est encore une fois Édouard Ier qui désigne les premiers amiraux dans les années 1290, et qui restaure par la même occasion l'office de Gardien de la Côte, ou de la Mer *(Keeper of the Coast, of the Sea)*. Ainsi, en 1295, entre le 16 septembre et le 6 décembre, il assigne 14 personnes à la garde des régions maritimes du pays, pour une durée indéterminée[28]. L'*earl* de Warenne semble tout superviser puisqu'il

25. À cette période, le roi d'Angleterre soutient la Hollande et ses possessions (Frise et Zélande, bientôt Hainaut) contre le comte de Flandre Guy de Dampierre. Cela ne l'empêche pas de chercher à se rapprocher de la Flandre contre la France à partir de 1292 environ.

26. KIM, Keechang, *Aliens in Medieval Law…*, *op. cit.*, p. 29.

27. RUSSON, Marc, *Les côtes guerrières. Mer, guerre et pouvoirs au Moyen Âge. France – Façade océanique XIIIe-XVe siècle*, Rennes, PUR, p. 225.

28. « To the custody, during pleasure, of the maritime parts » (CPR, *op. cit.*, p. 142, 147, 149, 152, 157 et 169). Ces 14 *Keepers of the Coast* sont John comte de Warenne,

est affecté sur la côte (« *[to] the sea coast* »), sans autre précision, et peut contraindre tout homme à participer à la défense côtière si cela s'avère nécessaire[29]. Il est le premier nommé. Les suivants sont affectés à Yarmouth, dans le Surrey et le Sussex, dans le Kent, à Jersey et Guernesey, à Lewes, Pevensey et Hastings (East Sussex), à Chichester, Arundel et Bramble (West Sussex), à Southampton et dans l'île de Wight, dans l'Essex, le Suffolk, à Norwich, dans le Norfolk. Les archives de l'Échiquier, à Londres, comptent plusieurs listes d'hommes astreints à la surveillance des côtes et payés en fonction de leurs jours de travail sur les mêmes côtes[30]. Si l'on cartographie les localisations de ces premières surveillances côtières, on constate que l'Angleterre est alors un pays qui cherche à se protéger de l'étranger sur quasiment toutes ses côtes (fig. 1).

Ce système est officialisé en 1339 avec la création de la *Sea Guard*, une milice côtière recrutée dans tous les districts situés à moins de 18 miles de la côte. Elle dépend du *Keeper* de son comté[31]. Une hiérarchie administrative commence à se dessiner pour la seule surveillance de la mer.

La défense passe également par le renforcement des villes côtières. Yarmouth se dit en 1385 « frountier et forte ville de guerre[32] », ce qui laisse à penser que les deux vont de pair. Dans le *memorandum* daté du règne d'Édouard III que nous avons cité quelques pages plus haut, Rye, Winchelsea et Hastings ont réclamé au roi des moyens pour pouvoir renforcer les défenses de leurs forteresses.

> « Fait a remembrer que la ville de Rye par la coste de la mer n'est de peu afforce pour defense de la dite ville, et comme que les gents soient de une conyve et de une volunte, eux ne osent enprendre pour eux mesmes pour saluement garder cele ville pour enemys doint eux pourrouint, que les gentz del ysle de Oxneye soient assignez a eux.
>
> Item les gentz qui sont de la Rye, Wynchelse, Hastings et autres sur celes costes et ports, que Johan de Dokhole et Johan de Datelessois et Johan de Ore [onetement et semblablement] soient assignes gardeins et arraiours en la mer pour faire la garde, solent ce que ad este use avant ces houres et de foires, harinbelnes et autres choses pour la dite garde en le pays de Hastynges.
>
> Item les bones gentz de Wynchelse ont bien afforce lour ville devers la mer, et ne soi doutent des aliens or la garde soet ordine come sus est dit, mais ils soi doutent plus des de[-] [ems] come le portour de ceste vous dirra plus pleinement doict il comment ordiner hasoist remedie [-][33] eschire.

John Buteturte, William de Alta Ripa, Henry de Cobeham, Matthew Giffard, Stephen de Cusington, William de Lespeys, Henry Russel, William de Stokes, Adam Gurdun, Richard de Tany, William de Boville, Robert de Malteby, Peter Rocelyn (certains sont affectés à deux endroits différents).

29. « [...] *with power to compel persons to assist in the defence when necessary* » (CPR, *op. cit.*, p. 142).

30. Notamment C 47/2 *(Army and Navy)*, n° 10/16 (17 novembre 1295), 12 (1er décembre 1296), 49/1 (sous Richard II).

31. Rodger, Nicholas A. M., *The Safeguard of the Sea. A Naval History of Britain*, vol. 1 *(660-1649)*, Londres, Harper Collins, 1997, p. 136.

32. *Ibidem*, p. 79.

33. Le texte est effacé par endroits.

Figure 1 – *Le guet de la mer en Angleterre*

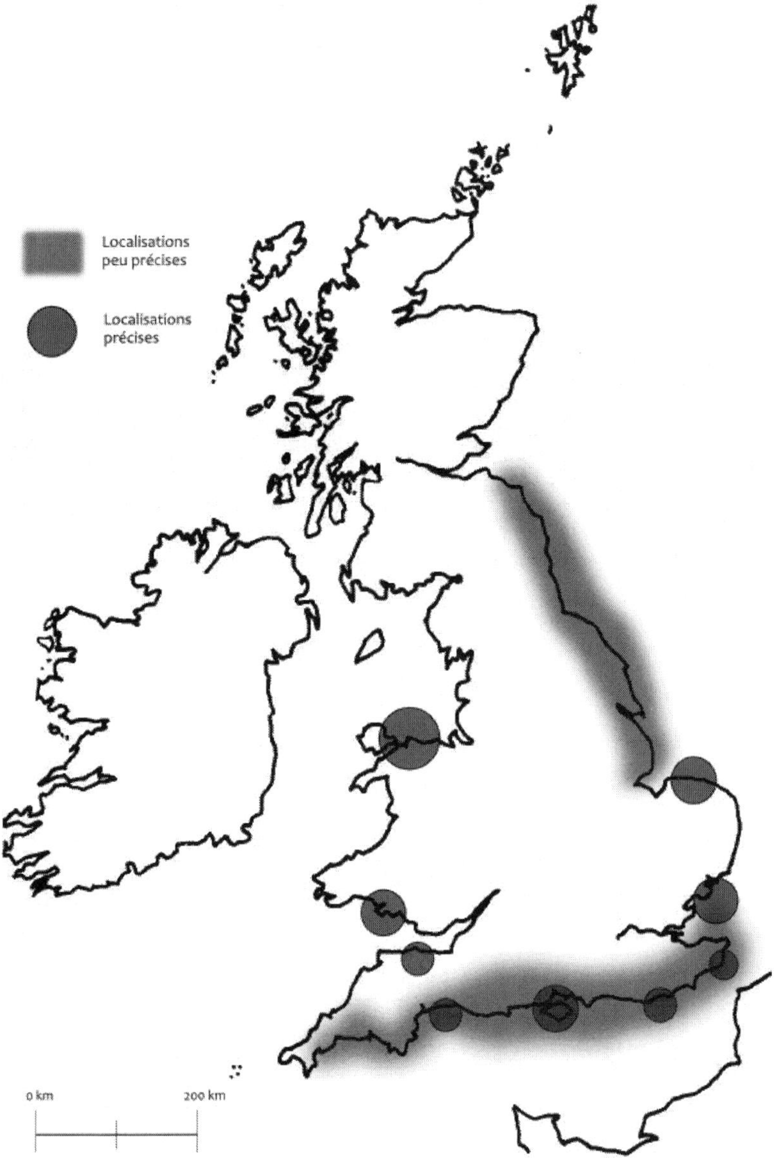

> Item les gentz de Hastynges sont en grendres perils que les autres, pour que eux seront que eux puissent estre aider de cent archiers, et eux mesmes les trovoint a manger et boire a ou que eux dient les autres villes par les costes, al aide de Dieu, seroint bien gardes or gardeins et conestables et hernebelenes et autres choses soient ordines solont le anncient manere et commissions faites as gentz en pais et brefs mandes as abbes et priours et autes granntz que onnt ores en la mer qils soi treient lanndroites oue lour mesnye et que ceux qui seront assignes gardeins eient poair a destrendre et punir ceux qui deyent la garde faire [...][34]. »

Nous voyons bien ici que la défense des villes côtières est une prérogative royale : c'est le roi qui y affecte le personnel. La défense de Rye par les gens de l'île d'Oxney, la désignation de trois Gardiens de la côte, l'envoi de cent archers relèvent de la Chancellerie. En revanche, ce sont les habitants de Hastings qui doivent entretenir les archers. La mise en place d'une administration spécifiquement dédiée à ce problème de défense côtière se confirme. La protection contre le risque de l'étranger devient une question d'État. Plus tard, sous les Tudor, la prise en main étatique de l'immigration (autrement dit, des étrangers qui s'installent à demeure en Angleterre) devient un fait[35]. Il est permis de penser que parmi les facteurs qui entrent dans l'explication de ce problème complexe, on trouve une perception particulière de la mer qui entoure les îles Britanniques.

La mer, danger ou protection ?

Le XIIIe siècle est le moment où l'Angleterre s'affirme comme une véritable puissance régionale. Il nous faut ici faire une incise à ce sujet, car cet élément nouveau crée des ennemis pour l'Angleterre et accroît les tensions sur ses marches.

Le premier choc se produit en 1204. Au temps de l'empire Plantagenêt, la mer constituait une route qui reliait les deux grands ensembles français et anglais. La *transfretatio regis*, notamment, autrement dit le service de transport du roi d'une rive à l'autre, montrait bien que si la Manche constituait un obstacle naturel au cœur de l'ensemble anglo-normand, cela n'interdisait nullement les communications d'une rive à l'autre[36]. D'un côté à l'autre de la mer, l'on restait dans un même ensemble politique. La perte de la Normandie par l'Angleterre, en 1204, fait de cette limite naturelle une frontière politique.

En outre, à la fin du XIIIe siècle, les rois anglais se lancent dans la conquête par la force de territoires sur lesquels ils avaient déjà une autorité féodale[37]. Auparavant, un certain *statu quo* s'était maintenu ; les troubles s'étaient raréfiés sur les périphéries de l'Angleterre. Tout cela change après

34. National Archives, Kew (Surrey) PRO, C *(Chancery)* 47/2/48/8.
35. YUNGBLUT, Laura Hunt, *Strangers...*, *op. cit.*, p. 44.
36. LE PATOUREL, John H., *The Norman Empire*, Oxford, Clarendon Press, 1976, p. 165-176.
37. Le roi d'Écosse Malcolm III s'était reconnu vassal du Conquérant en 1072, les rois irlandais avaient fait allégeance à Henri II Plantagenêt en 1175, le Pays de Galles se trouva

1270 : le Pays de Galles est conquis en deux guerres (1277 et 1282), l'Écosse est envahie en 1296, dix ans après la mort de son roi Alexandre III, les incidents se multiplient sur les marches de Guyenne. Les causes possibles de la politique agressive d'Édouard Ier sont multiples, et il serait ici hors de propos de les énumérer. Toutefois, il faut constater que ces conquêtes militaires sont à l'origine de guerres plus ou moins longues (l'Écosse reste longtemps après une épine douloureuse dans le pied anglais, au moins jusqu'au milieu du XIVe siècle) et créent, de fait, des ennemis déclarés de l'Angleterre. Ses voisins celtiques étaient déjà quelque peu étrangers ; ils deviennent inquiétants. Encore faut-il mentionner l'adversaire naissant des rois anglais, la France : depuis la tentative d'invasion de 1216-1217, qui avait vu Louis VIII prendre pied en Grande-Bretagne[38], les Français sont perçus comme une menace. Après 1293 et la construction du Clos des Galées à Rouen, on craint l'invasion définitive et des rumeurs circulent (notamment en 1295 et 1297). Après avoir été une route maritime, la Manche devient une véritable zone de frontière.

L'Angleterre devient une puissance régionale, mais se trouve du même coup encerclée par des étrangers qui sont autant d'ennemis[39]. Elle est de plus isolée au milieu de la mer, ce qui accroît sa vulnérabilité. En 1331, alors que la guerre de Cent Ans n'a pas encore débuté, les îles de Jersey et Guernesey se plaignent d'être « en aperte oppression et apoverissement et peril de desheritance [...] mesmement pur ce qils sont enclos de la grant mer en la marche de toutes nacions[40] ». La mer est une zone de marches au même titre que les périphéries celtiques ou aquitaines.

C'est dans ce contexte qu'en 1293, une bataille navale dans le chenal du Four, en Bretagne, unit des Gascons, des Irlandais et des Anglais des Cinque Ports contre des Normands ; après leur victoire, les Gascons attaquent La Rochelle[41]. Le roi anglais, en tant que seigneur d'Aquitaine, est tenu pour responsable d'avoir autorisé ses sujets gascons à combattre ceux de son seigneur, le roi de France, et il est convoqué devant la cour de justice royale à Paris. Pour diminuer la gravité de cette « catastrophe diplomatique[42] », les diplomates anglais présents à Paris imaginent de faire d'une offense à

---

partagé entre seigneuries anglaises et principautés galloises, ce qui correspondait *grosso modo* au XIIe siècle à un partage nord-sud.

38. SIVERY, Gérard, *Louis VIII. Le lion*, Paris, Fayard, 1995, p. 156-163.

39. On pourrait tenter un rapprochement entre ces périphéries, autrefois soumises et désormais ennemies, et les zones que le Kremlin désigne aujourd'hui comme « l'étranger proche », qu'il tente à la fois de combattre et d'intégrer. Les zones celtiques ne sont cependant pas les seules concernées : Jean-Philippe Genet remarque dans *Les îles Britanniques au Moyen Âge* (Paris, Hachette, 2005, p. 181) que « l'instabilité de la société gasconne [sous le règne d'Édouard Ier] est celle d'une société de frontière, comparable à celles du pays de Galles ou de la *Border* écossaise ».

40. CHAPLAIS, Pierre, *Diplomatic Practice*, I, 207.

41. Ces événements font partie des conséquences de l'attaque de marins bretons par des marins bayonnais à la pointe Saint-Mathieu la même année. Voir FAVIER, Jean, *Les Plantagenêts. Origines et destin d'un empire, XIe-XIVe siècles*, Paris, Fayard, 2004, p. 792-793.

42. RODGER, Nicholas A. M., *The Safeguard of the Sea...*, *op. cit.*, p. 78.

un suzerain un problème entre deux nations souveraines et placées sur un pied d'égalité. Pour le roi d'Angleterre, les sanctions éventuelles seraient alors plus clémentes. Pour cela, ils font de la Gascogne un véritable morceau de l'Angleterre. Comment ? En affirmant que

> « du temps qil ny ad memoire du contraire, [les Anglais] averoient este en paisible possession de la sovereigne seigneuries de la meer d'Engeleterre et des isles esteans en ycele[43] ».

Il faut comprendre cette phrase comme l'affirmation d'une domination souveraine du roi d'Angleterre sur la mer. Si l'on suit ce raisonnement, la mer est véritablement intégrée au territoire anglais, et ne crée aucune discontinuité territoriale entre la grande île et la Gascogne. *Ergo*, la Gascogne fait partie de l'Angleterre, et si c'est bien Édouard Ier qui est le seigneur de cette région, c'est en tant que roi d'Angleterre et non en tant que duc de Gascogne. Cette intégration juridique de la mer au territoire est alors un fait totalement nouveau[44].

Par la suite, cette revendication de la souveraineté sur la mer s'affirme à un point tel que les continentaux eux-mêmes ont conscience d'une « frontière de mer ». Ainsi Froissart au sujet des événements de 1400 :

> « § 81. Comment le roy de France mist sus une grosse armee pour aller sus les frontieres d'Angleterre. Quant ce vint sus le pas que on compta l'an mil .iiij., le roy de France, son frere, leurs oncles et leurs consaulx, entendirent que les Anglois, gens d'armes et archiers, passoient la mer et se bouttoient dedens Calais et dedens Guisnes, Hames, Oye et Bavelinghehen, et pourveoient grandement les lieux. [...] Il fu sceu en Angleterre que, au commandement du roy de France et de son conseil, les Franchois se pouveoient moult fort et garnissoient citez, villes et chastiaulx sus les frontieres de Picquardie, [...] ; mais estoient les frontieres, tant de France, comme Guisnes et Calais, en ruynne, mais point ne couroient encore l'un sur l'autre, car point n'en avoient encore de commandement[45]. »

Froissart désigne explicitement les rivages français comme matérialisant la frontière entre France et Angleterre. Si l'on s'accorde avec lui, cela signifie que sur la Manche, les Anglais sont chez eux. Nous sommes bien là dans la continuité de l'affirmation anglaise de 1293. Comment comprendre cette démarche ?

On peut avancer que le roi anglais, en s'affirmant comme « souverain sur la mer », cherche à faire d'une faiblesse un atout. Cette mer qui encercle les îles Britanniques, les rendant plus vulnérables aux attaques, nécessi-

43. CHAPLAIS, Pierre, *Diplomatic Practice*, *op. cit.*, I, 206.

44. C'est également une conception tout à fait remarquable de la souveraineté territoriale, et qui sert de fondement au *Libelle of Englyshe Polycye* quelque cent quarante ans plus tard. Mais à l'époque du *Libelle*, l'Angleterre a les moyens matériels de revendiquer cette souveraineté ; ce n'est pas encore le cas au XIVe siècle, où cela s'assimile plutôt à un « tour de passe-passe » diplomatique.

45. FROISSART, Jean, *Chroniques. Livres III et IV*, Paris, Le Livre de Poche, coll. « Lettres Gothiques », 2004, p. 852-853.

tant de solides infrastructures de surveillance, devient alors un glacis de protection. Face à des étrangers de plus en plus mal perçus, le salut de l'Angleterre passe par la maîtrise de la mer.

•

Cet article ne représente qu'une modeste tentative pour lancer des pistes de réflexion sur le rapport entre une situation géographique donnée (la prégnance de l'élément marin dans les îles Britanniques) et l'idéologie politique en ce qui concerne un risque particulier (ici, celui de l'étranger). Il nous semble toutefois important de souligner, au terme de cette brève réflexion, le rôle particulier que joue la mer pour les Britanniques : de lien entre les terres et les peuples, elle devient à la faveur de l'affirmation nationale anglaise un facteur de risque nouveau. L'étranger qui vient par mer est un risque pour l'Angleterre. Ses souverains médiévaux n'ont cessé de vouloir l'en protéger. Sur ce point, l'État anglais ne diffère pas vraiment de ses contemporains continentaux : en Bretagne[46], en France[47], les souverains protègent également leurs côtes et instaurent des réglementations comparables au *Sea Guard* de 1339. La différence, nous semble-t-il, réside dans le rôle que ce problème a joué au sein de la construction politique de l'Angleterre : en intervenant au moment où celle-ci se constitue véritablement comme nation, la crainte de la mer (et de ceux qui en viennent) se superpose à la construction idéologique de l'« étranger ». Deux siècles plus tard, un illustre Anglais définira ainsi son pays :

> « *This precious stone set in the silver sea,*
> *Which serves it in the office of a wall,*
> *Or as a moat defensive to a house*
> *Against the envy of less happier lands,* [...]
> *England, bound in with the triumphant sea*[48]... »

46. Moal, Laurence, *L'Étranger en Bretagne au Moyen Âge : présence, attitudes, perceptions*, Rennes, PUR, 2008 (voir également l'article de Laurence Moal dans le présent recueil); Faucherre, Nicolas, Prost, Philippe et Chazette, Alain (dir.), *Les fortifications du littoral : la Bretagne sud*, Niort, Patrimoines & Médias, 1998.

47. Russon, Marc, *Les côtes guerrières...*, *op. cit.*; Barré, Éric, « Un aspect de la défense maritime du Cotentin au Moyen Âge, la mise en place du Guet de la Mer », dans *Les Normands et la mer. XXVe Congrès des sociétés historiques et archéologiques de Normandie*, Saint-Vaast-la-Hougue, Musée maritime de l'île de Tatihou, 1995.

48. Shakespeare, *Richard II*, ii, 1 (monologue de Jean de Gand).

RÉSUMÉ

Cet article analyse l'attitude de l'Angleterre vis-à-vis de l'étranger aux XIIIe et XIVe siècles. Au cours de cette période, celui-ci est assimilé à un ennemi, ce qui peut s'expliquer par l'isolement progressif de l'Angleterre à partir du XIIIe siècle et la transformation de la mer en une nouvelle frontière. Quiconque vient par la mer est alors perçu comme une menace dont il faut se protéger.

ABSTRACT

This paper deals with the attitude of England towards the aliens in the 13th and 14th centuries. During this period, they were gradually considered as enemies. We can explain that by two factors: England got more isolated in Europe, and the sea came to be seen as a new kind of border. Anyone coming from the sea was then considered as a threat. Hence a new need for protection.

Commerce, conflits et justice : les marchands portugais en Flandre à la fin du Moyen Âge[1]

Flávio MIRANDA
Doctorant
Université de Porto - CITCEM
boursier de la Fundação para a Ciência e a Tecnologia

Le comté de Flandre a été pendant le Bas Moyen Âge un paradis pour les affaires et le commerce, avec des villes prospères qui ont bénéficié d'une diversité sociale reposant sur un équilibre entre noblesse, clergé, petits propriétaires de terres, agriculteurs, artisans et marchands[2]. Au-delà des conditions naturelles d'accès, qui ont subi des transformations au cours des siècles[3], la ville de Bruges offrait des structures financières uniques : un système bancaire consolidé et la première bourse d'Europe. Le Conseil de Flandre disposait d'une jurisprudence propre en matière de commerce international, de mesures effectives et de procédures efficaces pour une rapide résolution des conflits. Le vaste ensemble de documents légaux, qui a survécu à ce jour, pourra être un reflet de ces caractéristiques. Très tôt les routes du commerce ont lié le sud et l'ouest de l'Europe à la Flandre, véritable terre promise[4]. Les Italiens de Gênes, sont arrivés les premiers, à la fin

1. Cette étude a été développée au cours de mon séjour à l'Université de Groningen (2007-2008), grâce à une bourse Marie Curie Fellowship (European Doctorate in the Social History of Europe and the Mediterranean). Je remercie les professeurs Luís Miguel Duarte (université de Porto), Hilario Casado Alonso (université de Valladolid) et Michel Bochaca (université de La Rochelle).

2. BLOCKMANS, Wim, PREVENIER, Walter, *The Promised Lands, The Low Countries Under Burgundian Rule, 1369-1530*, Philadelphia, University of Pennsylvania Press, 1999, p. 5.

3. SICKING, Louis, « Le paradoxe de l'accès : le rôle des avant-ports dans les Pays-Bas à la fin du Moyen Âge et au début de l'époque moderne (approche comparative générale) » ; BOCHACA, Michel, SARRAZIN, Jean-Luc, *Ports et littoraux de l'Europe atlantique*, Rennes, PUR, 2007, p. 227-255. Voir aussi : MURRAY, James M., *Bruges, Cradle of Capitalism. 1280-1390,* Cambridge, CUP, 2005, p. 22 *sqq.*

4. BLOCKMANS, Wim, PREVENIER, Walter, *The Promised Lands...*, *op. cit.*, p. 5, 6, 47. Le concept a été proposé par l'historien Philippe de Commynes.

du xiiie siècle[5], suivis par les Vénitiens, les Catalans, les Castillans, enfin les Portugais, qui ont bénéficié de surcroît des bons rapports politiques entre le Portugal et la Flandre[6]. Bénéficiant des traités de liberté de commerce, de la protection offerte et de la demande de produits traditionnels de la péninsule Ibérique (de l'huile et du vin, des figues et des raisins secs, des fourrures et des cuirs, et plus tard le sucre), les Portugais ont établi une Nation à Bruges. Mais, en le faisant, auraient-ils cessé d'être des étrangers dans un pays avec une langue et des habitudes différentes ?

Le propos de cet article est de comprendre l'activité en Flandre des marchands portugais – en tant que marchands étrangers – en analysant les rythmes du commerce et les conflits qui en résultaient, les mécanismes de gestion du risque et le rapport institutionnel avec la justice. Le marchand portugais éprouvait-il le besoin de se protéger et si oui, de qui ? Quels ont été les problèmes entre les marchands portugais et les marchands des autres pays ? Quels étaient les mécanismes de protection à leur disposition ? Dans quelle mesure les marchands portugais se sentaient-ils des étrangers en Flandre ? Quel fut leur niveau d'intégration atteint dans la société flamande ?

La réponse à ces questions sera soutenue par un ensemble de sources flamandes[7], surtout des sources judiciaires de la ville de Bruges, distribuées dans le temps de la façon que nous pouvons voir sur le graphique 1.

---

5. Blondé, Bruno, Gelderblom, Oscar, Stabel, Peter, « Foreign Merchant communities in Bruges, Antwerp and Amsterdam, c. 1350-1650 », Calabi, Donatella, Christensen, Stephen (dir.) - *Cultural Exchange in Early Modern Europe. Cities and Cultural Exchange in Europe 1400-1700*, vol. II, Cambridge, CUP, 2007, p. 154. Voir aussi : Godinho, Vitorino Magalhães, *A Expansão Quatrocentista Portuguesa*, Lisboa, D. Quixote, 2008, p. 44.

6. Les rapports entre le Portugal et la Flandre remontent au xiie siècle, quand Philippe d'Alsace (1143-1191), comte de Flandre, s'est marié, en 1183, à la princesse Teresa, fille d'Afonso Henriques, premier roi du Portugal. Plus tard, en 1430, une autre princesse, Isabelle, fille de João I, se rendit en Flandre pour épouser Philippe le Bon, duc de Bourgogne (1396-1467). Les pèlerinages et les Croisades furent un autre facteur de rapprochement des deux territoires. Si les chevaliers et les marchands du Nord (Hanséates, Flamands, Anglais) sont passés par le Portugal pour aller combattre les Sarrasins dans la péninsule Ibérique ou en Terre Sainte, curieusement, le processus s'est inversé au xive siècle. Plusieurs combattants des Pays-Bas, d'Angleterre, de France, d'Écosse, de Florence et du Portugal ont rejoint les rangs des Chevaliers Teutoniques en lutte contre les Lituaniens de l'Est de la Prusse. Sur les Croisades et les pèlerinages en Ibérie : Marques, A. H. de Oliveira, *Hansa e Portugal na Idade Média*, Lisboa, Presença, 1993, p. 28-41 ; sur les Portugais contre les Lituaniens : Murray, James M., *Bruges…*, *op. cit.*, p. 245-246 ; pour un résumé des rapports économiques entre le Portugal et la Flandre : Paviot, Jacques, « Les relations économiques entre le Portugal et la Flandre au xve siècle », *Congresso Internacional Bartolomeu Dias e a sua Época*, Porto, Universidade do Porto, vol. III, 1989, p. 531-539.

7. Freire, Anselmo Braamcamp (ed.), « Maria Brandoa, a do Crisfal », *Archivo Historico Portuguez* (AHP), Vol. vii, 1909. Unger, W. S., *Bronnen tot de geschiedenis van Middelburg in den landsheerlijken tijd* (BvM), Den Haag, 1926, 1931. Niermeyer, J. F., *Bronnen voor de economische geschiedenis van het Beneden-Maasgebied*, Den Haag, 1968 (désormais BvB). Marques, João Silva, *Descobrimentos Portugueses*, Lisboa, INIC, 1988 (désormais DP). Answaarden, Robert van (ed.), *Les Portugais devant le Grand Conseil des Pays-Bas (1460-*

Graphique 1 – *Registres documentaires sur la présence de marchands portugais en Flandre (1384-1449)*

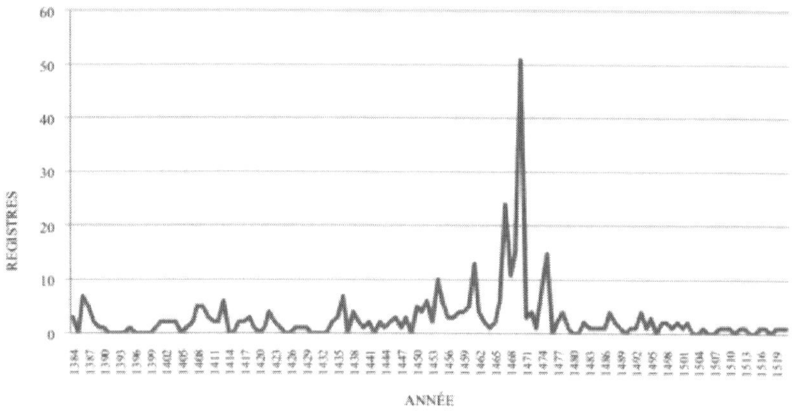

Le nombre de registres consignant des affaires impliquant des Portugais pour les 139 années étudiées n'est pas extraordinairement élevé. Sur un total de 369 registres, la moyenne est de seulement 2,67 par année. Il s'agit surtout de documents légaux, ce qui nécessite quelques précautions si nous voulons analyser l'intensité de la présence et de l'activité des marchands portugais en Flandre, parce que ces registres ne reflètent pas la dimension de ce qui fut leur commerce entre les deux territoires. Sur le graphique 1 on remarque deux périodes pendant lesquelles la moyenne est basse et constante : de 1384 jusqu'à 1449 avec 1,62 registre par an, et de 1477 jusqu'à 1521 avec 1,11 registre. La période centrale, entre 1450 et 1476, est caractérisée par 7,85 registres annuels, et il s'agit de la plus longue période de documentation ininterrompue, ce qui justifie cette division artificielle en trois temps sur lesquels nous nous appuierons pour exposer les faits[8]. La première période (1384-1449) correspond aux débuts des rapports

1580, Paris, Centre Culturel Calouste-Gulbenkian, 1991 (désormais PGC). Paviot, Jacques (ed.), *Portugal et Bourgogne au xve siècle* (PB), Paris, Centre Culturel Calouste Gulbenkian, 1995. Paviot, Jacques, « Les Portugais à Bruges au xve siècle », *Arquivos do Centro Cultural Calouste Gulbenkian*, vol. 38, Lisboa, Gulbenkian, 1999, p. 1-122 (désormais LPB).

8. La division reste artificielle et représente un changement notable dans l'activité commerciale des Portugais en Flandre. Alors que nous nous trouvons devant une suite ininterrompue de registres, les années marquées par d'importants évènements politiques et militaires au Portugal, nous n'avons aucune trace de marchands portugais en Flandre. Tel est le cas de 1449, année de la bataille d'Alfarrobeira, au Portugal, entre le roi Afonso V et l'infant Pedro, son oncle. De même en 1476, où les Portugais et les Castillans s'opposent à la bataille de Toro. Cette absence se vérifie en 1385 (bataille d'Aljubarrota) ; en 1415 (prise de Ceuta, au Maroc) ; 1437 (échec de la prise de Tanger). Il y a cependant des exceptions à cette règle : en 1458 (prise d'Alcácer Ceguer), 4 registres nous sont parvenus ; 1471 (prise d'Arzila), 3 registres, en fort contraste avec l'année antérieure, 1470 (51

commerciaux et diplomatiques entre le Portugal et la Flandre (les traités diplomatiques, l'hostilité entre les Nations et même la violence physique entre leurs membres) ; la deuxième (1450-1476), voit la croissance des échanges, des conflits commerciaux entre les marchands et des rapports avec les institutions judiciaires ; dans la troisième (1477-1521) l'accent sera mis sur le rôle de la Nation portugaise à Bruges et ses relations avec la ville et le pouvoir ducal jusqu'au déplacement de la « Feitoria » de Flandre au Brabant (prêts consentis par la Nation à la ville de Bruges, utilisation de navires portugais comme vaisseaux de guerre et affirmation des droits individuels d'un marchand de Porto face à sa propre Nation).

Diplomatie, commerce et guerre (1384-1449)

La *période A* couvre 65 années et présente une moyenne assez modeste (1,62 registre par an), mais on voit déjà une présence constante sur une longue durée. Souvenons-nous que cette période contient quelques épisodes compliqués de l'histoire de l'Europe. Il est probable que la turbulence causée par la Guerre de Cent Ans soit à l'origine des nombreux traités de liberté de commerce entre la Flandre et le Portugal. Des 18 traités que j'ai pu étudier, seize ont été signés avant la fin du conflit, et 11 parmi ces 16 ont été rédigés entre 1384 et 1390 [9], c'est-à-dire, une période très difficile de l'histoire du Portugal, pendant laquelle le changement de dynastie finit par ranger les Portugais du côté de l'Angleterre (Graphique 2).

Des 139 registres conservés pour cette période, près de 10,4 % correspondent à des cas de violence entre des Portugais et des membres d'autres Nationalités (Espagnols, Italiens et Flamands) ; les conflits entre les Portugais et les Espagnols représentent, à eux seuls, 5,6 %. Les occurrences les plus communes sont le pillage de navires et la violence physique, quelquefois avec l'emploi d'armes, et l'équilibre est clair entre les situations d'agresseur et de victime. Le nombre total de cas n'est pas très significatif, soit parce que le nombre de registres est réduit, soit parce que ceux-ci couvrent une période de 66 années.

Il est intéressant de constater que les conflits les plus fréquents sont ceux qui opposaient les Ibériques entre eux. Entre les Portugais et les Castillans, qui avaient lutté peu avant dans la terrible bataille d'Aljubarrota (14 août 1385), le ressentiment et l'amertume pourraient expliquer ces chiffres, puisque les trêves étaient précaires et furent plusieurs fois renouvelées jusqu'à la paix définitive en 1431 [10]. Dans les documents où on voit les deux Nations engagées dans des scènes de violence ou de pillage,

registres). À partir de ces chiffres, pourrait-on penser que les bateaux des marchands – et, peut-être même, les hommes – ont participé à l'effort de guerre, ce qui les aurait détournés de l'activité marchande ?

9. BvM, vol. 3, doc. 3, 59, 99; BvB, vol. 1, doc. 620; PB, doc. 1, 2, 3, 4, 5, 6, 9.

10. Sousa, Armindo de, « Realizações », Mattoso, José, *História de Portugal, A Monarquia Feudal (1096-1480)*, Lisboa, Estampa, 1993, p. 499.

Graphique 2 – *Types de litiges (1384-1449)*

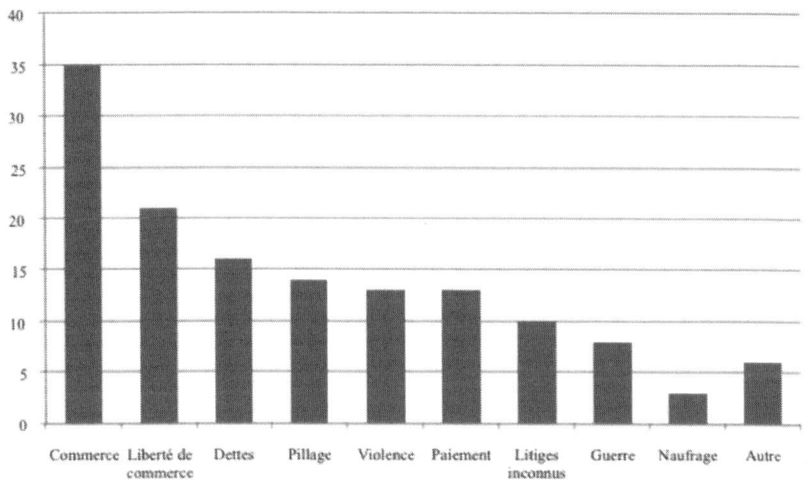

il est fait quelquefois mention du climat de guerre entre le Portugal et la Castille, ce qui sert tantôt de justification de la peine tantôt d'atténuation de celle-ci[11]. D'autres raisons ont sans doute poussé Antonio Pessagno, un Génois, à attaquer le Portugais Pedro Daniel[12]; ou Fernando Galdis, originaire de Galice, mais embarqué à bord d'un navire portugais, qui a blessé avec un couteau un marin portugais[13].

Pendant ce temps-là, Philippe, duc de Bourgogne, qui en 1384 avait concédé aux Portugais la liberté de commerce, a renouvelé les traités à trois reprises en 1387, avec des articles spécifiques qui avaient pour but d'isoler les Anglais. Dans le premier de ces articles, daté du 15 janvier, il établit que la liberté de commerce n'inclut pas les affaires avec les Anglais ni avec leurs alliés[14]. Dans le deuxième, du 15 mai, il déclare que les assurances données aux marchands portugais ne seront valables que pour un an[15]. Dans le troisième, du 29 juillet, il explique que, en cas de supression des sauf-conduits, les marchands portugais devaient être prévenus et auraient trois mois pour préparer leur départ – ce qui permettait la continuité des affaires et la possibilité de quitter la Flandre sans pertes[16]. La stratégie de Philippe le Hardi empêchait un triangle commercial entre le Portugal, l'Angleterre et la Flandre, mais elle n'a pas pu faire obstacle à une relation bidirectionnelle

11. PB, doc. 24, 28.
12. PB, doc. 17.
13. PB, doc. 10.
14. PB, doc. 4.
15. PB, doc. 5.
16. PB, doc. 6.

anglo-portugaise. Avec la Gascogne affectée par la guerre et les Castillans luttant du côté de l'ennemi français, le vin portugais se présentait comme une vraie alternative[17] et le Portugal apparaissait comme une plateforme pour l'exportation de produits castillans vers l'Angleterre[18].

La guerre de Cent Ans, en plus de toutes les conséquences économiques, politiques et sociales, a fonctionné comme élément de cristallisation du sentiment National, en mettant l'accent sur les caractères identitaires intrinsèques[19]. Coincés entre les Français et les Anglais, les ducs de Bourgogne, qui ont changé de camps plus d'une fois, ont été obligés de maintenir une politique d'équilibre, de neutralité, en même temps qu'ils poursuivaient une politique d'affirmation de leurs territoires[20]. Après le traité d'Arras, en 1435, et une fois la position de Philippe le Bon envers l'Angleterre compromise[21], les Flamands se voyaient exposés aux attaques anglaises[22]. Et les marchands portugais qui se dirigeaient vers la Flandre ont été eux aussi des cibles potentielles des corsaires et des pirates anglais[23].

Le 17 novembre 1435, cinq bateaux du Portugal appartenant à Vasco Landim do Porto, Rodrigo Afonso, Gonçalo Afonso de Lisboa, João da Silva et Pedro Eanes , chargés avec du vin, des figues et des raisins secs, furent interceptés par des navires anglais et un de Bordeaux, sous le commandement du capitaine John Colville, qui les conduisit à Plymouth où

---

17. SPUFFORD, Peter, *Power and Profit, The merchant in medieval Europe*, London, Thames & Hudson, 2002, p. 294.

18. CHILDS, Wendy, *Anglo-Castilian Trade in the Later Middle Ages*, Manchester, Manchester University Press, 1978, p. 42. La vraie dimension du Portugal comme plateforme d'exportation des produits de Castille est encore à étudier, mais il est certain que le rapprochement entre l'Angleterre et la Castille a rétabli la normalité dans les routes maritimes.

19. MOAL, Laurence, *L'Étranger en Bretagne au Moyen Âge*, Rennes, PUR, 2008, p. 17-19.

20. BLOCKMANS, Wim, PREVENIER, Walter, *The Promised Lands…*, *op. cit.*, p. 75-86. « Philips's marriage to Isabella of Portugal in 1430 had signaled another dimension of his new policy : neutrality with respect to France and England and the ambition to demonstrate to the rest of Europe that the Burgundian state itself had achieved the status of a great power ».

21. MINOIS, Georges, *La Guerre de Cent Ans*, Paris, Perrin, 2008, p. 368-372. Voir aussi : BLOCKMANS, Wim; PREVENIER, Walter, *The Promised Lands…*, *op. cit.*, p. 81 ; MACKAY, Angus, DITCHBURN, David (eds.), *Atlas de Europa Medieval*, 2e ed., Madrid, Cátedra, 2006, p. 179-184.

22. CURVEILLER, Stéphane, « Complémentarités et rivalités des ports maritimes en Flandre occidentale à la fin du Moyen Âge », *Ports Maritimes et Ports Fluviaux au Moyen Âge*, Paris, Publications de la Sorbonne, p. 251. Susan Rose signale une attaque à Calais à laquelle ont participé des navires portugais : ROSE, Susan, *Medieval Naval Warfare, 1000-1500*, London, Routledge, 2002, p. 81-99. À propos de Calais, voir aussi : CURVEILLER, Stéphane, « Calais and Dunkirk : Two Sentinels, Two Geo-Strategic States », *International Journal of Maritime History*, XIX, No. 2, December 2007, p. 287-297.

23. Sur la Flandre et la guerre de Cent Ans : PISTONO, Stephen P., *Flanders and the Hundred Years War : the Quest for the Trêve Marchande*, Institute of Historical Research, vol. 49, n. 120, 1976, pp. 185-197. La question de la violence littorale pendant la guerre de Cent Ans, qui affecta les routes commerciales, est aussi mentionnée dans : ARÍZAGA BOLUMBURU, Beatriz, BOCHACA, Michel, TRANCHANT, Mathias, « La violence en mer et dans les ports du golfe de Gascogne à la fin du Moyen Âge : bilan et perspectives de recherche », AUGERON, Mickaël et TRANCHANT, Mathias (dir.), *La Violence et la Mer dans l'espace atlantique (XIIe-XIXe siècle)*, Rennes, PUR, 2004, p. 28-32 ; aux pages 37 et 38 il y a deux registres de Portugais engagés dans des conflits près de La Rochelle.

les marchandises portugaises furent inventoriées. Après avoir examiné les registres d'achat et vente, les ravisseurs décidèrent de saisir la marchandise qui appartenait aux Flamands. Une partie du butin fut partagé entre le roi Henri VI et Humphrey, duc de Gloucester. Le reste revint aux Portugais et, suite à un ordre exprès du duc, leur fut effectivement restitué. Les marchands portugais reprirent leur route pour Bruges, en portant avec eux un message : la paix entre la Flandre et le roi de France signifierait une « guerre ouverte et de sang » avec l'Angleterre[24].

Les marchands portugais allaient encore être victimes de l'hostilité entre Flamands et Anglais quelques années plus tard. En 1439, la ville de Bruges, au nom du duc de Bourgogne, envoya une lettre à Henri Beaufort demandant la restitution de 22 tonneaux d'huile et de deux sacs de farine, qui appartenaient à deux Portugais, Rui Sanches et Fernando Afonso[25]. Nous ne savons pas comment l'affaire s'est terminée.

La guerre est, en effet, un des éléments communs de presque tous les registres de cette période. Cela explique l'abondance des traités de commerce, dont la fonction légale était de protéger les affaires entre le Portugal et la Flandre. Les mentions de violence entre Portugais et Castillans ne faisaient que prolonger, au cœur de l'Europe, le conflit qui les opposait dans la péninsule Ibérique.

Commerce et conflits (1450-1476)

Une fois la paix définitivement établie entre Portugal et Castille, et la nouvelle dynastie d'Avis consolidée, le Portugal concentra davantage ses forces dans l'Atlantique[26]. Au-delà des produits traditionnels, la seconde moitié du XVe siècle est dominée par de nouvelles marchandises : le sucre[27], l'ivoire[28], les diamants[29] et les épices[30]. Le sucre est sans doute la plus importante marchandise du commerce portugais en Flandre pendant cette période. Il est devenu un produit d'une énorme importance pour l'écono-

---

24. PB, doc. 184, 185.
25. LPB, doc. 3.
26. Sur l'expansion océanique portugaise : BETHENCOURT, Francisco, CURTO, Diogo Ramada (dir.), *Portugueses Oceanic Expansion, 1400-1800*, Cambridge, CUP, 2007 ; DAVIS, Ralph, *The Rise of the Atlantic Economies*, London, Fakenham and Reading, 1973, p. 1-14 ; FINDLAY, Ronald, O'ROURKE, Kevin, *Power and Plenty, Trade, War, and the World Economy in the Second Millenium*, Princeton, Princeton University Press, p. 145-166 ; GODINHO, Vitorino Magalhães, *A Expansão Quatrocentista..., op. cit.*
27. LPB, doc. 83. Il y a 11 registres sur le sucre en tant que produit du commerce ; le premier date de 1468 ; Bruges, et plus tard Anvers, ont absorbé une grande partie du sucre provenant de la « terre aux nombreuses cannes ».
28. LPB, doc. 49. PGC, doc. 4.
29. LPB, doc. 20. Un autre registre mentionne des diamants, mais il s'agit d'un achat à des Flamands : PB, doc. 33.
30. À propos des épices : FREEDMAN, Paul, *Out of the East, Spices and the Medieval Imagination*, Yale, Yale University Press, 2008, p. 193-205.

mie portugaise par le profit[31] très élevé qu'il rapportait et par l'articulation de la production de l'île de Madeira avec les exigences des marchés euro-atlantiques et de la Manche, et a permis une transformation des modes de consommation et des pratiques alimentaires[32].

Avec le temps, le nombre de produits vendus en Flandre a augmenté et les réseaux commerciaux et les affaires sont devenus plus complexes. On voyait de plus en plus de marchands portugais résidant en Flandre, dont les transactions concernaient, en plus des Flamands, des marchands italiens, espagnols, hanséates et anglais. À Bruges se réunissait un réseau paneuropéen des marchands, socialement organisés, profitant des institutions, des infrastructures et des mécanismes de négoce que la ville pouvait offrir : des auberges et des tavernes, des cambistes et des magasins, des églises et des bordels – et surtout le Grand Conseil pour les questions judiciaires[33].

La *période B* (1450-1476) couvre 26 années et représente le maximum de l'activité des marchands portugais en Flandre (7,85 registres annuels), du moins d'après les documents étudiés à ce jour. Si on analyse une fois de plus la distribution des registres par sujet (graphique 3), on observe une croissance significative des disputes provoquées par des dettes (121 registres), ainsi qu'un nombre croissant de litiges dont le motif n'est pas spécifié (31 registres pour lesquels il est difficile d'établir une typologie parce que les documents indiquent seulement l'ouverture d'un procès, sans expliquer de quoi il s'agit). On constate aussi une légère croissance du nombre de cas de violence (13 %). Dans le même temps que les traités de liberté de commerce deviennent résiduels (moins de 1 %).

31. D'après des chiffres du *Livro do almoxarifado dos açuquares das partes do Funchal*, en 1494 la production a atteint 80451 arrobes. Puisque la valeur moyenne de l'arrobe, en 1496, variait entre 350 et 600 « reais », il est facile de comprendre que l'affaire du sucre est devenue très lucrative, attirant des marchands étrangers. L'île de Madère a vu arriver surtout des Italiens et des Flamands, qui ont bénéficié pendant quelque temps de la liberté de commerce. Mais au cours de la deuxième moitié du XVe siècle, la spéculation finit par provoquer des variations dans les prix, portant préjudice aux producteurs et à quelques marchands. Cela provoqua une intense activité législative, soit de la Couronne soit de la ville du Funchal. Voir : Rau, Virgínia, Macedo, Jorge de, *O açúcar da Madeira nos finais do século XV*, Funchal, Junta Geral do Distrito Autónomo do Funchal, 1962, p. 13; Vieira, Alberto, « A Madeira e o mercado do açúcar. Séculos XV-XVI », *História do açúcar : rotas e mercados*. Funchal, Centro de Estudos de História do Atlântico, 2002, p. 58, 59, 72, 77; DP, vol. III, doc. 45.

32. Le Portugal produisait du sucre depuis 1404. On a essayé de le cultiver dans l'Algarve (Quarteira) et plus tard à Coimbra. Mais on n'arriva à une production en quantité et qualité satisfaisantes que lorsqu'on le planta à Madeira. Très rapidement, le produit commença à être présent avec fréquence dans les marchés internationaux : Bristol, en 1466, et Bruges, deux années plus tard. Rau, Virgínia, Macedo, Jorge de, *O açúcar da Madeira…*, *op. cit.*, p.11.

33. Murray, James M., *Bruges…*, *op. cit.*, p. 219. Un réseau social de marchands et un développement institutionnel assurèrent l'efficacité des services et des affaires et conduisirent à l'affirmation de Bruges : « *And it was the number and complexity of these institutions and their contacts that made Bruges the first "network" city in European economic history* ». À la p. 190 : « *The* deus ex machina *of such a trading system was an increasing force of attraction to the Bruges market that made it imperative for a merchant to have a presence there.* »

Graphique 3 – *Types de litiges (1450-1476)*

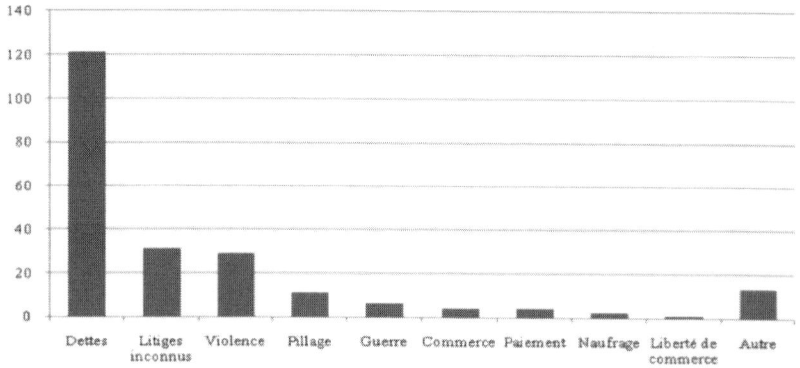

Entre 1450 et 1476 on trouve dans la documentation 110 noms de Portugais, au regard de 49 Flamands, 20 Italiens, 11 Espagnols et 3 Hanséates[34]. Ces chiffres sont significatifs si nous prenons en compte la période envisagée – seulement 26 années – et le fait qu'un grand nombre de ces marchands portugais résident effectivement à Bruges; il y en a qui y habitent durant plus d'une décennie.

D'autre part, par leur nature même, ces documents témoignent des conflits, et non pas des affaires conclues avec succès et sans problèmes. Ces cas de dettes se rapportent à des affaires dont la résolution n'a été possible qu'après la médiation des magistrats de Bruges ou d'arbitres élus *ad hoc*. Cette dernière situation se vérifie souvent quand les litiges opposent des marchands de différentes nationalités : on crée alors une commission d'arbitrage de quatre membres[35]. Dans le cas du conflit opposant Rombout de Wachtere à Martim Lem, tous deux citoyens de Bruges[36], au

34. Cela se passe tout au long de 213 registres; plusieurs cas se prolongent dans le temps et ont d'autres registres avec des suites.

35. Paviot, Jacques, *Bruges, 1300-1500*, Paris, Autrement, 2002, p. 48.

36. Il y a dans les sources deux marchands portugais qui sont présentés simultanément comme des citoyens de Bruges. Mais le cas de Martim do Lem est différent, parce que, quoiqu'il soit référencé une fois comme portugais, il est originaire du Brabant. Un long séjour à Lisbonne, où il a eu sept fils qui ont hérité de ses affaires, explique sans doute son « changement » de nationalité. Voir : Leme, Margarida, *Os Lemes – um percurso familiar de Bruges a Malaca*, Sapiens, História, Património e Arqueologia. n° 0, décembre 2008, p. 51-83. Blondé, Bruno, Gelderblom, Oscar, Stabel, Peter, « Foreign Merchant communities in Bruges, Antwerp and Amsterdam, c. 1350-1650 », *op. cit.*, p. 156, 157. « *Most merchants stayed in the city for a short period of time, but a good number of them lived there for longer periods, or perhaps even resided for a lifetime.* [...] *Some Genoese and Castilians bought citizenship and integrated themselves into local elites through marriage. Their integration gave them a specific role as intermediaries between local society and other interNational merchants.* »

sujet de bijoux d'une grande valeur[37], une de ces commissions de quatre personnes a été nommée et l'un d'eux était un Portugais[38]. Le cas allait traîner plusieurs mois et la commission changea de structure par la suite, mais de tels cas nous révèlent les mécanismes de protection et d'appel à la justice, ainsi que le haut niveau d'intégration des étrangers dans la société flamande. On voit parfaitement cette intégration dans les registres dans lesquels les marchands portugais sont référencés comme des citoyens de Bruges[39]. La citoyenneté[40], en plus d'assurer à ceux qui la recevaient les mêmes droits que n'importe quel citoyen de Bruges, rendait possible un plus grand éloignement de la Nation du Portugal[41]. Quand une dispute entre des marchands portugais avait lieu et que l'un des intéressés avait la citoyenneté de Bruges, la Nation du Portugal cessait d'avoir juridiction pour résoudre le conflit. Un exemple : la Nation avait entre ses mains la décision d'un litige entre Gonçalo Afonso et Rui Machado, mais ce dernier avait le statut de citoyen. L'Assemblée des Magistrats de Bruges informa les consuls portugais – Luís Vicente et Gil Eanes – qu'ils ne pouvaient pas juger des cas touchant des citoyens de la ville ou d'une autre nationalité, parce que cela constituait une entorse aux droits et aux principes établis.

Mais beaucoup de cas étaient résolus au sein de la Nation du Portugal, qui protégeait et aidait les marchands en cas de nécessité. Naturellement, les marchands n'étaient pas toujours d'accord avec les décisions de la justice de leur Nation. Au cours de cette période, nous trouvons cinq registres d'appel des sentences prises par les consuls portugais[42]. Les mécontents recouraient alors à la justice de la ville. En dernière instance, si le *privilegium fori* était invoqué, cet appel était jugé par le Grand Conseil des Pays-Bas, à Malines[43].

L'année 1470 voit culminer le nombre de registres sur la présence de marchands portugais en Flandre. Elle commence avec une altercation entre

37. LPB, doc. 53, 56, 57, 60, 62, 63, 66, 68, 69, 70, 77. Le procès dura plus d'un an jusqu'à sa conclusion. Le document avec la sentence n'est pas complet et les pièces antérieures donnent peu d'informations sur le conflit. Le litige porte sur 1310 écus d'or à cause de bijoux qui devaient être vendus à Lisbonne. Les contours de l'histoire ne sont pas clairs. Wachetere accusa Lem d'avoir fait de mauvaises affaires à Lisbonne et à Séville.

38. Pieter Metteneye, Lievin vander Mersch, Zeghere Parmentier et João Esteves. Le portugais João Esteves est présent dans la documentation flamande entre 1455 et 1470.

39. LPB, doc. 6.

40. Bruges serait une des villes avec le plus d'étrangers au Moyen Âge, et entre 1281 et 1408 près de 20.000 personnes ont acquis le droit de citoyenneté : Murray, James M., *Bruges…*, *op. cit.*, p. 304.

41. La Nation du Portugal bénéficiait depuis la fin du xive siècle d'un statut juridique spécifique : Answaarden, Robert van, *Les Portugais devant le Grand Conseil…*, *op. cit.*, p. 38. Pour d'autres informations sur la Nation du Portugal, ses fonctions et son statut, voir le même auteur : p. 41-47; 53-70. Van Houtte affirme qu'il y avait beaucoup de Nations ibériques à Bruges : Houtte, J. A. Van, *An Economic History of the Low Countries, 800-1800*, London, Weidenfeld and Nicolson, 1977, p. 101.

42. LPB, doc. 71, 75, 81, 85, 86.

43. PGC, doc. 1. Voir les commentaires de Robert van Answaarden, p. 106.

deux Portugais, à l'Écluse, au début de janvier[44], pour finir, le 31 décembre, avec un accord entre le marchand portugais Álvaro Dinis et l'Anglais John Raes[45]. Mais la Flandre connaît alors une période de transformations politiques sous le gouvernement de Charles le Téméraire. Pendant dix ans, comme duc de Bourgogne (1467-1477), Charles s'est montré *impulsif* et *inflexible*, et a plongé ses territoires dans une guerre continue avec la France[46]. Au mois de mai de 1470 nous savons qu'au moins seize navires portugais étaient en Flandre, et qu'ils ont été affrétés et intégrés dans la flotte du duc Charles, pour la période comprise entre le 9 mai et le 7 juin[47]. Ils n'ont pas pu échapper à une guerre qui n'était pas la leur, mais ils ont pu sauvegarder leurs intérêts en obtenant des contreparties financières. Le duc a payé la location de chaque bateau, et une solde à chaque membre de l'équipage. La cinquième partie des registres de cette année est en rapport avec cette affaire. Si le duc Charles n'avait pas réquisitionné des navires étrangers pour sa flotte, nous ne saurions pas qu'au mois de mai de 1470 plus d'une dizaine de marchands portugais se trouvait en Flandre[48].

L'abandon de Bruges (1477-1521)

À la fin des années 1480 on assiste à l'effondrement de la ville de Bruges comme grand centre de commerce international. Cela explique la diminution soudaine du nombre de registres pour la période C à un peu plus d'un registre annuel (Graphiques 1 et 4). Les conflits entre le duché de Bourgogne et la France, les altérations du lit du Zwin, l'avènement d'Anvers et les problèmes financiers de Bruges contribuèrent à précipiter la ville dans une crise. Pour cette période finale, trois cas retiendront notre attention.

Le premier se passa en décembre de 1487. L'activité de changeur à Bruges,comptait sans doute parmi les plus importantes et les plus rentables de ce temps. Mais cette activité ne s'est pas bien terminée pour Willem Roelens, qui fit faillite et dut faire face à ses créanciers hanséates, espagnols et portugais. Il est possible que la Nation portugaise ait été laissée de côté lors d'un premier accord; elle a donc exigé du Grand Conseil de Bruges un traitement semblable à celui reçu par les Hanséates et les Espagnols – c'est-à-dire, le payement échelonné de la dette par la ville. Dans ces situations, la ville de Bruges devait assumer le privilège accordé aux marchands étrangers selon lequel elle restituerait la somme totale due[49].

44. PB, doc. 65.
45. LPB, doc. 132.
46. Blockmans, Wim, Prevenier, Walter, *The Promised Lands*..., *op. cit.*, p. 174-205.
47. PB, doc. 420.
48. Les documents sur cet épisode fournissent d'autres données intéressantes sur le tonnage des bateaux, l'équipage et la paye reçue.
49. En cas de faillite, la responsabilité d'un changeur retombait sur la ville de Bruges tout entière, laquelle, déjà au XIVe siècle, avait été forcée d'acquitter les dettes de trois changeurs : Collard de Marke, Boiden Weghebedde et une certaine Nanne, veuve de

Graphique 4 – *Types de litiges (1477-1521)*

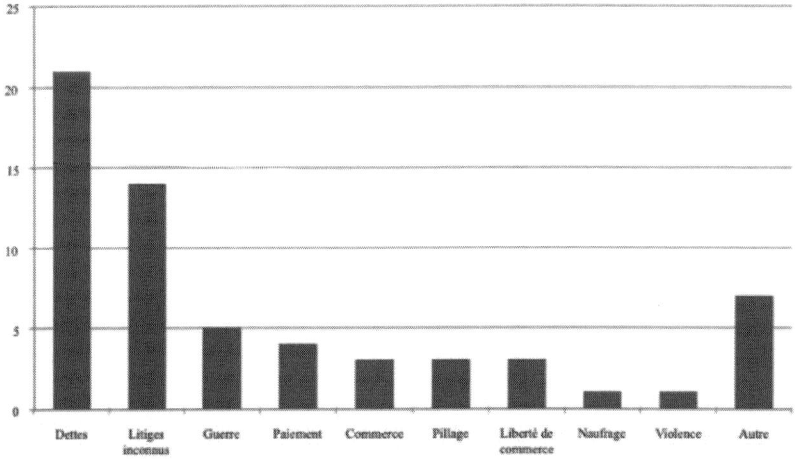

Le consul portugais, Lopo Pires, obtint que les 213,13 livres soient intégralement payés en trois ans, en deux versements, un à la Saint Jean, l'autre à Noël[50]. Les intérêts de la Nation portugaise étaient assurés, ainsi que l'égalité de traitement vis-à-vis des autres Nations.

Les dettes de la ville de Bruges envers les marchands portugais ne finirent pas là. L'année suivante, avec l'insurrection qui conduisit à la séquestration de l'empereur Maximilien, la ville emprunta de l'argent à des marchands étrangers[51]. L'épisode allait se révéler tragique pour Bruges, dont l'importance comme centre d'échanges avait été réduite à des proportions insignifiantes[52]. Quelques années plus tard, puisque la ville s'avouait incapable de payer ses dettes (20 625 florins d'or et 230 livres), la Nation portu-

---

Diederic Urbaens. Au milieu du XIVe siècle, la ville a pris des mesures pour résoudre le problème de la faillite des changeurs : « *By the middle of the fourteenth century, supervision of bankruptcies had been entrusted to the "burgomaster of the Course", the chief of the second bank of Bruges aldermen. He typically presided over the seizure of the records and properties of the failed money changer. He then proceeded to an audit of the assets and debts owed on the basis of records and testimony, and supervised the distribution of a proportionate share of the recovered funds to creditors. In so doing he was obliged to observe privileges that granted some foreign merchants a right to full restitution…* », dans Murray, James, *Bruges…*, *op. cit.*, p. 157.

50. LPB, doc. 154.

51. La mort de Charles le Téméraire, en 1477, plongea ses domaines au cœur d'une dispute entre les Habsbourg et la France. Les mesures prises par la jeune duchesse Marie, qui a restitué des libertés et des garanties, n'ont pas permis à Bruges de récupérer totalement l'importance de jadis. Voir : Blockmans, Wim, Prevenier, Walter, *The Promised Lands…*, *op. cit.*, p. 196-205 et Paviot, Jacques, *Bruges…*, *op. cit.*, p. 26-27.

52. Paviot, Jacques, *Bruges…*, *op. cit.*, p. 27-28. Blockmans, Wim, Prevenier, Walter, *The Promised Lands…*, *op. cit.*, p. 199-203.

gaise décida de saisir des marchandises transportées par des citoyens de Bruges. Après la paix de Montils-lès-Tours, signée le 1er octobre 1489, l'empereur Maximilien força la ville de Bruges à rembourser les créanciers pour toutes les dettes contractées, qui se montaient à 150 000 écus d'or. Assez endettée, elle a essayé de passer des accords avec tous les créanciers. Afonso Martins, facteur du Portugal, et les autorités de Bruges, décidèrent que la dette serait payée en quatre prestations annuelles de 5 156,25 florins. La première prestation devait être payée le 1er novembre 1492, mais elle ne le fut pas. Dans un document de 1493 présenté devant le Grand Conseil de Malines, le facteur du Portugal, Afonso Martins, confirme qu'il a ordonné la saisie des marchandises transportées par deux citoyens de Bruges, Jacob Despars et Hendrick Nieuwland. Cette saisie a été validée par les échevins du Grand Conseil, parce que, en tant que citoyens de cette ville, ils ont été forcés, *in solidum*, d'assumer les dettes de la communauté[53].

Dans les années suivantes, les marchands portugais ont abandonné Bruges pour Anvers[54]. En 1516, Lopo de Calvos, de Porto, était le seul marchand portugais encore présent à Bruges. Comme il ne payait pas les droits dus à la Nation portugaise[55], celle-ci porta plainte devant le Grand Conseil des Pays-Bas. Mais le marchand produisit une assez bonne défense, en invoquant les privilèges concédés par le duc Philippe de Bourgogne : celui qui ne paie pas les droits à sa Nation ne bénéficie pas des privilèges. En plus, la Nation portugaise avait refusé de l'aider quand il avait perdu un navire chargé de marchandises. C'est alors que, révolté, il décida de ne plus payer les droits[56]. Le grand Conseil décida en faveur du marchand de Porto. Si dans d'autres cas la Nation portugaise avait fonctionné comme institution de protection et intégration des marchands, les nombreux cas d'appel contre des sentences de cette Nation et l'épisode de Lopo de Calvos que nous venons de résumer montrent que, pour les Portugais, le danger ne venait pas toujours des étrangers.

Dernières considérations

Les documents disponibles s'insèrent dans une catégorie spécifique : ce sont surtout des sources produites par la chancellerie du duché de Bourgogne et par les magistrats du Conseil de Bruges. Les circonstances

53. PGC, doc. 11. Dans ce document est mentionné Jacob Despars, frère de Wouter Despars, qui négociait du sucre et d'autres produits au Portugal. Voir : Spufford, Peter, *Power and Profit...*, *op. cit.*, p. 309.

54. AHP, doc. XIX. En 1493, la ville de Bruges a attribué des privilèges aux marchands portugais, mais Anvers est très vite devenue le grand entrepôt commercial de la région avec des garanties concédées en 1488 par l'empereur Maximilien. Voir aussi : AHP, doc. XVIII.

55. Depuis 1293, pendant le règne de Dinis (1279-1325), les marchands portugais étaient forcés de donner un pourcentage de leurs profits pour une bourse de marchands. Cette *arca communis* était une sorte d'assurance. Voir : Answaarden, Robert van, *Les Portugais devant le Grand Conseil...*, *op. cit.*, p. 53-56.

56. PGC, doc. 24.

d'élaboration sont particulières : régulation du commerce ou résolution de conflits. Ces circonstances peuvent fausser notre perspective du commerce médiéval, suggérant qu'il alimentait quantité d'actions en justice, que les marchands étaient majoritairement des escrocs et les marins des brigands. Ce qui est tout à fait faux. Quoique nous ayons mentionné, au long de ce travail, des conflits et des problèmes, le rapport le plus normal était un rapport de confiance. Confiance aux agents, aux nouveaux mécanismes de la finance, aux marchands des autres Nations, aux contacts locaux et aux institutions[57].

Confiance dans le commerce international, mais conscience des dangers, comme un naufrage ou une attaque en haute mer. Ces dangers pouvaient être raisonnablement couverts par les assurances qui protégeaient le risque de l'investissement effectué, mais aussi à travers les mécanismes de la justice – recours contre les dettes, les pillages, la violence et la guerre. En mettant en contexte les cas analysés, nous voyons bien que les marchands portugais connaissaient les lois et protestaient quand ils pensaient que le droit n'était pas appliqué d'une façon équitable. Parfois ils ont vu leur droit reconnu, d'autres fois ils ont perdu les litiges qui les opposaient à des marchands d'autres nationalités.

La Nation du Portugal – organisation légalement encadrée et autorisée grâce aux privilèges du comte Philippe, à la fin du XIVe siècle – a réuni les marchands et fait valoir sa juridiction pour les questions internes. Mais le plus important c'est de savoir qu'il y avait des procédures légales qui permettaient les appels, puisque la justice n'était pas toujours juste : appel donc de la Nation devant le conseil des magistrats de Bruges ; et de celui-ci devant le Grand Conseil des Pays-Bas.

Justice, donc, mais plus encore, intégration à travers la Nation et les aubergistes, qui souvent connaissaient bien la langue et les habitudes de leurs hôtes. Jakop van Le Fine, par exemple, s'est spécialisé dans l'hébergement de marchands portugais et espagnols[58]. Guillaume Baerber qui, en janvier de 1455 accueillait dans son auberge au moins cinq marchands portugais[59], offraient des chambres, de la nourriture, un espace pour ran-

57. Wendy R. Childs (*Anglo-Castilian trade…, op. cit.*, p. 189), affirme : « *A study of the legal documents always leaves the impression that trade was just about to founder under widespread dishonesty, cheating, violence, stupidity and jealousy, but the cases where things went wrong were only a small fraction of the total number of deals and on the whole merchants could trust their agents, servants and contacts* ». Bien qu'étudiant une période différente et le rapport entre la loi et l'économie, Erin Ann O'Hara (dans O'HARA, Erin Ann, « Trustworthiness and Contract », ZAK, Paul J. (ed.), *Moral Markets, The Critical Role of Values in the Economy*, Princeton, Princeton University Press, 2008, p. 173) écrit que « *Trust and trustworthiness work hand-in-hand* […] *and the two together can contribute to economic efficiency* ». Cet aspect a été également souligné par Peter Spufford (*Money and its use in medieval Europe*, Cambridge, CUP, 1988, p. 254.), qui montre l'importance de la confiance dans le développement du crédit et du commerce.

58. MURRAY, James M., *Bruges…, op. cit.*, p. 241-242.

59. LPB, doc. 25, 93. Dans d'autres documents (17, 24, 27, 28, 50, 51, 58, 82, 92, 107, 129), nous voyons Filip van Aertrijcke, citoyen de Bruges, héberger ou servir de caution à des marchands portugais, ce qui confirme peut-être cette spécialisation.

ger leurs marchandises et même un système de crédit dont l'importance dépassait les limites de l'auberge et même de la ville[60].

Cela dit, les marchands portugais se sentaient-ils des étrangers en Flandre, pour reprendre la question initiale ? Probablement oui. Sans doute, ils n'ont jamais cessé de s'étonner de la langue et des usages flamands. Probablement ils ne se sont jamais adaptés au climat et à la nourriture. Mais ils sont peut-être devenus des étrangers assez bien intégrés, parce que les institutions le permettaient, de même que les structures et le cosmopolitisme de Bruges, ville marquée par la pénétration des valeurs monétaires et commerciaux dans tous les domaines de la vie sociale[61]. Cela explique que quelques marchands portugais aient choisi Bruges comme centre pour leurs affaires, en y habitant pendant plus de dix ans. Et aussi comme « centre affectif », puisque quelques-uns d'entre eux y fondèrent une famille en épousant des Flamandes et étaient capables de parler l'idiome local[62].

Confrontés à divers types d'hostilités, les marchands portugais ont recouru à la justice pour défendre leurs intérêts et se protéger d'éventuelles inégalités. Mais il est essentiel de souligner l'énorme importance de la liberté individuelle et du comportement politique de la Flandre[63], qui vivait du commerce et qui créa les meilleures conditions pour sa concrétisation[64]. Nous pouvons toujours penser, bien sûr, que les Portugais étaient vus comme des amis et non pas comme des étrangers[65], en confirmant l'idée de Fernand Braudel selon laquelle les mouvements des marchands ont représenté une révolution qui est passée de l'économie à la conduite sociale[66].

60. Murray, James M., *Bruges…*, *op. cit.*, p. 192.

61. Kaye, Joel, *Economy and Nature in the Fourteenth Century, Money, Market Exchange, and the Emergence of Scientific Thought*, Cambridge, CUP, 1998, p. 15-36. Dans son premier chapitre, J. Kaye conteste la conscience monétaire des sociétés aux XIIIe et XIVe siècles.

62. LPB, doc. 23, 97.

63. Avner Greif analyse l'importance de caractéristiques non technologiques – les institutions – comme fondamentales pour le développement économique au Moyen Âge, parce qu'elles articulent les lois avec leur application, en protégeant les droits individuels, en combattant la corruption et assurant la confiance. Il compare cette situation avec les sociétés qui ont réussi à développer plus efficacement ces caractéristiques, avec l'objectif de démontrer le succès économique des régions les plus développées du point de vue plus institutionnel. Greif, Avner, *Institutions and the Path to the Modern Economy, Lessons from Medieval Trade*, Cambridge, CUP, 2006, p. 1-7, 58-65.

64. Epstein, S. R., *Freedom and Growth, The rise of states and markets in Europe, 1300-1750*, London, Routledge, 2000, p. 12.

65. Willem van Hildegaersberch, un poète qui a vécu jusqu'à 1408, a dédié un poème au roi du Portugal. Ce n'est pas tous les jours qu'on écrit des poèmes à ses ennemis. Boer, Dick E. H. de, « Looking at the Top of the Ant-hill. Some Observations. », Stabel, Peter, Blondé, Bruno, Greve, Anke (dir.), *International Trade in the Low Countries (14th-16th centuries)*, Leuven-Apeldoorn, Garant, 2000, p. 250.

66. Braudel, Fernand, *Civilização material, economia e capitalismo, séculos XV-XVIII. O jogos das trocas*, vol. II, Lisboa, Teorema, 1992, p. 33.

RÉSUMÉ

La Flandre représente un marché très important pour les marchands portugais au Bas Moyen Âge. Ils disposaient d'un comptoir à Bruges et les ducs de Bourgogne leur avaient accordé une large liberté commerciale et le droit d'exercer la justice au sein de leur communauté. Pourtant, des conflits commerciaux et des intérêts politiques divergents donnant lieu à des violences eurent des répercutions fâcheuses sur l'activité des Portugais en Flandre. Ces conflits avaient-ils pour origine la nationalité des marchands ? Les Portugais étaient-ils considérés alors comme des étrangers et, de ce fait, privés de leurs droits ? Quels mécanismes les protégeaient des tromperies, des vols et de la violence ? Ce travail, élaboré à partir de sources flamandes, bourguignonnes et portugaises, constitue un premier essai au sein d'une recherche en cours. Il se propose de faire état des interrogations et d'apporter quelques éléments de réponse à partir des informations dont on dispose sur les activités des marchands portugais en Flandre à la fin du Moyen Âge.

ABSTRACT

Flanders has always been an important marketplace for Portuguese merchants, in the later Middle Ages. Freedom of trade was often granted by the dukes of Burgundy, ensuring the establishment of the Portuguese factory, and the right to apply justice within the community. Yet, commercial conflicts, political interests, and seldom cases of violence would have an effect on international trade. Would those conflicts be based on the nationality of merchants? Would Portuguese merchants be regarded as foreigners and so be deprived of their rights? Which mechanisms would have allowed them protection from cheating, theft and violence? This paper, sustained by Flemish, Burgundian, and Portuguese sources, being a first draft of an ongoing investigation, issues these questions while presenting some data on the activity of Portuguese merchants in medieval Flanders.

Protéger et contrôler la présence et les activités des étrangers dans les villes portuaires du nord de la Couronne de Castille au Moyen Âge

Jesús Ángel SOLÓRZANO TELECHEA
profesor titular de historia medieval
Universidad de Cantabria

Beatriz ARÍZAGA BOLUMBURU
catedrática de historia medieval
Universidad de Cantabria

Les connaissances dont nous disposons sur les étrangers dans la Castille médiévale sont peu nombreuses, en particulier pour les villes portuaires du nord de la péninsule. Depuis les travaux pionniers de Jules Finot à la fin du XIXe siècle l'étude de la présence des étrangers dans le royaume de la Castille au Moyen Âge s'est heurtée à la pénurie documentaire du fait qu'ils n'avaient pas l'habitude de se grouper en consulats. On trouve surtout leur trace dans la documentation judiciaire, ce qui empêche toute étude systématique. Le rôle des Génois en Andalousie, notamment à Séville et à Cordoue, est assez bien connu mais nous ne savons presque rien sur les Flamands, les Français, les Anglais et les Portugais[1]. Cela ne signifie pas pour autant que leur présence ait été un phénomène marginal comme l'ont montré plusieurs historiens[2].

---

1. FINOT, Jules, *Étude historique sur les relations commerciales entre la Flandre et l'Espagne du Moyen Âge.* París, 1899 ; CAUNEDO DEL POTRO, Betsabe, *La actividad de los mercaderes ingleses en Castilla* (1475-1492), Madrid, 1984.

2. BELLO LEÓN, José Manuel, *Extranjeros en Castilla (1474-1501). Notas y documentos para el estudio de su presencia en el reino a fines del siglo XV*, La Laguna, 1994 ; FAGEL, Raymond, *De Hispano-Vlaamse Wereld. De contacten tussen Spanjaarden en Nederlanders, 1496-1555*, Bruxelles, 1996 ; ASENJO GONZÁLEZ, María et IGUAL, David, « Mercaderes extranjeros en Valladolid. Una ciudad entre dos mares 1475-1500 », *La Península Ibérica entre el Mediterráneo y el Atlántico, siglos XIII-XV, V Jornadas Hispano-portuguesas de Historia Medieval*, Cadiz, 2006, p. 54-72 ; VALDEON BARUQUE, Julio, « Las colonias extranjeros en

La présence étrangère dans les ports du nord de la Castille

Les étrangers sont présents dans les villes portuaires du nord de la Castille dès le début de XIIIe siècle, dès lors que les marchands de ces villes commencèrent à tisser des liens humains et commerciaux avec les ports de la façade atlantique européenne, en particulier ceux du golfe de Gascogne. On trouve des Anglais, des Français et des Gascons à Saint-Sébastien, Santander, La Corogne et Avilés au XIIIe siècle, tels les Guiralt, Arnaot, Brones, Amat, Burges, Caspín, Mathe, Bernalt, Godofré, Guillen de Flaias, Bernardin, Rogel, Prinalt, Rinalt à Santander, ou encore Guillem Per de Mans, Per de Nordmech, Dominique de Mans ou d'Odicheu à Saint-Sébastien. Il s'agissait des marchands étrangers appelés *francos*, attirés par les privilèges économiques concédés par les rois de Castille[3].

Passé les premières années qui suivirent la fondation de ces villes, les contacts entre les villes portuaires cantabriques et les ports atlantiques et méditerranéens n'ont pas attiré d'autres étrangers. Il faut attendre la fin du XVe siècle pour voir des marchands anglais et flamands ou leurs facteurs étrangers s'établir dans les villes portuaires grâce à l'intensification des relations entre les ports anglais et cantabriques. Après la perte de la Gascogne, l'Angleterre cherchait à s'approvisionner en Castille en sel, vin, fer et produits de luxe. Parfois il s'agit de facteurs étrangers établis temporairement. William Botyller opéra à Bilbao entre 1480 et 1490 en qualité de facteur de William Hadden. Après la mort de ce dernier, il voulut rester dans la ville mais il fut accusé d'avoir utilisé ses amis de Bilbao pour tromper les héritiers de Hadden. À Laredo et à Bilbao, Cornelis Deque, marchand néerlandais habitant Valladolid, disposait de l'appui d'un facteur issu de la même nation, Jean de Ypre, nanti depuis 1475 d'une lettre de sauvegarde royale pour commercer et qui importait des produits flamands à Valladolid[4].

L'intégration des étrangers était profonde quand elle se produisait. Ce fut le cas de Thomas Batcok, facteur du marchand londonien Thomas Howell, qui avait une famille à Rentería et dont les enfants ignoraient la langue anglaise[5], ou celui du marchand anglais Huatre Tunson (Thomson),

---

Castilla al sur del Tajo (los italianos en Andalucía en la Baja Edad Media) », *Anuario de Estudios Medievales*, t. 10, 1980, p. 487-503.

3. Solórzano Telechea, Jesús Ángel, *Santander en la Edad Media : patrimonio, parentesco y poder*, Santander, 2002 ; Tena García, Soledad, *La Sociedad urbana en la Guipúzcoa costera medieval : San Sebastián, Rentería y Fuenterrabía (1200-1500)*, Saint-Sébastien, 1997, p. 382-388 ; Helfferich, M. M. A. et Clermont, G., *Fueros francos. Les communes françaises en Espagne et en Portugal pendant le Moyen Âge*, Paris, 1860.

4. Fagel, Raymond, « Corniles Deque, un mercader flamenco en la Castilla del siglo XV. Un debate sobre el concepto de «vecindad» y «naturaleza» entre mercaderes », *Castilla y Europa. Comercio y Mercaderes en los siglos XIV, XV y XVI*, Burgos, 1995, p. 241-264.

5. Childs, Wendy, « Commercial relations between the Basque provinces and England in the Latter Middles Ages. Ca. 1200-ca. 1500 », *Itsas, Memoria. Revista de Estudios marítimos del País Vasco*, n° 4, 2003, p. 62.

voisin de Deva[6], garant du reste des voisins de cette ville et qui fut emprisonné pour défaut de comparution lors d'un procès en 1518[7]. Il y avait aussi des étrangers qui, intégrés localement, travaillaient pour leur pays d'origine à l'exemple de Tomás Traves, marchand anglais, habitant Bilbao au début du XVIe siècle. Il gardait les prisonniers français par ordre de l'ambassadeur d'Angleterre et intenta un procès à deux voisins d'Eibar qui avaient aidé les prisonniers à s'enfuir[8]. La documentation judiciaire livre les noms de nombreux marchands étrangers : Guillem Brum, anglais, voisin de Saint-Sébastien ; Rubete Uxun, Juan Junarque, Guillemo Lebrón, Guillén Escaller, Cristóbal Rengente, Mateo Lambert, Guillem Chinchi, Tomás Oloed, Ullen Church et Juan Treque, marchands anglais, habitant Bilbao entre la fin du XVe et le début du XVIe siècle[9]. Ces marchands établis dans les ports du nord étaient en relation d'affaires avec des marchands de même nationalité installés dans d'autres villes de Castille, ce qui révèle l'existence de réseaux commerciaux s'étendant vers l'intérieur du pays et conforte l'idée de marchands intégrés dans des groupes et des réseaux de commerce[10]. Niculas Montaot, voisin de Fontarabie, et Guillen Holibru, marchand de Séville, agissant au nom de marchands anglais, dénoncèrent par exemple un vol de marchandises perpétré par des Français à Bayona en Galice[11]. Tous les étrangers n'étaient pas marchands. En 1516, la ville de Bilbao engagea Philippe Picard, originaire de Picardie, pour amener l'eau de la rivière jusqu'à la ville afin de nettoyer les rues et les cours et de renvoyer ensuite l'eau sale à la rivière. Le contrat nous apprend que Bilbao était alors une ville superpeuplée sans sol urbain libre, avec beaucoup d'étrangers qui habitaient des maisons aussi hautes et étroites que celles des voisins. Les gens jetaient les immondices dans les rues, ce qui nuisait à l'hygiène et à l'image de Bilbao. Philippe Picard accepta le marché mais demanda au conseil municipal une lettre de sauvegarde pour lui et ses biens en cas de guerre[12].

À côté des étrangers originaires de France et d'Europe du Nord, d'autres venaient du Sud. C'était le cas d'Andres Abelat, Florentin, habitant de

---

6. Voisin : statut juridique d'un citadin équivalent à celui de bourgeois.

7. *Fuentes medievales del Archivo municipal de Mutriku (1237-1520)*, Saint-Sébastien, 2007, p. 322.

8. Archivo Real Chancillería de Valladolid, Reales Ejecutorias, caja 368/28.

9. Archivo de la Real Chancillería de Valladolid, Juzgado Mayor de Vizcaya, Pleitos civiles (olvidados), cajas 4421/5, 4232/7 y 4342/5. Archivo de la Real Chancillería de Valladolid, Juzgado Mayor de Vizcaya, Pleitos civiles (depositados), c. 4821/2. CAUNEDO DEL POTRO, Betsabe, *Mercaderes castellanos en el Golfo de Vizcaya (1475-1492)*, Madrid, 1983, p. 95.

10. CASADO ALONSO, Hilario, « El comercio internacional castellano en tiempos de Isabel La Católica », *Isabel La Católica y su época. Actas del congreso internacional*, vol. I, Valladolid, 2007, p. 651-682. STABEL, Peter, BLONDE, Bruno et GREVE, Anke (éd.), *International trade in the Low countries (14th-16th centuries). Merchants, Organisation, Infrastructure*, Leuven, 2000.

11. Archivo General de Simancas, Registro General del Sello, vol. XI, f° 288. Désormais : AGS, RGS.

12. *Colección documental del Archivo Histórico de Bilbao (1514-1520)*, p. 1516.

Bilbao, associé à Pierre de Vanengue, tapissier de Philippe Le Beau[13]. D'autres étrangers sont repérables par leur nom qui indique une origine géographique : *Breton, Bourgogne, Bayonne, Flamand, Allemand, Anglais, Franc, Corse, Génois*... On rencontre aussi le cas de Français qui, en 1523, possédaient des terres dans la juridiction des Quatre Villes de la Côte de la Mer. Ferdinand de Setién, voisin de Santander, demanda à Charles V la mise sous séquestre de leurs biens et pria qu'on les lui attribue en considération de ses mérites militaires car il avait fidèlement servi le roi dans ses guerres, en particulier à Fontarabie où il avait perdu la main droite. Le monarque ordonna d'enquêter sur la situation économique et familiale des Français. Il apparut alors qu'ils étaient pleinement installés dans les villes, raison pour laquelle Ferdinand de Setién obtint seulement 5 000 maravédis de compensation[14].

Protéger et contrôler les étrangers

Le concept d'étranger recouvre des situations diverses[15]. À côté des étrangers de passage comme les pèlerins, les marchands et les vagabonds, qui étaient les plus nombreux, figurait un petit nombre d'étrangers établis dans les villes castillanes pour exercer leur métier, sans être naturalisés castillans ou bien ayant leur résidence dans une autre ville. En Castille, sous l'influence du droit romain, la législation leur était très favorable. Elle privilégiait la notion d'origine face au droit coutumier qui s'attachait au domicile.

La présence et les activités des étrangers en Castille étaient régulées par les coutumes et le droit royal qui déterminaient leur statut dans les villes. La législation castillane facilitait l'accueil de certains étrangers, notamment les marchands et tous ceux qui semblaient utiles à la société. En effet, la plupart des étrangers dans les villes portuaires étaient des marchands originaires des royaumes riverains de la côte atlantique[16]. Leur situation juridique en Castille changea avec Alphonse X (1252-1284). Ce roi assouplit le protectionnisme qui avait prévalu pendant le règne de son père Ferdinand III (1217-1252). Ce changement visait à augmenter les revenus royaux et à faire droit à la revendication de la noblesse désireuse d'exporter certains produits comme la laine[17]. *Las Partidas* stipulent que les rois étaient obligés « d'aimer et d'honorer » les marchands étrangers qui approvisionnaient le royaume en produits indispensables[18]. Ce code

13. AGS, RGS, vol. IX, 1504, 04, 27.

14. AGS. Cámara de Castilla. Memoriales. Leg. 150, doc. 252.

15. Classen, Albrecht (éd.), *Meeting the Foreign in the Middle Ages*, New York, 2002.

16. Canny, Nicholas (éd.), *Europeans on the move : studies on European Migration, 1500-1850*, Oxford, 1994. Pinol, Jean-Luc (dir.), *Les Immigrés et la ville. Insertion, intégration, discrimination, XIIe-XXe siècles*, Paris, 1999.

17. Solórzano Telechea, Jesús Angel, « La fundación y promoción de las villas nuevas en litoral Atlántico del Norte peninsular durante el reinado de Alfonso X », *El mundo urbano en la Castilla del siglo XIII*, vol. II. Séville, p. 315-328.

18. *Las Partidas*, II, titre X, loi 3.

reprend quarante normes spécifiques qui établissaient un cadre juridique propice au développement de l'activité commerciale des marchands étrangers en Castille. Alphonse X a traité une ample gamme de sujets relatifs à la sécurité des activités mercantiles (commerce et guerre sur mer, fret, naufrages, produits prohibés, contrats d'achat, prêts, etc.). De la même façon, il a légiféré sur les marchandises, les personnes et les familles des marchands étrangers. En 1281, il les exempte du paiement de droits dans les ports pour les biens destinés à leur usage et à celui de leur famille ou pour les cadeaux aux «bons hommes» des conseils municipaux, à la condition qu'ils ne les vendent pas ensuite[19]. La volonté du roi de favoriser, protéger et défendre les activités des marchands étrangers était liée aux revenus de plus en plus considérables qu'elles fournissaient à la Couronne et aux villes portuaires. À cet effet Alphonse x instaura la *Dîme de la Mer de la Castille* qui grevait l'entrée et la sortie de toutes les marchandises par les ports du golfe Gascogne d'un droit *ad valorem* de 10 %. De ce point de vue, la protection accordée par Alphonse X assimilait les étrangers à d'autres minorités comme les Juifs et les Mudéjars[20].

Les autres lois et coutumes qui s'imposaient aux étrangers dans les villes du nord péninsulaire étaient les Rôles d'Oléron, le Fuero Real de 1254 et l'ordonnance d'Alcala de Henares de 1348 régissant les affaires maritimes. Les marchands étrangers connaissaient la législation castillane et savaient en faire usage. En 1480, Robert Ochoa, bourgeois de Bristol, demanda aux Rois Catholiques de lui délivrer des lettres de sauvegarde et de protection au titre de la protection qu'Alphonse X et Alphonse XI avaient établie respectivement dans *Las Partidas* et l'ordonnance d'Alcala de Henares[21].

Les rois eurent aussi à légiférer avec les Cortes pour protéger les étrangers. Lors des Cortes de Toro de 1371, Henri II déclara les étrangers qui venaient à vivre en Castille libres du paiement de tout droit pendant les dix premières années de leur séjour[22]. Les mesures royales répondaient parfois aux requêtes des procureurs des villes qui demandaient la limitation des activités des étrangers. Les Cortes de Madrid de 1419 établirent que « les Gascons, les Navarrais, les Aragonais ou autres étrangers étaient obligés de déclarer les marchandises importées » aux agents de la douane et il leur était défendu de faire sortir du royaume de l'or, de l'argent, des chevaux ou des mules[23].

19. *Memorial Histórico Español : colección de documentos, opúsculos y antigüedades que publica la Real Academia de la Historia*, Madrid, 1951, t. II, p. 29.

20. Ruiz, Teófilo F., « Trading with 'Other': economic exchanges between Muslims, Jews and Christians in the Late Medieval Castile », Collins, R. et Goodman, A. (éd.), *Medieval Spain. Culture, conflict and coexistence. Studies in Honour of Angus Mackay*, New York, 2002, p. 63-78.

21. AGS, RGS, vol. III, fol. 93.

22. *Ordenanzas reales de Castilla. Nuevamente corregidas de muchos vicios y faltas. Compiladas por Alfonso Díaz de Montalvo e impresas en Salamanca el 20 de octubre de 1541.* 1779, p. 101.

23. *Cortes de los antiguos reinos de León y de Castilla*, t. III, Madrid, 1866, p. 18-19.

Les Rois Catholiques ont poursuivi la politique bullioniste de leurs prédécesseurs tout en veillant à préserver les transactions réalisées par les étrangers. Les sorties d'or et d'argent du royaume par les ports cantabriques étaient une des principales préoccupations. En 1488, un ordre royal envoyé aux villes portuaires de Guipúzcoa imposait d'inventorier les marchandises étrangères importées par les étrangers vivant dans le royaume et obligeait ces derniers à convertir leurs profits en produits locaux afin qu'ils ne fassent pas sortir de métal précieux du royaume. Cet ordre fut réitéré dans les ports de Biscaye et dans les Quatre Villes de la Côte de la Mer en 1491 : « Quelques étrangers de nos royaumes venaient dans les ports des villes avec beaucoup de tissus et marchandises et autres choses, lesquelles ils vendaient toutes à une monnaie d'or et d'argent et ils les tiraient et portaient outre mes royaumes. Et ainsi ils tiraient des pastels et des vins de Bordeaux et de Bayonne et d'autres parts[24]. » Cependant, des assouplissements furent accordés afin de favoriser l'approvisionnement des villes portuaires toujours déficitaires en céréales. En 1476, les Rois Catholiques permirent aux habitants de Bilbao de payer en argent les céréales importées mais en 1484 ils les punirent pour avoir acquitté en numéraire des importations de grains[25]. La contrebande permettait de tourner les interdictions. À Laredo, au début du XVIe siècle, un conflit opposa des Bretons à la justice locale. Alors qu'ils se disposaient à repartir pour la Bretagne après avoir approvisionné la ville en céréales, ils furent attaqués et leurs biens saisis par les autorités. Le lieutenant du corregidor les interrogea par l'intermédiaire d'interprètes pour connaître la quantité d'argent qu'ils emportaient et confisca les marchandises et le bateau. Les Bretons alléguèrent pour leur défense qu'on ne pouvait pas séquestrer le navire et l'argent sans une sentence judiciaire. La justice de Laredo ayant retardé le procés, les Bretons en appelèrent à la justice royale à Valladolid[26].

Les dispositions prises par les Rois Catholiques pour contrôler l'activité commerciale se renforcèrent dans les années 1490. Ils défendirent aux marchands étrangers d'acheminer vers un pays ennemi le fer et l'acier castillans. En 1497, en raison de l'importance de ces produits pour l'économie de la province, les Rois Catholiques permirent aux Guipuzcoans de vendre du fer et de l'acier aux marchands anglais, à condition qu'il ne soit pas ensuite revendus aux Français[27]. En 1499, ils imposèrent aux marchands locaux et étrangers de charger leurs marchandises sur des navires castillans avant ceux des forains. Mais l'année suivante, le Guipúzcoa et la Biscaye furent dispensés de cette obligation[28]. En 1501, il fut interdit de vendre des navires

---

24. *Libro de las Bulas y Pragmáticas de los Reyes Católicos*, vol. II, Madrid, 1973, p. 316-318. Les quatre Villes de la Côte de la Mer étaient Castro Urdiales, Laredo, Santander et San Vicente de la Barquera.

25. *Archivo General de Simancas. Registro General del Sello. Vizcaya (1484)*, Saint-Sébastien, 2003, p. 165.

26. AGS, Cámara de Castilla. Pueblos. Legajo 10, documento 609.

27. Real Academia de la Historia. Colección Vargas Ponce, t. XXIII, f° 83-84.

28. *Libro de las Bulas…*, *op. cit.*, p. 228.

aux étrangers, même une fois naturalisés, sans autorisation préalable[29]. Il s'ensuivit des litiges. En 1507, Esteban de Amasa accusa Marticot de la Salle, tous deux étant voisins de Fontarabie, d'avoir vendu la moitié d'une nef à Gilles Mems, Anglais, en violation de la Pragmatique de 1501[30].

Les mesures répressives prises par les Rois Catholiques eurent pour effet de dissuader les marchands étrangers de venir dans les ports du nord de la Castille. En 1517, la municipalité de Portugalete se plaignait que les étrangers refusaient de se rendre en Castille. Elle dénonçait l'application stricte à Bilbao de la loi de 1488 obligeant les étrangers à déclarer les marchandises importées et à fournir des cautions pour garantir qu'ils exporteraient leurs gains en produits castillans non prohibés. La reine Jeanne donna raison à Portugalete mais elle fut blâmée par le conseil municipal de Bilbao[31]. La politique protectionniste castillane nuisait à la circulation des personnes et des marchandises. En 1476, Juan de Mole, bourgeois de Saint-Pol-de-Léon, sollicita la protection des Rois Catholiques. À la suite de Pierre Bilbao aucun autre voisin de Portugalete n'avait voulu se porter garant pour lui, compte tenu de sa condition d'étranger[32].

Malgré les dispositions restrictives prises pour contrôler les activités économiques des étrangers en Castille, les Rois Catholiques les ont protégés par des traités internationaux et des lettres d'assurance en particulier en période de guerre. En 1476, les conseils municipaux de la Principauté des Asturies remontrèrent qu'ils avaient besoin de sel pour saler la viande et le poisson, produits dont le commerce soutenait l'économie de ces villes. À cause de la guerre que le Portugal et la France faisaient à la Castille, les marchands qui approvisionnaient les greniers à sel n'osaient plus venir. Les Rois Catholiques accordèrent une lettre d'assurance à « n'importe quel marchand étranger des dits royaumes de France et du Portugal, pour qu'ils puissent venir et être sûrs dans la dite ville d'Oviedo et dans les autres villes et les lieux et nos mers de la Principauté avec ses navires, avec tout le sel et d'autres choses avec la condition de ne pas pouvoir tirer de nos royaumes les dits chevaux et les armes et les autres choses qui sont défendues[33] ». En 1478, Ferdinand ordonna aux villes portuaires du nord de la péninsule de respecter les personnes et les biens des Anglais[34]. En 1488, les Rois Catholiques demandèrent au corregidor de Guipúzcoa d'enquêter sur l'habitude qu'avaient « Bayonne, la Terre de Labourd et de Capbreton » d'une part, Fontarabie et Saint-Sébastien d'autre part, de ne pas exécuter dans leurs territoires respectifs les lettres de marque et de représailles

29. *Ibidem*, p. 298-301.
30. Archivo de la Real Chancillería de Valladolid, Reales Ejecutorias, c. 216/3.
31. *Colección documental del Archivo Histórico de Bilbao (1514-1520)*, vol. 4, Saint-Sébastien, 1999, p. 1544-1546.
32. *Archivo General de Simancas. Registro General del Sello. Vizcaya (1478-1479)*, Saint-Sébastien, 2002, p. 66.
33. AGS, RGS, vol. I, f° 366; 1476, 05, 11.
34. Suárez Fernández, Luis, *Política internacional...*, *op. cit.*, p. 375.

contre les étrangers[35]. En 1509, Bilbao se plaignait du manque de denrées de première nécessité car les étrangers n'osaient pas venir à cause des lettres de course de telle façon que la ville pouvait se dépeupler. La reine Jeanne décréta la protection des marchands étrangers qui approvisionnaient Bilbao et annula les lettres de marque en vigueur[36].

La Castille avait passé des accords de protection mutuelle avec les principaux royaumes méditerranéens et atlantiques. Quand des particuliers ou les autorités locales ne respectaient pas ces conventions, les affectés réclamaient justice au roi. En 1491, Micer Ulises, agissant au nom de plusieurs marchands vénitiens, accusa Ferdinand de Escalante et Jean d'Augure, voisins de Santander, d'avoir assailli et pris des marchandises estimées à 30 000 ducas d'or bien qu'ils soient venus en Castille « sous l'assurance de paix et d'amitié qu'il y avait entre nous et nos royaumes et la communauté des Vénitiens[37] ». En 1480, la justice royale fut saisie par des marchands anglais habitant Bilbao, représentés par André Ingles. Ils protestaient contre l'impôt exigé d'eux par la ville, en violation des accords entre la Castille et l'Angleterre selon lesquels les Anglais ne devaient pas payer plus de taxes que les Castillans. Le procureur du conseil municipal, Juan Sánchez de Arbolancha, fit valoir que le nouveau tribut était destiné à la réparation des ponts, fontaines, murs et quais de la ville, et que les Anglais établis à Bilbao étaient tenus de contribuer comme le reste des voisins puisqu'ils étaient « habitants et résidants dans la ville[38] ».

Les marchands étrangers constituaient un collectif privilégié par les lettres d'assurance du roi. Ils traitaient directement avec l'administration roayle pour l'obtention de celles-ci ou avec l'aide de voisins. En 1489, les Rois Catholiques accordèrent une lettre d'assurance à Robert Petet, marchand anglais, et à ses facteurs Adán Haemelio, Jean Braner et Jaymes Jaspes, parce qu'ils craignaient d'être maltraités[39]. Les lettres d'assurance pouvaient être achetées, comme celles acquises par Pedro de Llanes, voisin de Saint-Sébastien, pour le compte de trois marchands de La Rochelle[40]. Les personnes munies d'une lettre d'assurance saisissaient les tribunaux en cas de non respect de la protection accordée. En 1483, au terme d'un procès, les Rois Catholiques ordonnèrent à Jean de Zabalza et à ses amis, voisins d'Ondárroa et de Deva, de rendre à Jean Macosin, marchand écossais, les marchandises et le vaisseau qu'ils lui avaient pris[41].

35. Suárez Fernández, Luis, *Política internacional…, op. cit.*, p. 444.

36. *Colección documental del Archivo Histórico de Bilbao (1501-1514)*, Saint-Sébastien, 2000, p. 1021.

37. Solórzano Telechea, Jesús Ángel, *Colección documental de Santander en el Archivo General de Simancas (1326-1498)*, Santander, 1999, doc. 62.

38. *Archivo General de Simancas. Registro General del Sello. Vizcaya (1480-1482)*, Saint-Sébastien, 2003, p. 163-170.

39. AGS, RGS, vol. V, 1489, 05, 24.

40. Caunedo del Potro, Betsabé, *Mercaderes castellanos…, op. cit.*, p. 225.

41. *Archivo General de Simancas. Registro General del Sello. Vizcaya (1483)*, Saint-Sébastien, 2002, p. 79.

En dernier recours, les marchands étrangers comptaient sur l'appui des diplomates. En 1477, les ambassadeurs du roi de l'Angleterre se plaignirent de vols et réclamèrent justice. Ferdinand donna pouvoir au bachelier Jofre de Sausola pour résoudre l'affaire avec le corrégidor de la Biscaye et l'assistant de Guipúzcoa[42]. Comme le reste des étrangers, les ambassadeurs pouvaient eux aussi être victimes de violences. En 1492, des ambassadeurs anglais furent injuriés, agressés et enfermés dans l'auberge du port de Pasajes. Le prévôt de Saint-Sébastien qui avait pris le parti des agresseurs, en dépit de l'intervention du maire de la ville pour protéger les Anglais, fut destitué[43].

Les gouvernements locaux face à la présence étrangère

Le séjour et l'installation des étrangers dans les villes étaient soumis à l'autorisation du conseil municipal, chargé de veiller à la sécurité de la population, de garantir la réparation des dommages possibles, de protéger la stabilité des transactions mercantiles et de faire appliquer la législation générale du royaume.

La condition d'étranger constituait un motif substantiel de différenciation entre les étrangers et les voisins. Les lois royales et la réglementation urbaine plaçaient les étrangers dans une position désavantageuse sur le plan économique, social et politique par rapport aux voisins. Les étrangers ne pouvaient pas participer à la défense et au gouvernement de la ville. L'obtention d'une charge publique était subordonnée au fait d'être naturel du royaume et voisin résidant dans la ville. Les représentants urbains aux Cortes protestaient contre les libéralités royales consenties aux étrangers. En 1419, lors des Cortes de Madrid, les villes demandèrent que les postes municipaux soient réservés à des personnes natives du royaume ou qui y habitaient depuis dix ans au moins[44]. Ils réitérèrent leur demande aux Cortes de Palenzuela (1425) et de Burgos (1430)[45]. Les étrangers non naturalisés et mariés n'étaient pas intégrés dans les sociétés urbaines et, par conséquent, n'appartenaient à aucun lignage. Cela posait un problème à l'oligarchie urbaine en place et dont les lignages se partageaient entre eux les charges municipales[46]. Les ordonnances de Laredo établissaient trois conditions d'éligibilité pour devenir membre du conseil municipal : être marié, avoir une maison et résider dans la ville[47].

Les ordonnances urbaines réglaient les activités économiques des étrangers dans les villes et les taxaient au profit de la municipalité. Les étrangers

42. Orella Unzúe, José Luis, *Libro viejo de Guipúzcoa del bachiller Juan Martínez de Zaldivia*, Saint-Sébastien, 1991, p. 187.

43. AGS, RGS, vol. XI, f° 133.

44. *Cortes..., op. cit.*, vol. III, p. 15-16.

45. *Ibidem*, vol. III, p. 53 et 92.

46. Solórzano Telechea, Jesús Angel, « Linaje, comunidad y poder: desarrollo y consolidación de identidades urbanas contrapuestas en la Castilla bajomedieval », *Familia y sociedad en la Edad Media (siglos XII-XVI)*, Zaragoza, 2007, p. 71-93.

47. Archivo de la Real Chancillería de Valladolid, Reales Ejecutorias, c. 286/32, f° 3 v°-4 v°.

ne pouvaient pas disposer librement des ressources naturelles de la ville et bénéficier de sa juridiction contrairement aux voisins. Les ordonnances de Castro Urdiales établissaient que les étrangers qui voulaient couper du bois ou prendre des pierres pour lester les navires devaient payer pour cela alors que les voisins étaient exempts[48]. Les marchands étrangers devaient respecter des règles pour pouvoir accéder au marché urbain. Les ordonnances de Bilbao de 1477 obligeaient « Anglais, Bretons, Flamands, Français et autres étrangers » à déclarer leurs marchandises devant le député des marchands à l'entrée et à la sortie de la ville. Les aubergistes avaient l'obligation de leur demander ladite déclaration avant de les accueillir dans leur établissement. Les ordonnances de Santoña de 1445 permettaient l'entrée des navires étrangers dans le port mais leur interdissaient de charger et décharger les marchandies sans la licence de la municipalité[49].

Les conseils municipaux de Castro Urdiales et Deva essayèrent d'éviter les fraudes lors des ventes de marchandises par les étrangers. Une « ordonnance ancienne » de Castro Urdiales établissait que l'achat de marchandises étrangères devait se faire en public et avec une licence municipale dans le cas d'une vente au détail[50]. En 1434, les ordonnances de Deva obligeaient à débaler les marchandises et à les porter au marché public où le conseil fixait le juste prix[51]. Les mesures prises contre les revendeurs avaient pour but d'éviter la spéculation et la hausse des prix. Elles entendaient donner la préférence aux voisins pour l'achat des céréales (froment, orge et seigle). Certaines ordonnances limitaient le nombre de jours pendant lesquels les étrangers pouvaient acheter des marchandises. À Bilbao, d'après les ordonnances de 1477, ils ne pouvaient acheter que les mercredis[52]. À Castro Urdiales, les étrangers payaient des droits d'entrée doubles de ceux des voisins pour le vin et le cidre[53]. Les conseils municipaux voulaient que les marchands étrangers contribuent aux frais urbains au même titre que les voisins. En 1519, le conseil municipal du Bilbao se plaignait des étrangers qui exerçaient leur métier sans permission municipale et quittaient la ville sans rien payer. Il fut décidé que les étrangers désireux d'exercer leur métier à Bilbao devaient obtenir la permission municipale et s'engager à résider dans la ville pendant au moins sept ans avec les mêmes obligations que le reste des voisins. Pour devenir voisin, il leur en coûtait 500 maravédis[54].

Les aubergistes qui hébergeaient les marchands étrangers servaient d'intermédiaires et jouaient un rôle important dans les transactions com-

48. Baró Pazos, Juan et Galván Rivero, Carmen, *Libro de ordenanzas de la villa de Castro Urdiales (1519-1572)*, Santander, 2006, p. 192 et 193.

49. Mogro, Juan José, *Laredo-Santoña. Sus pleytos.* Santander, 2001, p. 43.

50. Baró Pazos, Juan et Galván Rivero, Carmen, *Libro Castro Urdiales*..., *op. cit.*, p. 115.

51. *Archivo Municipal de Deba (1181-1520)*, t. I., Saint-Sébastien, 2006, p. 107.

52. Guiard y Larrauri, Teófilo, *Historia de la noble villa de Bilbao (1300-1600)*, t. I, Bilbao, 1971, p. 438 et 470.

53. Baró Pazos, Juan et Galván Rivero, *Libro Castro Urdiales*..., *op. cit*, p. 124.

54. *Ordenanzas municipales del Bilbao (1477-1520)*..., *op. cit.*, p. 220.

merciales[55]. Ils offraient aux marchands le gîte et le couvert et entreprosaient leurs marchandises. Ils pouvaient à l'occasion aider à trouver des garants ou des clients, faciliter les paiement des taxes. Ce fut le cas de Pero Yáñez de Novia qui hébergea Jean Ingles en 1480[56]. Les aubergistes redistribuaient en gros ou au détail une partie des marchandises des marchands étrangers. Dès la fondation des villes, l'activité de ces professionnels qui travaillaient au plus près des marchands fut réglementée. La Coutume du Saint-Sébastien (vers 1180) réglait le logement et les droits de stockage des marchandises venant de l'extérieur afin que les hôteliers ne se profitent pas indûment des marchands étrangers. Ceux-ci devaient payer 6 sous par ballot et par nuit. Si les ballots se vendaient chez l'aubergiste, le marchand ne devait que 3 sous et s'ils s'associaient par moitié, il ne payait pas le logement. Les marchands se plaignaient toutefois des abus des aubergistes. En 1509, suite à une plainte de marchands anglais, bretons, galiciens et portugais accusant les hôteliers de leur acheter les marchandises à un trop bas prix, le conseil municipal de Bilbao interdit à ces derniers ce genre de pratique sous peine d'une amende de 2 500 maravedis[57].

La plupart des ordonnances limitaient la pratique du commerce de détail par les étrangers, sauf permission expresse du conseil urbain. La coutume du Santander (1187) établit que « celui qui n'était pas voisin de la ville ne pourrait pas vendre au détail la marchandise de tissus portée par la mer, excepté aux voisins; et si l'etranger vendait au détail à un étranger, il devrait payer 10 sous[58] ». De cette façon les marchands locaux étaient les seuls intermédiaires entre les étrangers et la clientèle locale. Les métiers les mieux organisés, tels les tailleurs et les pêcheurs, se sont efforcés de faire appliquer ces dispositions. En 1500, Pierre Santos, voisin de San Vicente de la Barquera, tailleur et procureur de la confrérie de Saint-Bartolomé, informa le conseil municipal que les étrangers vendaient du tissus au détail dans la ville. Les accusés se défendirent en alléguant qu'ils le vendaient aux aubergistes pour compenser leurs frais de séjour. Le conseil municipal ordonna que, en vertu des ordonnances de la ville, les étrangers puissent vendre les tissus de laine durant huit jours seulement à partir de leur arrivée[59]. Les ordonnances de Bilbao de 1477 défendaient l'acquisition du fer au détail. Il fallait en acheter au minimum 50 quintaux et les voisins ne pouvaient pas le revendre ensuite aux marchands étrangers[60]. En 1515, un conflit éclata entre les fabricants

55. Gual Camarena, Miguel, « El hospedaje hispano-medieval. Aportaciones para su estudio », *Anuario de Historia del Derecho Español*, t. XXXII, 1962, p. 527-542.
56. *Archivo General de Simanca. Registro general del sello. Vizcaya (1480-1482)*, Saint-Sébastien, 2002, p. 163-165.
57. *Libro de acuerdos de Bilbao (1509-1515)*, Saint-Sébastien, 1999, p. 49-50.
58. Solórzano Telechea, Jesús Angel, « El fenómeno urbano medieval en Cantabria », *El fenómeno urbano medieval entre el Cantábrico y el Duero*, Santander, 2002, p. 293.
59. AGS. Cámara de Castilla. Pueblos. Leg. 17, doc. 338.
60. *Ordenanzas municipales del Bilbao (1477-1520)…*, *op. cit.*, p. 21, 23, 26, 48-49.

de tissus de Bilbao (*plumeros*) et « les Bretons habitant Bilbao » qui vendaient des étoffes aux voisins. Bien qu'ils soient habitants de la ville, le conseil municipal défendit que « Bretons ni Français ou d'autres étrangers n'osent vendre au détail[61] ».

Les gouvernements urbains ont limité l'activité des étrangers pour la vente des deux produits plus importants dans les villes portuaires : le poisson et le vin. En 1504, la confrérie de pêcheurs de Lequeitio se plaignait de ce que le poisson importé par les étrangers les obligeait à baisser leur prix de vente. La municipalité décida que le poisson étranger ne pourrait se vendre qu'en temps de disette. Les étrangers devaient informer préalablement le conseil municipal pour vendre le poisson et respecter les prix locaux[62]. Les voisins ne pouvaient pas servir d'intermédiaires. En 1509, le conseil municipal de Bilbao établit que les marchands étrangers qui voulaient vendre du poisson devaient en donner un tiers au conseil municipal qui le livrerait aux regratières de la ville[63]. En ce qui concerne le vin, les conseils municipaux ont limité les importations par les étrangers. San Vicente de la Barquera défendit l'entrée du « vin étranger, blanc ou rouge, [...] sans permission du conseil municipal [64] ».

Les ordonnances municipales réglaient aussi le comportement des étrangers pendant leur séjour dans la ville en vue de protéger les voisins. En 1435, le conseil municipal de Bilbao décida que si un étranger défiait un voisin, il devait être expulsé de la ville et obligé de porter son défi hors de la ville sous peine de n'être plus y être admis[65]. En 1477, Bilbao défendait aux étrangers d'entrer dans la ville avec des armes[66].

Malgré tous les contrôles que les villes imposaient aux étrangers, les gouvernements urbains savaient que le commerce avec eux était vital pour l'activité économique et pour la survie même de leur ville. En marge de la politique internationale des monarques, les villes portuaires ne pouvaient pas se passer des relations avec les villes atlantiques, en particulier Bayonne et Bordeaux. Dès le début du XIIIe siècle, les ports de Gascogne ont passé des accords, soit individuellement soit en groupe. En 1306 et 1309, Castro Urdiales, Laredo et Santander signèrent un traité avec Bayonne, suivies par les villes du Guipúzcoa en 1309, 1311 et 1328[67]. En 1351 et 1353, deux accords furent établis entre l'Angleterre et « Toutes Marismes & Costeres de Meer, Portz, Citees & Villes de la Seignurie du Roi de Castelle

61. *Libro de acuerdos de Bilbao (1509-1515)...*, *op. cit.*, p. 308.

62. *Colección documental del archivo de la cofradía de pescadores de la villa de Lequeitio*. San Sebastián, 1991.

63. *Libro de acuerdos y decretos municipales de la villa de Bilbao (1509 y 1515)*, Saint-Sébastien, 1995, p. 156.

64. Archivo de la Real Chancillería de Valladolid, Pleitos civiles, Alonso Rodríguez, c. 786/1, f° 1 v°.

65. Teófilo, Guiard Larrauri, *Historia de la noble villa de Bilbao...*, *op. cit.*, p. 109.

66. *Ordenanzas municipales del Bilbao (1477-1520)*, Saint-Sébastien, 1995, p. 26.

67. Solórzano Telechea, Jesús Angel, *Patrimonio documental de Santander...*, *op. cit.*, documents 18-22.

& du Counté de Viscaye[68] ». En 1388, Saint-Sébastien accorda une lettre de protection générale à tous les Bretons arrivant avec des marchandises[69]. En 1404 et 1407, tous les ports « au bord de la mer de l'Espagne » et les ports de Gascogne signèrent des accords pour protéger les marchands et les navigateurs étrangers en temps de guerre comme de paix. En cas de guerre entre les rois de l'Angleterre et de la Castille, les marchands et les maîtres de navires disposaient de quarante jours pour partir libres et en paix. Les villes portuaires castillanes développèrent leur propre stratégie politique et commerciale en direction des ports anglais et français les plus actifs et cherchèrent à se passer des autres pays qui pouvaient profiter du contexte politique pour s'introduire sur ces marchés.

•

L'un des moyens pour favoriser l'intégration des étrangers dans la société castillane était leur naturalisation. Selon le préambule du Titre IV de *l'Espéculo* d'Alphonse X (vers 1258) les étrangers pouvaient acquérir la nationalité castillane par la propriété, l'adoption, l'hérédité de sang ou après avoir vécu plus de deux ans sur le territoire. Une autre voie était le mariage avec une Castillane, bien que ce ne soit pas une condition indispensable. En général, les étrangers eurent une position ambiguë par rapport à la naturalisation. Celle-ci les intéressait parce qu'elle leur permettait de s'intégrer dans la vie politique et sociale, mais elle les empêchait de jouir des avantages économiques accordés par le roi aux étrangers et les obligeait à contribuer à la fiscalité municipale. Cornelis Deque, marchand néerlandais établi à Valladolid et possédant des intérêts économiques à Bilbao et Laredo, eut deux enfants, une fille avec Sancha de Bilbao de Bayçaval et un fils avec Catalina de Ronsa, de Bruges. Ce dernier se maria avec Francisca Quibetet, d'origine flamande ou bourguignonne. Dans le conflit l'opposant à Ferdinand del Hoyo, marchand de Laredo, Cornelis Deque fut accusé de ne pas vouloir se marier avec une Castillane pour ne pas devenir voisin : « il a publiquement dit que bien qu'ils lui donnassent une femme avec une grande présence dans ces royaumes, qu'il ne la prendrait pas pour épouse pour ne pas devenir voisin[70] ». En général, les étrangers en Castille préférèrent se marier avec quelqu'un de la même nationalité pour une double raison, identitaire et économique, car il était plus rentable de rester étranger que de devenir Castillan, cela d'autant plus que le roi garantissait la protection des étrangers en Castille.

68. Rymer, T., *Foedera, convenciones, literae et cuiuscunque generis acta publica inter reges Angliae et alios quosvis imperatores, reges, pontifices, principes vel communitates*, vol. VI, Londres, 1727, p. 29.

69. Camino y Orella, Joaquín, *Historia civil-diplomática-eclesiástica antigua y moderna de la ciudad de San Sebastián*, Saint-Sébastien, 1963, p. 280.

70. AGS, Cámara Castilla, Personas, 13. Hoyo (Fernando del) y otros.

RÉSUMÉ

Cette étude aborde en premier lieu la présence des étrangers dans les villes portuaires du Nord de la Couronne de la Castille depuis la deuxième moitié du XIIe siècle jusqu'au début du XVIe siècle. Elle s'intéresse ensuite à la législation royale destinée à protéger les étrangers et à régler leurs activités économiques tandis que les autorités des villes portuaires, au moyen d'ordonnances municipales, tentaient de contrôler la présence et les activités de ces derniers.

ABSTRACT

Firstly, this essay researches the presence of the foreigners in the seaports on the Northern coast of Spain from the second half of the 12th century to the beginning of the 16th century. Secondly, we will expound the royal legislation in the Kingdom of Castile in relation to the protection of foreigners and the regulation of their economic activities. Finally, we will explain the role played by the town councils to control the foreign presence and to regulate the economic activities by means of municipal ordinances.

Les délits de monnaie dans les provinces basques (1551-1700) : une criminalité de l'étranger ?

Olivier Caporossi
Maître de conférences en histoire moderne
université de Pau et des Pays de l'Adour
FRAMESPA - UMR 5136

Depuis le règne de Charles Quint (1516-1556), l'afflux régulier des métaux précieux américains (or et surtout argent) permet au roi catholique d'acheter en bonne monnaie clientèles et alliances, sans oublier de payer le *tercio* engagé dans la guerre des Flandres (1568-1648)[1]. Dès le XVIe siècle, la question monétaire place les trois provinces basques (le Guipuzcoa, la Biscaye et le pays d'Alava) au cœur des relations commerciales, militaires et politiques entre l'Espagne, la France, les Îles Britanniques et les Pays-Bas, comme le montrent différentes études menées à partir des sources douanières de l'Ancien Régime[2]. La multiplication des conflits et des champs d'opération comme les banqueroutes successives de la monarchie hispanique (1557, 1575, 1596) aboutissent à la mise en place d'une nouvelle politique monétaire, celle du billon, dont la valeur intrinsèque déjà peu importante ne cesse d'être dévaluée. Créée en 1599, la monnaie de billon est refrappée au double de sa valeur en 1604. Cette politique, contestée de toute part, est le contexte dans lequel se déploie le faux-monnayage. Les dévaluations monétaires se multiplient : celle de 50 % en 1628 est suivie d'autres dévaluations en 1634, 1636, 1641, 1642 et 1664. La réforme monétaire de 1680 se traduit par une chute du billon, qui perd les trois quarts de sa valeur, et les réaux d'argent sont à leur tour dévalués de 20 % en 1686. En réalité, la politique monétaire de la monarchie catholique, qui impose

1. Esteban Estríngana, Alicia, *Guerra y finanzas en los Paises Bajos católicos. De Farnesio a Spínola (1592-1630), Madrid*, Laberinto, 2002.

2. Lapeyre, Henri, *El comercio exterior de Castilla a traves de las aduanas de Felipe II*, Valladolid, Universidad de Valladolid, 1981 ; Priotti, Jean Philippe et Saupin, Guy (dir.), *Le commerce atlantique franco-espagnol. Acteurs, négoces et ports (XVe-XVIIIe siècles)*, Rennes, PUR, 2008.

un système complexe fondé sur une nouvelle monnaie intérieure, le billon, ouvre une longue série d'altérations monétaires et de dévaluations opérées pour financer la guerre contre Louis XIII et Louis XIV (1635-1659, 1667-1668, 1672-1678, 1683-1684, 1690-1697)[3], l'Angleterre d'Élisabeth Ire (1584-1603), de Charles Ier et d'Olivier Cromwell (1625-1630 et 1655-1659) et les rebelles hollandais (1566-1609, 1621-1648) avant que la réforme de Rodrigo Caballero (1706-1716) ne puisse stabiliser le système des deux circulations monétaires[4]. La bonne monnaie, faîte des métaux américains, fuit ainsi à l'étranger et se trouve remplacée par de la fausse monnaie introduite dans l'économie espagnole par les marchands français, anglais ou hollandais. Or, la crise monétaire entraîne le faux monnayage dès lors que les États décident un cours des espèces différent de leur valeur intrinsèque, permettant aux faussaires d'envisager un bénéfice de la différence entre ces deux valeurs[5].

La politique monétaire de Louis XIII qui, pour financer la guerre contre la maison d'Autriche à partir de 1636, achète le doublon d'or espagnol à 10 livres tournois, soit 25 % de plus que le prix du marché[6], et l'investissement des Hollandais dans la fabrication de faux billons, destinés à acheter illégalement la bonne piastre dans les contreforts pyrénéens et les littoraux atlantiques de l'Espagne pour la revendre aux officiers de la maison des monnaies de Bayonne ou de Bordeaux[7], comme la dénonciation de l'emprise des marchands français et flamands sur l'économie castillane, font craindre une mainmise de l'ennemi sur les ports ibériques de la côte atlantique. La criminalité monétaire, dont les sources littéraires, administratives et judiciaires du XVIIe siècle nous livrent un portrait multiple (contrebandiers de monnaie, fabricateurs, distributeurs, rogneurs, billonneurs), implique la figure de l'étranger au royaume et au roi. Soupçonné d'usurper le *ius monetae* du roi catholique, jusqu'à ouvrir la possibilité d'une qualification du crime de monnaie en crime de lèse-majesté, tant par le viol de la figure sacrée du monarque que par la menace ainsi produite à l'encontre de l'harmonie des sociétés hispaniques, l'étranger devient la qualification définitoire de cette délinquance particulière. C'est, sans doute, par ce biais que l'institution monarchique cherche à construire la figure de l'ennemi.

---

3. Santiago Fernández, Javier de, *Política monetaria en Castilla durante el siglo XVII*, Valladolid, Junta de Castilla y León, 2000.

4. Vilar, Pierre, *Or et monnaie dans l'Histoire*, Paris, Flammarion, 1974, p. 295.

5. Froidevaux, Ch., Clairand, A., « Faux monnayage et crises monétaires sous l'Ancien Régime », Auberson, Anne Francine, Drescka, Harald R. et Frey-Kupper, Suzanne (dir.), *Faux-contrefaçons-imitations. Actes du quatrième colloque international du Groupe suisse pour l'étude des trouvailles monétaires (Martigny, 1er-2 mars 2002)*, Lausanne, Le Zèbre, 2004, p. 175-234.

6. Girard, Albert, *Le Commerce français à Séville et Cadix au temps des Habsbourg*, Paris, 1932, p. 439-440.

7. Braudel, Fernand, *La Méditerranée et le monde méditerranéen à l'époque de Philippe II*, Paris, A. Colin, rééd. 1990 (1966), t. I, p. 488-489 ; Gelabert, Juan E., *La bolsa del rey. Rey, reino y fisco en Castilla (1598-1648)*, Barcelona, Crítica, 1997, p. 134 ; Carrasco Vázquez, Jesús, « Contrabando, moneda y espionaje (el negocio del vellón : 1606-1620) », *Hispania*, 1997, LVII/3, n° 197, p. 1081-1105.

La seule qualification d'étrangeté du crime de monnaie n'y suffit pas. La répression du crime de monnaie, comme l'un des principaux modes de criminalisation de l'étranger dans l'Espagne des derniers Habsbourg, s'inscrit dans un espace concret, capable d'identifier les enjeux frontaliers d'une telle démarche aussi bien judiciaire que politique et d'en promouvoir les acteurs comme les promoteurs : les trois provinces basques.

Le frère Pedro de Oña (1560-1626), évêque de Gaeta depuis 1605, dénonce l'usage monétaire des étrangers dans la péninsule ibérique[8]. Les étrangers sont accusés d'introduire de la fausse monnaie de billon pour l'échanger contre de la bonne monnaie d'or et d'argent qu'ils rapportent chez eux. Les ports de Castille et plus encore ceux de Biscaye représenteraient les portes par lesquelles la fausse monnaie étrangère pénètrerait dans la péninsule. La complicité des élites locales (l'auteur dénonce autant les habitants de ces contrées que les gardes-frontières, et les gardes des *puertos secos*) expliquerait le succès de l'introduction de la fausse monnaie étrangère dans l'économie espagnole. Dans sa *Restauración política de España* éditée dès 1619, le donneur d'avis tolédan Sancho de Moncada stigmatise le commerce du faux billon des étrangers présents en Biscaye et la sortie de la monnaie d'argent au profit des Français[9]. Vers 1628 le docteur Sebastián Benítez Negrete voit dans les ports atlantiques les meilleures portes d'entrée du faux billon et de la contrebande monétaire des étrangers hostiles à la monarchie catholique[10].

Pour la cour d'Espagne c'est l'ensemble des provinces basques, du fait de leur statut fiscal et de leur situation stratégique entre la France, la Navarre et la Castille, qui représente la plaque tournante de la contrebande monétaire et du faux monnayage atlantique. En décembre 1607, de Paris, Rodrigo de Cordoba informe le duc de Lerma, favori du roi Philippe III jusqu'en 1616, sur la réalité des cargaisons de faux billons embarquées par des marchands anglais, français et hollandais dont la flotte prétend venir d'Hambourg et de Lubeck[11]. Dès 1609 la monarchie reçoit des avis sur l'existence, dans le Sud Ouest de la France, de quatre ateliers spécialisés dans la refonte de la monnaie d'argent sortie illégalement d'Espagne[12]. Le conseiller Francisco de Tejada dénonce à Philippe IV dans une consulte du 8 février 1622, le rôle des rebelles hollandais dans la contrebande de faux billons, associant l'étranger au royaume à l'hérésie et au faux monnayage[13]. Lorsque la paix entre les monarchies chrétienne et catholique

8. Santiago Fernández, Javier de, *El arbitrio monetario de Pedro de Oña (1607). Edición y estudio crítico*, Madrid, Castellum, 2002, p. 99.

9. Moncada, Sancho de, *Restauración politica de España,* Madrid, Instituto de Estudios Fiscales, 1974, p. 163.

10. García Guerra, Elena María, *Moneda y arbitrios consideraciones del siglo XVII*, Madrid, CSIC, 2003, p. 89-94.

11. Archivo General de Simancas, e, Francia, Legajo K-1427, f° 135.

12. García García, Bernardo José, *La Pax Hispánica. Política exterior del Duque de Lerma*, Leuven, Leuven University Press, 1996, p. 198 et 356.

13. González Palencia, Ángel, *La Junta de reformación 1618-1623*, Valladolid, Poncelix, 1932, p. 272-273.

semble revenue, après le traité des Pyrénées (1659), et que le conseil de Castille se voit obligé de consulter le roi sur les excès des Français dans la province de Guipúzcoa, ce sont les délits monétaires de ces derniers qu'il met en avant. Dans un rapport adressé au conseil de Castille, le corregidor du Guipúzcoa, Martin Joseph Badaran, dénonce la menace que fait peser sur la sécurité de la frontière basque, l'intrusion d'une bande de dix-sept à vingt Français munis d'armes à feu qui prit d'assaut la prison d'Usúrbil où était détenu sur ordre de l'alcade un de leurs compatriotes accusé d'introduire de la fausse monnaie dans la péninsule. La figure de l'étranger faux-monnayeur semble imprégner la correspondance des conseillers du roi, des corregidors et des diplomates pendant tout le siècle. Elle suscite autant qu'elle justifie une législation plus sévère envers les auteurs des crimes de monnaie. Philippe IV (1621-1665) élargit les facilités probatoires établies par Philippe II en 1598 pour les cas de sodomie et d'hérésie, en permettant aux juges royaux de prouver les délits de monnaie avec les seules déclarations de trois témoins, fussent-ils les complices de l'accusé. Cette pragmatique de 1636 est renforcée dès 1637 par une nouvelle disposition royale qui dote le conseil royal des capacités légales pour traiter des crimes de monnaie par des procédures d'exception privilégiant une certaine pratique de l'arbitraire, la *vía de gobierno*[14].

Les provinces basques et leurs ports constituent donc le laboratoire de cette nouvelle politique répressive qui s'inscrit dans la mise en place progressive d'une police des étrangers dont témoigne la multiplication des registres à l'échelle locale (comme à Saint-Sébastien) ou à l'échelle du royaume[15]. La mesure de cette répression ne saurait être prise à la lumière des archives judiciaires (procès d'appel ou réservés) ou administratives (consultes et rapports) du seul conseil de Castille, qui lorsqu'il agit comme cour suprême de la monarchie catholique, prend le titre de conseil royal. C'est pourquoi il nous a paru intéressant d'observer en quoi les procédures pénales du grand juge de Biscaye *(juez mayor)* répondent ou non aux nouvelles exigences des Habsbourg contre la criminalité monétaire[16]. Sur les 22 cas recensés parmi les procès pénaux et civils de la chambre de Biscaye (qui siège auprès de la chancellerie de Valladolid)[17] pour la période 1551-

14. PAZ ALONSO, María, *El proceso penal en Castilla (siglos XIII-XVIII),* Salamanca, Universidad de Salamanca, 1982, p. 303 et 304.

15. Sur la question de l'étranger, voir DOMÍNGUEZ ORTÍZ, Antonio, *Los Extranjeros en la vida española durante el siglo XVII y otros artículos*, Sevilla, Diputación de Sevilla, reed. 1996; *Les Français en Espagne à l'époque moderne (XVIe-XVIIIe siècles)*, Paris, CNRS, 1990; VILLAR GARCÍA, M. B., PEZZI CRISTÓBAL. P. (eds.), *Los Extranjeros en la España moderna*, Málaga, Universidad de Malaga, 2003; GARCÍA GARCÍA Bernardo José (pres.), *La Monarquía de las naciones. Patria, nación y naturaleza en la Monarquía de España*, Madrid, Fundación de Amberes, 2004; CAPOROSSI, Olivier, « Le statut des Anglais dans l'Espagne de Philippe IV (1621-1665) », *Anglophonia. French Journal of English Studies*, 2005, n° 17, p. 163-173.

16. MARTÍN RODRÍGUEZ, Jacinto, « Figura histórico-jurídica del Juez Mayor de Vizcaya », *Anuario de Historia del Derecho Español,* 1968, n° 38, p. 641-669.

17. BERMEJO CABRERO, José Luis, *Poder político y administración de justicia en la España de los Austrias*, Madrid, Ministerio de Justicia, 2005, p. 90.

1796, six relèvent du XVIe siècle et treize du XVIIe. La question de l'étrangeté du crime de fausse monnaie y est posée de manière diverse et montre pour le moins le rôle de l'institution judiciaire dans les différents degrés de la fabrique de l'étranger au roi catholique.

Le grand juge et la main de l'étranger

Rares sont les procédures qui mettent directement en cause des étrangers de passage ou installés à Bilbao. Les ministres du grand juge de Biscaye, dont la charge est généralement assumée par le corregidor de cette province[18] – que le roi nomme pour quatre années environ sur avis du conseil de la Chambre de Castille – n'en sont pas moins préoccupés par la présence de l'étranger, même lorsque les accusés sont des naturels ou d'autres sujets du roi catholique (Navarrais, Castillans, Aragonais etc.). Les tensions entre les chancelleries d'Europe se traduisent, en ce début du siècle, par l'envoi de commissaires pour surveiller les juges des douanes (*alcaldes de sacas*), contrôler les ports et lutter contre la contrebande monétaire. Le regard de Madrid se porte sur ces régions dont la population, très attachée à la défense de ses *fors*, conteste le bien fondé des différentes altérations monétaires qui se succèdent. Les résultats mitigés de ces commissaires s'expliquent par la difficulté qu'ils rencontrent à susciter une répression accrue des autorités locales contre la criminalité monétaire. Le tribunal de la chambre de Biscaye, préoccupé par la défense de sa juridiction, n'échappe pas à cette réticence. Par exemple, en 1674, l'un des magistrats de la chambre de Biscaye, Santiago de la Toba, est condamné à une amende de 2000 ducats pour avoir transmis au conseil royal les arrêts originaux relatifs à une procédure pénale pour fausse monnaie effectuée à Bilbao, contrevenant ainsi aux *fors* de la seigneurie de Biscaye[19]. L'intervention de la reine mère et des conseillers royaux produit un conflit de compétence qui scandalise les autorités provinciales mais permet d'annuler la première condamnation du greffier. Nous pouvons cependant constater que six des treize procès sont faits pendant les vingt premières années du siècle, au moment où le débat sur le faux billon est le plus intense et où le conseil de Castille cherche à développer son emprise sur cette frontière littorale.

18. Compétent en matière civile et pénale, le grand juge de Biscaye reçoit en appel les décisions de toutes les justices de la seigneurie. Au vu des sources judiciaires consultées, il faut donc distinguer au moins trois échelles juridictionnelles : la municipalité, le *corregidor* et la seigneurie. Ces deux dernières juridictions, bien qu'assumées par la même personne n'en demeurent pas moins distincte l'une de l'autre. Les sentences rendues par le grand juge peuvent être contestées devant le juge des requêtes de Biscaye (*juez de las suplicaciones de Vizcaya*), dont la charge relève directement du président de la chancellerie de Valladolid, et qui a autorité pour traiter lui-même l'affaire ou la déléguer à une des chambres des auditeurs de la dite chancellerie. Heras Santos, José Luis de las, *La Justicia penal de los Austrias en la corona de Castilla*, Salamanca, Universidad de Salamanca, 1994, p. 72.

19. Archivo de la Real Chancilleria de Valladolid, Sala de Vizcaya, Pleitos, Caja 2409, ex. 3 (2409/0003).

La chambre de Biscaye n'échappe donc pas aux pressions de la cour et oriente une part importante de ses procédures contre la criminalité monétaire vers la recherche de la main de l'étranger. Derrière chaque arrestation pour fausse monnaie se cache peut-être une entreprise de l'Étranger. En 1610, deux habitants de Bilbao, Domingo de Leniz et Juan de Soto, sont poursuivis par le grand juge pour avoir introduit des faux billons dans les ports de Biscaye. La procédure de première instance menée par le licencié Juan de Carrion, qui reçut pour cela une commission privative du grand juge, met en avant les liens commerciaux réguliers existants depuis plusieurs années entre les accusés et un marchand français Anton de Urdanqui pour expliquer l'abondance de la fausse monnaie distribuée[20]. Le lieu du crime est la demeure d'Antona de Vedia à Bilbao, où les deux compères et leurs complices avaient l'habitude de se loger et de conclure leurs affaires avec de mystérieux marchands français. Ils y auraient par exemple acheté du charbon avec des faux doublons de quatre réaux fournis par ces Français pour les revendre contre cinquante vrais réaux dans d'autres lieux de la Biscaye. La disparition de leurs prétendus complices fait de Domingo de Leniz et de Juan de Soto les seuls coupables. Le premier est condamné en première instance à quatre années de bannissement de la ville de Bilbao et à une amende de 100 000 maravédis à payer à la justice, le second perd son office, est banni du royaume de Castille pour 20 ans et devra payer 250 000 maravédis. Le procès en appel devant le grand juge leur permet néanmoins d'obtenir une réduction des sentences. Le 29 novembre 1611, Domingo de Leniz voit sa peine de bannissement confirmée mais pas son amende; il en est absous. Le 8 octobre 1610 Joan de Soto voit sa peine révisée : il perd son office de procureur du roi mais son bannissement du royaume est limité à dix ans et son amende diminuée de 100 000 maravédis. Pour la chambre de Biscaye, la découverte de faux doublons attribués à Domingo de Leniz et Juan de Soto fait de leur activité commerciale un paravent pour cacher la diffusion de fausse monnaie commanditée à partir de la France. La fausse monnaie est l'arme de guerre de l'ennemi, malgré la paix apparente qui règne entre les monarchies catholique et chrétienne.

La même suspicion se retrouve dans les poursuites établies par le licencié Francisco de la Puente, corregidor et grand juge de Biscaye, dès le 3 octobre 1619 contre un habitant de Bermeo, Pedro de Legorraza et un certain Juan de Soto. L'alcade ordinaire de Bermeo rend compte au grand juge des rumeurs qui circulent dans sa cité sur la diffusion de monnaies suspectes car d'aspect neuf, elles afficheraient la date de 1612, voire d'autres dates plus anciennes encore. Ces rumeurs de fausse monnaie se seraient répandues dans toute la seigneurie, troublant l'ordre public. Dans le bref récit qu'en donne la chambre de Biscaye, elles manifestent, aux yeux des échevins qui en appellent à une entité supérieure – celle du grand juge – la crise qui toucherait aussi bien la province que l'ensemble de la péninsule

20. Archivo de la Real Chancilleria de Valladolid, Sala de Vizcaya, Pleitos, Caja 1154, ex. 4.

ibérique. Comparable à une peste sociale, la fausse monnaie « étrangère » remet en cause une *regalia* et de ce fait, l'obéissance des sujets de toute la province à leur souverain légitime. Toute une hiérarchie sociale et politique semble menacée, d'autant plus que son introduction, par la transgression des valeurs qu'elle promeut, est souvent considérée comme une remise en cause de la propriété et des biens de l'ensemble des sujets de la monarchie catholique. Quelques pièces de monnaie pourraient provoquer la destruction de la communauté.

Un deuxième bruit justifie l'établissement d'une procédure pénale : certaines personnes auraient fait passer de la monnaie d'or et d'argent en France et transporter des *cuartos* (pièces de billon de 4 maravédis) vers l'Espagne. Cette seconde rumeur, parce qu'elle confirme la nature « étrangère » des faux billons déjà annoncée dans la précédente, est une première réponse à l'impuissance manifestée par les autorités de Bermeo face au phénomène dénoncé, l'invasion de la Biscaye par la fausse monnaie venue de France. Elle donne à comprendre l'incompréhensible, et oriente la répression judiciaire vers l'anormalité monétaire du caractère étranger des pièces, et non par exemple vers un défaut de valeur intrinsèque (poids en métal précieux). L'objet du crime dirige la persécution judiciaire contre un ennemi surpuissant, la main de l'étranger dont la fausseté des monnaies serait l'incontestable signe.

L'auteur de l'enquête, le procureur du grand juge, Juan de Soto, cherche à identifier ces personnes parmi celles qui sont connues pour voyager souvent entre la France, les provinces basques, la Navarre et la Castille. Ils reçoivent des dénonciations qui leur permettent d'imputer le crime de fausse monnaie à un habitant de Bermeo, Pedro de Legorraza. Un des témoins interrogés, Domingo de Alestra dénonce l'accusé et prétend l'avoir vu à Vitoria chez un certain Lucas de Charte. C'est là que Pedro de Legorraza aurait reçu des marchandises à transporter jusqu'à Bilbao. Il aurait été vu par d'autres témoins avec deux sacs pesant chacun six arrobes (69 kilos environ) destinés à Doña Catalina de Butron, épouse d'un habitant de Bilbao, Pedro de Sabugal. Près de 1 300 réaux se cacheraient dans ces mystérieux sacs. Arrêtés puis interrogés à Bilbao le 3 octobre 1619, Catalina de Butron et Pedro de Sabugal admettent connaître l'accusé mais nient que la fille d'un premier mariage de Pedro de Sabugal l'ait accueilli deux semaines auparavant, de nuit, dans leur demeure. L'inspection de la demeure de Pedro de Sabugal apporte alors de nouveaux éléments à la justice. Elle permet la découverte d'un coffre caché sous du linge blanc dans l'une des salles arrière de la maison. Une fois ouvert, ce dernier révèle la présence de petits sacs de toile pleins de pièces de monnaie dont la valeur est estimée à 200 réaux. Ces petits sacs mélangent *cuartillos* (pièces de 8 maravédis et demi) et *cuartos* (pièces de 4 maravédis). Face à cette nouvelle situation, le couple de prévenus reconnaît avoir reçu du principal accusé, Pedro de Legorraza, l'équivalent de 70 réaux. Dans l'interrogatoire des témoins par le procureur Juan de Soto, qui suit la procédure, l'absence des 1300 réaux de Pedro de Legorraza, n'empêche en rien le développement du récit judiciaire sur les faits et gestes du prétendu faux-monnayeur et, désormais, de ses complices. La fausse monnaie n'est pas définie par Juan de Soto comme une transgression de sa valeur intrinsèque (son poids en métaux précieux) mais comme la violation du droit royal de battre monnaie. L'expertise des quelques monnaies rencontrées chez Catalina de Butron et Pedro de Sabugal se fonde d'ailleurs plus sur la qualité de la frappe et son apparence extérieure que sur sa contenance. Toute monnaie autre que celle frappée dans les ateliers monétaires du roi est interdite, affirme Juan de Soto aux témoins qu'il interroge. À partir de la reconnaissance de ce prédicat, les différents témoins sont amenés à se prononcer sur son récit judiciaire : Pedro de Legorraza aurait apporté de Saint-Jean-de Luz à Bermeo puis à Bilbao d'importantes quantités de faux billons qu'il aurait mélangés avec de la vraie monnaie issue des ateliers royaux de Ségovie pour effectuer divers achats. Il aurait ensuite continué ces mêmes opérations de dissimulation avec la complicité d'un jeune serviteur, à Vitoria, Guernica et Saint-Sébastien. Il aurait aussi utilisé sa fausse monnaie pour rembourser quelques prêts contractés dans ces mêmes villes.

La main de l'étranger (et le sceau monétaire qui l'incarne) établit dans l'esprit des magistrats la culpabilité de leurs complices dont les tribunaux royaux ont du mal à repérer les activités criminelles. La force de destruction qui lui est attribuée n'est pas toujours suffisante pour discerner les signes de leur culpabilité souvent assimilés à la mobilité et à d'éventuels voyages en France ou de possibles rencontres avec des étrangers. Dès que l'appareil judiciaire cherche à renforcer la criminalisation de certaines activités monétaires, il lui faut hisser la répression à une autre hauteur. La recherche de « signes victimaires » dans l'anormalité des étrangers[21], définie par un comportement commun fondé sur la mobilité géographique, l'instabilité sociale, et l'économie de la contrebande, aboutit à en faire une catégorie sociale, c'est-à-dire qu'elle permet à l'Institution judiciaire de mettre ensemble une série d'individus dont la surveillance et la répression constituent l'esquisse d'une véritable police.

Une police des étrangers ?

La chambre de Biscaye juge des étrangers inculpés d'un crime de monnaie dès la seconde partie du XVIe siècle. Elle procède par exemple contre Olivier Lux pour contrebande de monnaie d'or, d'argent et de cuivre en 1551[22]. Trois années plus tard c'est un soldat français ayant servi dans la compagnie du capitaine Diego de Carrabajal en Guipúzcoa, Jean Amiot, qui est accusé de contrebande monétaire. En 1554, Jean Amiot est poursuivi au pénal par le juge de commission Domingo de Jauregui qui l'accuse de faire sortir d'Espagne des monnaies d'argent cachées dans sa chemise en cher-

21. Girard René, *Le Bouc émissaire*, Paris, réed. Livre de Poche, 2006 (1982), p. 28-31.
22. Archivo de la Real Chancilleria de Valladolid, Sala de Vizcaya, Pleitos, Caja 1760, ex. 1.

chant à s'embarquer au port de Fontarabie, et surtout, d'être le complice d'un autre Français, Oñate Beja, arrêté avec 126 réaux à Mungia, malgré une violente résistance[23]. C'est dans le cadre d'une procédure civile, qu'en 1594, le procureur mandaté par la chambre de Biscaye, Juan Fernández Angulo, inculpe l'irlandais Enrique Taller d'exportation illégale de monnaie, sur plainte d'un tiers[24]. Le capitaine de navire, originaire de Diolin, d'abord soupçonné de vouloir porter en Irlande des quantités de monnaie introuvables, est finalement absous des différentes accusations qui pesaient sur lui par le licencié Gómez de la Puerta, grand juge de Biscaye, le 23 septembre 1594. Philippe II soutient alors ouvertement le soulèvement d'Hugh O'Neill (1594-1603) et prépare une nouvelle armada pour secourir ses alliés catholiques[25]. En 1589 déjà, des communautés irlandaises issues d'une émigration récente étaient installées sur la côte atlantique de l'Espagne : de Saint-Sébastien et Bilbao à Colindres, Santander, Viveros, El Ferrol et La Corogne[26]. En 1599, Philippe III finira par ordonner au corregidor de la seigneurie de Biscaye d'empêcher que les navires étrangers embarquent des marchandises pour les revendre dans un port ennemi, tout en prenant soin de supprimer la clause qui obligeait ces étrangers à déposer une caution, comme le réclamait la junte générale de Biscaye[27].

Les périodes de conflit, même si elles dominent les XVIe et XVIIe siècles hispaniques, ne sont pas les seules à susciter recherches, arrestations et procès contre la criminalité monétaire des étrangers de passage en Espagne. Après la découverte de fausse monnaie sur leurs navires, la chambre de Biscaye juge les Français Pedro et Guillermo Pedame entre 1601 et 1602[28]. En 1616, c'est un autre Français, le nantais Juan Baleton, âgé de 21 ans, qui est poursuivi pour des délits comparables[29]. En première instance, la procédure pénale est menée par l'alcade ordinaire de Portugalete qui, le premier, établit les faits délictueux avant de nommer un curateur à l'accusé, considéré comme mineur par la loi castillane. Juan Baleton serait arrivé de Nantes à Bilbao avec le navire français de Pedro Baneos un mois avant le début du procès. Portugalete est le port où Français et Anglais viennent acheter du fer contre de la monnaie d'or, dont la sortie hors d'Espagne est conditionnée par l'obtention d'une licence royale. Il se serait rendu à Bilbao, où il se fit enregistrer comme marchand étranger venu en cette ville pour vendre deux besaces (dont l'une est d'Angoulême). Une fois la vente conclue, il tente de rejoindre clandestinement les deux navires de Pedro Baneo, dont il semble être le représentant, pour faire sortir illégalement

23. Archivo de la Real Chancilleria de Valladolid, Sala de Vizcaya, Pleitos, Caja 1723, ex. 2.

24. Archivo de la Real Chancilleria de Valladolid, Sala de Vizcaya, Pleitos, Caja 570, ex. 1.

25. GARCÍA HERNAN, Enrique, *Irlanda y el rey prudente*, Madrid, Hermes, 2000, p. 209-246.

26. *Ibidem*, p. 208.

27. *Juntas y regimientos de Bizkaia. Actas de Villas y Ciudad*, t. III, Agosto 1589-1600, Juntas generales de Bizkaia, 1999, p. 594-595.

28. Archivo de la Real Chancilleria de Valladolid, Sala de Vizcaya, Pleitos, Caja 516, ex. 3.

29. Archivo de la Real Chancilleria de Valladolid, Sala de Vizcaya, Pleitos, Legajo 2113, ex. 5.

d'Espagne la monnaie qu'il possède, soit environ 74 doublons (liards) et demi selon l'alguazil de ville qui les découvre dans l'un de ses paquets. Pedro Baneo, lui, réussit à s'enfuir avec ses deux navires. Il est condamné par contumace pour absence de licence et refus d'inspection de son navire, à la perte de tous ses biens en Biscaye alors que Juan Baleton, désormais prisonnier, doit, lui, payer une amende de 74 doublons à l'alcade ordinaire. Suite à la pétition envoyée à la chambre de Biscaye à la demande du facteur nantais, le grand juge inhibe l'alcade de Portugalete et une fois la sentence en appel confirmée, exige de ce dernier la restitution des 74 doublons.

La chambre de Biscaye ne limite pas son activité à la seule répression de la contrebande monétaire. Elle s'attaque parfois à de véritables faux-monnayeurs venus de l'étranger. L'arrêt du corregidor de Bilbao, daté du 9 mai 1698, dénonce la présence de fausse monnaie dans la capitale provinciale[30]. Une habitante de Bilbao reçoit d'une veuve d'Antequera, quatre écus d'argent pour l'achat de divers objets, mais méfiante, elle les fait expertiser par un orfèvre de sa connaissance, Domingo de Barendica, qui les déclare faux; devant l'*alguacil* Juan de Zugasti, il explique que ces écus sont contrefaits, contiennent bien moins d'argent que la loi royale ne l'exige, n'ont pas été frappés dans un atelier royal et sont d'un poids trop léger pour être de la vraie monnaie. Le témoignage de la veuve Magdalena de Ascoabica permet ensuite de reconstituer, sous l'autorité judiciaire du corregidor de Bilbao, le parcours effectué par les quatre écus contrefaits et d'arrêter un suspect, le français Juan de Uriarte. Celui-ci, originaire de Lequeitio en France, est accusé d'être à la tête d'une véritable entreprise criminelle, avec cinq complices basques : Mariana de Gavica de Ascoa, Joan de Alboitiz et son épouse Maria Saenz de Barainca, Joan de Alboitiz Varanca, leur fils, et Mathias de Mutio. Juan de Uriarte est accusé de profiter de sa profession de coupeur dans une boucherie de Bilbao pour diffuser des fausses piastres de huit réaux, qu'il aurait rapportées de France, puis il est condamné en première instance à quatre années de galères et au bannissement perpétuel de la Biscaye, alors que ses complices supposés perdent leurs biens. Enfermé dans la prison de la ville de Bilbao, il fait appel de cette décision judiciaire devant le grand juge de Biscaye dès le 14 novembre 1698. Le nouveau procès qui s'ensuit lui permet de présenter de nouveaux témoins, dont un Français d'Ustaritz, Bernardo de Echarrutua, qui certifie que le prévenu vit de l'aumône des autres et d'argumenter que les faux écus, difficiles à reconnaître, ont été reçus par sa femme, qui de par sa nature, ne pouvait les identifier comme de la fausse monnaie et les aurait reçus de bonne foi. Le grand juge finit par révoquer la première sentence, libérant Juan de Uriarte sans frais de justice, et lui restituant ses biens séquestrés par la justice du roi. Cette sentence est confirmée par la chancellerie de Valladolid le 10 avril 1699.

Ces quelques exemples appellent plusieurs remarques sur la nature de la police des étrangers que pratique le grand juge de Biscaye pendant près

30. Archivo de la Real Chancilleria de Valladolid, Sala de Vizcaya, Pleitos, Caja 1228, ex. 2.

d'un siècle et demi. Le grand juge se montre plus intéressé à réprimer les Français que les autres communautés étrangères de la province. Comme *corregidor* il est l'homme du roi en Biscaye et se doit d'adhérer aux présupposés de la cour sur la police des étrangers. Mais, dans le même temps, l'exercice judiciaire de cette police qu'il assume demeure assez limité car il sait l'importance du commerce avec les Anglais et surtout avec la France pour la prospérité de la Biscaye. L'identité des prévenus laisse émerger la préférence des autorités pour des personnes dont le métier et le parcours professionnel montrent un certain nomadisme, c'est-à-dire une faible intégration dans la société basque. Jean Amiot est un soldat démobilisé qui tente de se reconvertir dans le commerce; Enrique Taller est un capitaine de marine; Juan Baleton est un représentant de commerce; Juan de Uriarte est présenté comme un aide boucher instable : il travaille d'abord dans la province de Guipúzcoa au service du boucher Phelipe de Urrechurti, qu'il quitte au bout de huit ans, il devient alors le laquais de Joseph de Varasti Portejo à Vergara pendant trois ans avant de s'installer à Marquina au service d'un autre boucher durant trois autres années. Pendant les deux années qui suivent, il aurait erré en Biscaye à la recherche d'un nouvel emploi avant de s'installer à Lequeitio.

Leur arrestation ne soulève donc dans la plupart des cas aucune véritable résistance sociale. Quant à l'affaire Juan de Uriarte, l'enjeu du procès change dès lors qu'il implique des Biscayens solidement intégrés. L'accusation de fabrication de fausse monnaie, abandonnée par la suite au profit de celle de contrebande de fausse monnaie, donnait au *corregidor* de Bilbao l'occasion d'élever l'affaire vers un éventuel cas de lèse-majesté[31], et de se libérer ainsi des contraintes imposées par les *fors* de la province. Mais le grand juge de Biscaye préfère toujours la prudence face à une *junte* générale qui, jalouse de ses prérogatives, défend avec acharnement le statut fiscal et juridique de la province. Cette prudence a aussi des racines financières. Selon le licencié Castillo de Bobadilla[32], conseiller de Castille et procureur de la chancellerie de Valladolid, 260 000 des 300 000 maravédis, qui constituent la rente annuelle du *corregimiento* de Bilbao et de la seigneurie de Biscaye à la fin du XVIe siècle, dépendent directement de la province et donc de ses autorités forales.

Le déploiement frustré de la majesté

Cette défense forale restreint le déploiement de la majesté judiciaire en Biscaye. Par exemple, en 1674, le *Sindico procurador*, auquel incombe la défense des *fors* de Biscaye quand la junte générale n'est pas réunie, réclame une amende de 2 000 ducats au greffier Santiago de la Toba pour avoir transmis au conseil royal les arrêts originaux d'une enquête pour

31. Pradilla, Francisco de la, *Suma de las leyes*, Madrid, Imprenta real, 1644, p. 14.
32. Castillo de Bovadilla, Jeronimo, *Política para corregidores y señores de vasallos, en tiempo de paz, y de guerra*, Amberes, Juan Bautista Verdussen, reed. 1704, t. II, p. 647.

fausse monnaie[33]. Santiago de la Toba est accusé de contrevenir aux *fors* de Biscaye et de violer l'autorité de la *junte* provinciale, et pour mieux le stigmatiser, Lopez de San Martín en fait un fraudeur. Il l'accuse aussi d'abus dans les sommes perçues pour les différentes écritures rédigées au détriment des parties. La vénalité supposée de Santiago de la Toba, qui l'aurait conduit à cacher aux parties en litige certaines pièces du procès pour leur soutirer des frais indus, vient renforcer le scandale de son attitude. Lors de plusieurs voyages à la cour, il aurait emporté non seulement les arrêts du procès en fausse monnaie mais aussi d'autres papiers sur des procédures civiles concernant des Biscayens, qui voient là leur droit d'être jugés par les leurs bafoué. Pour le procureur de la Biscaye, il n'y a pas de cas réservé qui permettrait de se soustraire à la juridiction seigneuriale de la Biscaye. Le 19 juin 1676, Santiago de la Toba (qui est aussi le greffier de la ville de Bilbao) se défend en affirmant qu'il n'avait pas à rendre compte de cette affaire à la *junte*, et que seul le grand juge est compétent pour contester cette transmission au conseil royal. Par ailleurs il contredit le procureur en rappelant qu'il est des cas d'exception qui relèvent directement de la majesté et non des *fors* de Biscaye. Charles II intervient pour rappeler les différentes commissions octroyées à Santiago de Toba et établir la légalité de ses agissements. Le conseil de Castille finit par statuer sur son cas et relève la légalité de toutes les sommes perçues, y compris celles issues de la vente des biens des faux-monnayeurs, que le procureur voulait récupérer.

Les coups de majesté, plus aptes à porter la stigmatisation du crime de monnaie sur l'étranger au royaume, doivent donc venir « directement » de Madrid. Dès juillet 1624, Philippe IV et son conseil de Castille réagissent avec fermeté, envoyant le grand juge de la cour de Navarre, Pedro de Alarcón de Ocón, mener la chasse à la criminalité monétaire en Guipuzcoa, avec les pouvoirs de haute justice d'un juge de commission[34]. Usant de la torture, il procéda contre des habitants de Saint-Sébastien et de Tolosa, allant jusqu'à incriminer l'officier des douanes *(alcalde de sacas)* d'intelligence avec l'étranger. Selon lui, la fausse monnaie de billon des Hollandais était transportée à partir des flottes de La Rochelle, Bordeaux, Bayonne et Saint-Jean-de-Luz qui faisaient le commerce des laines et du poisson avec Irún et Saint-Sébastien. Ce premier coup de force est suivi d'un second. Le licencié Geronimo de Avellaneda Manrique, à la chancellerie de Valladolid, reçoit du roi une commission extraordinaire, sous le contrôle du conseil de Castille, pour inspecter les villes de Irun, Fontarabie, El Pasaje, Saint-Sébastien, Orio, Zarauz, Guetaria, Zumaya, Deba, Motrico, Alcola, Aondarva, Lequeitio, Mundaca, Anchova, Bermeo, Portugalete, Bilbao et Guernica. L'ensemble du littoral de la Biscaye et du Guipúzcoa est concerné. Le 12 juillet 1627, les marchands de Saint-Sébastien, Pedro Fernández Pajo, Melchor Nuñez

33. Archivo de la Real Chancilleria de Valladolid, Sala de Vizcaya, Pleitos, Caja 2409, ex. 3.

34. Truchuelo García, Susana, *Gipuzkoa y el poder real en la Alta Edad Moderna*, San Sebastián, Diputación Foral de Gipuzkoa, 2004, p. 463.

Peña, Luis de Oliva y Usto se plaignent auprès du conseil de Castille parce que le commissaire Avellaneda a fait saisir leurs marchandises débarquées de Hambourg et de France sur les quais du port basque sous le prétexte qu'elles servaient à cacher l'introduction de fausse monnaie[35]. Ils lui reprochent d'abuser de sa commission pour placer sous séquestre d'autres cargaisons (citrons, tabac, toile). Dès le 26 août 1627, Philippe IV saisit le conseil de Castille sur cette question. La relation des fautes, des fraudes effectuées par les accusés, que rédige Avellaneda qui leur reproche de sortir illégalement du royaume la monnaie d'or et d'argent, met fin à ce recours. Pedro Fernández, dont la justice se rappelle alors la nationalité portugaise, est toujours emprisonné en 1629.

C'est sur commission privative qu'en 1669, le juge municipal de Bilbao, le capitaine Juan de Barraycua, peut instruire un procès pour faux monnayage, dont les pièces seront transmises en appel directement au conseil de Castille, cour suprême de justice du royaume[36]. Cette affaire de faux monnayage commence par l'arrestation d'un Français de Bayonne, Pedro de Ugaz, dont les biens sont confisqués. Son emprisonnement permet l'arrestation de ses supposés complices. L'un d'entre eux, le capitaine Juan de Montano, est interrogé dès le 9 décembre 1669. Échevin du conseil de San Jurce, il reconnaît fréquenter les autres complices de l'entreprise criminelle, Juan de Zecanda, Martín de Cehabarria, Joseph de Visategui, Domingo de Larrave et le prisonnier Pedro de Ugaz. Dans l'interrogatoire qu'il mène, Juan de Barraycua insiste sur le rôle supposé de toutes ces personnes dans la fabrication de fausse monnaie et dans sa diffusion sur la côte espagnole à partir des ports français d'Hendaye et de Bayonne. L'accusation portée par Juan de Barraycua se fait ensuite plus précise : des maisons serviraient de dépôt à Bilbao et dans ses environs, c'est-à-dire dans des lieux dépeuplés où vivraient des maîtres artisans français, fabricateurs de fausse monnaie et bien équipés en marteaux et en faux sceaux du roi catholique. Les campagnes basques seraient envahies par des faux-monnayeurs français. En réalité, au moment où l'alcade de Bilbao interroge Juan de Montano, plusieurs perquisitions de ses auxiliaires ont permis de découvrir dans la maison de Juan de Otaola une grande quantité de faux doublons et dans celle de Concepción de Goyareu un millier de faux réaux. Les maisons de Mariana de Llona sur la Ribera del coronal de la ville de Bilbao sont elles aussi inspectées dès le 16 octobre 1669. Les gens de l'alcade ordinaire y trouvent 69 pains de goudron et des ouvrages de métal. L'accusé, Juan de Montano, nie les faits qui lui sont reprochés mais finit par avouer qu'il s'est rendu chez Domingo de Orma pour lui remettre du sucre et du plomb, après que ce dernier eut conclu avec un certain Dubrocart la vente de bois et d'une embarcation. Un autre témoin, Domingo de Zalduamaguregui, vezino de Bilbao, est interrogé le 20 décembre suivant pour savoir si le français Pedro de Ugaz vient régulièrement à Bilbao depuis 1668 et s'il est bien maître de pinasse à Bayonne.

35. Archivo Histórico Nacional, Consejos, Legajo 29616, ex. 11.
36. Archivo Histórico Nacional, Consejos, Legajo 25925, ex. 4.

Parallèlement, dès 1670, une deuxième procédure pénale est ouverte par l'autre alcade de Bilbao, le capitaine Pablo de Alçueta y Bertiz, à l'encontre de Juan de Otoala y Ruchi, Martin de Echabarria, Joseph de Ussategui, Juan de Zecanda et Domingo de Larrave, tous en fuite. Les autorités judiciaires font traduire du français au castillan, les livres et papiers saisis chez Juan de Otaola. C'est à partir de cette découverte que sont réalisés de nouveaux interrogatoires et de nouvelles arrestations. Concepción de Goyarens, âgée de 34 ans, est assignée à sa résidence, rue Tenderia à Bilbao, et prétend ne pas savoir lire ses propres livres de comptes, qui ont été saisis avec l'ensemble de ses biens. Ces livres de comptes sont ensuite vérifiés, amenant les enquêteurs à interroger Damian de Guendica, Pedro de Zavalaorue, ainsi que deux Anglais, Ricardo Aclan et Nicolas Chines, qui exhibent leurs propres livres de compte pour montrer qu'ils concordent avec ceux de Concepción de Goyarens. Les Anglais déclarent que l'accusée leur doit 6076 réaux de billon et 40 réaux d'argent. Une dernière relation, Bartolomé Baqur, déclare avoir reçu de Concepción de Goyarens pour paiement d'une dette, la somme de 19032 réaux d'argent qu'il a inscrite dans son livre, et rajoute qu'elle doit encore 2953 réaux d'argent à son frère. Ils n'en sont pas moins suspectés de complicité et leur maison est placée sous la surveillance de deux gardes. L'emprisonnement de Concepción de Goyarens a fait grand bruit et de nombreux créanciers viennent désormais réclamer leur dû auprès du juge.

L'affaire de fausse monnaie connaît un nouveau rebondissement avec l'emprisonnement d'un facteur, Domingo Larrave. Âgé de 25 ans, il est installé comme marchand à Nájera avec un certain Francisco. Le juge le soupçonne de s'être rendu dans cette ville le 14 août 1669, après deux jours de voyage, et d'y avoir résidé trois mois dans un couvent franciscain sous la protection du frère Miguel de la Guerta, avant de revenir de nuit à Bilbao, où il a été intercepté alors qu'il voulait ajuster ses comptes avec ses correspondants. Il aurait été prévenu de l'évolution de la procédure pénale par le courrier d'un de ses complices. Domingo Larrave nie ces accusations mais reconnaît s'être rendu à Bayonne pour recevoir de Juan de Leranda cinq quintaux de métal et une pinasse. Mais les lettres saisies sur sa personne montreraient que l'accusé aurait demandé à son frère, Juan de Larrave, un franciscain, de conserver un objet dans son couvent à Nájera. Les nouveaux éléments matériels de l'affaire entraînent l'interrogatoire de nouveaux témoins, dont l'épouse du prévenu, Maria de Ecorriaga, qui le 2 février 1670, déclare savoir lire et écrire, avant d'avouer que la lettre retrouvée sur la personne de son mari est bien celle de Juan de Larrave, comme le livre de compte saisi. Un autre témoin, Pedro de Abizuvez, reconnaît que l'accusé s'est bien enfui pendant la nuit en 1669, en lui disant que la justice avait procédé à plusieurs arrestations pour faux monnayage. Un autre témoin, *alguazil* de Bilbao, Paschoal de Ynchaurraga, confirme ces dires et reconnaît que Domingo Larrave a fait irruption dans sa chambre le soir à 7h30 avant de fuir la ville. À la suite de ces nouveaux témoignages, le juge décide de réinterroger Domingo Larrave. Son interrogatoire nous montre que le magistrat pense qu'il existe une troisième place de faux-monnayeurs, Saint-Jean-de-Luz, et que l'accusé est retourné clandestinement à Bayonne sur un navire français.

La chronique de cette procédure pénale révèle la présence d'un portrait judiciaire du Français faux-monnayeur. La fausse monnaie est toujours française. Même si elle est produite dans l'arrière-pays basque, elle demeure française car les matériaux nécessaires à cette entreprise sont supposés français de fabrication et achetés à Bayonne. Le procès de Bilbao insiste sur le rôle des marchands et des artisans français. C'est d'ailleurs et d'abord un Français que l'on arrête, laissant le temps de fuir à ses complices locaux. L'enquête pourtant ne prouve pas que l'entreprise soit dirigée par des Français, malgré l'insistance du juge à faire de Bayonne, Saint-Jean-de-Luz et Hendaye le cœur du réseau criminel. Ce réseau utilise d'ailleurs les routes commerciales terriennes et maritimes de la frontière française comme il en utilise les hommes. Les différents témoignages contenus dans les actes de ce procès montrent en effet de larges complicités locales. Certains officiers locaux comme un *alguazil* sont indirectement compromis. Un couvent franciscain est accusé de protéger les accusés et de faire le jeu de l'étranger.

Nous ne pouvons que constater l'intégration sociale du faux-monnayeur, dont l'entreprise collective est fort bien implantée dans la société locale. C'est là sans doute ce qui justifie le coup de majesté, seul capable de réprimer les faux-monnayeurs français lorsqu'ils sont soutenus par une partie de la société basque.

•

Du XVIe au XVIIe siècle, la monarchie hispanique attache la criminalité monétaire à la notion de frontière, tant sa politique monétaire relève de l'exercice de sa souveraineté, dans un contexte guerrier de plus en plus affirmé. De ce fait, les provinces basques sont appelées à représenter le paradigme de cette réalité, aussi bien dans l'esprit des conseillers du roi et de l'administration judiciaire qui en dépend, que dans l'abondante littérature des donneurs d'avis et la pensée politique de la décadence espagnole. Le faux monétaire devient, dans ce contexte, constitutif de la guerre, et dès le début du XVIIe siècle avec les faux billons, une véritable arme de guerre entre des puissances hostiles, même lorsqu'elles respectent une bonne entente apparente entre elles. C'est par exemple le cas entre le roi catholique et les rebelles hollandais pendant la trêve des douze ans (1609 à 1621) ou entre Madrid et Paris après la paix de Vervins, de 1598 à 1635. Le principe de défense de la monarchie catholique qui en découle, assimilé à la défense de la monnaie comme l'expression de la « souveraineté » du roi catholique, fait de l'ensemble des violations du *ius monetae* l'un des éléments moteurs de la fabrique d'une police des étrangers, non sans impliquer des conflits entre les différentes autorités pour accaparer ce nouveau champ d'action, entre la cour et les provinces basques attachées à leur statut fiscal et à leurs intérêts commerciaux.

Les résistances sont constantes car les élites politiques locales investissent massivement dans le commerce de contrebande[37]. Il n'en demeure pas moins que s'affirme un lien entre la criminalité monétaire des étrangers et les réseaux traditionnels de la contrebande[38]. La contrebande monétaire utilise les mêmes réseaux et les mêmes routes maritimes et littorales ; elle implique des lieux interlopes comme les ports atlantiques de Bilbao, Saint-Sébastien, Irun, Hendaye, Saint-Jean-de-Luz, Bayonne et Nantes.

L'intégration de cette économie de l'illicite dans la société basque comme la résistance de la junte de Biscaye à l'application des mesures demandées par la monarchie au *corregidor* de Bilbao, oblige le conseil de Castille à promouvoir de nouvelles procédures judiciaires pour y affirmer son influence et développer des « coups de majesté » inachevés plus qu'une réelle politique de répression continue des étrangers criminels de monnaie. Le déploiement de la justice souveraine du conseil de Castille par l'envoi de commissaires dotés d'une juridiction privative d'exception ou par la reconnaissance d'une délégation particulière à un juge local étroitement contrôlé depuis Madrid, ne suffit pas systématiquement à déplacer le crime monétaire vers la lèse-majesté, c'est-à-dire la justice réservée du seul monarque. Néanmoins, il s'agit là d'événements qui fonctionnent comme autant de signes témoignant de la suprématie symbolique de l'autorité royale. Plus encore qu'un objet de répression, le faux monétaire représente, au sein d'une criminalité de monnaie bien plus ample, un vecteur de connaissance gouvernementale sur les communautés étrangères établies dans les ports atlantiques. Répressions judiciaires, résistances forales et sociales, luttes des pouvoirs locaux et de la cour madrilène, la bataille pour asseoir le pouvoir monétaire de la monarchie catholique instrumentalise la police des étrangers. En ce sens, l'expérience hispanique et atlantique du crime de monnaie des étrangers conduit l'expérience de l'« État monarchique ».

---

37. C'est le cas, par exemple, d'Ochoa de Otañes Salazar (1598-1653) qui, familier de l'Inquisition depuis 1633, occupe à plusieurs reprises les fonctions d'échevin de Portugalete entre 1620 et 1648, ainsi que celles d'*alcade* (juge local) entre 1628 et 1653, et de *Sindico Procurador General* entre 1639 et 1651, cette dernière charge lui permettant de défendre devant la *junte* générale de Biscaye la réforme des ordonnances royales de 1615 sur le trafic du vin dont il faisait la contrebande depuis au moins 1646. Ochoa de Otañes investit dans diverses activités, licites et illicites, touchant aussi bien le trafic maritime avec Lisbonne et les Flandres, que la course, le commerce du sel, du fer ou la vente des navires, développant des échanges avec les pays ennemis de l'Espagne ou en révolte contre le roi catholique. Pérez Hernández, Santiago, « Un familiar del Santo Oficio en un puerto vasco durante la primera mitad del siglo XVII. Ochoa de Otañes en su comunidad », *Revista de la Inquisición*, 2001, n° 10, p. 283-333.

38. Pour une synthèse sur les réseaux de la contrebande dans l'espace atlantique, Mantecón Movellán, Tomás A., « Les réseaux de contrebandiers dans les ports atlantiques de Castille au cours du XVIIe siècle », Saupin, Guy (dir.), *Villes atlantiques dans l'Europe occidentale du Moyen Âge au XXe siècle*, Rennes, PUR, 2006, p. 315-335 ; Alloza Aparicio, Ángel, *Europa en el mercado español. Mercaderes, represalias y contrabando en el siglo XVII*, Salamanca, Junta de Castilla y León, 2006.

RÉSUMÉ

Entre 1551 et 1700, dans un contexte guerrier de plus en plus affirmé, la monarchie hispanique rattache la criminalité monétaire à la notion de frontière. Attachée à l'exercice de sa souveraineté, elle voit dans les provinces basques (et notamment dans la seigneurie de Biscaye) le laboratoire d'une nouvelle répression des crimes de monnaie, tournée vers la police des étrangers et vers l'affirmation de la majesté du roi catholique. L'étude des sources judiciaires et administratives montre les difficultés et les résistances qu'une telle politique peut susciter dans les sociétés littorales de l'Espagne atlantique.

ABSTRACT

Between 1551 and 1700 in a military context, the Hispanic monarchy linked crime of money to the notion of border. Attached to the exercise of its sovereignty, the crown saw in the Basque Provinces (especially in the Lordship of Biscay) the laboratory of a new crackdown on crimes of money, focused on the aliens police and the affirmation of majesty. The study of judicial and administrative sources shows the difficulties and resistance that such policy may generate in the coastal societies of Spain Atlantic.

Annales de Bretagne et des pays de l'Ouest

(Anjou – Maine – Poitou-Charente – Touraine)

Table générale

(Tome 116 – année 2009)

Articles

Comptes rendus

QUELQUES RÈGLES DE PRÉSENTATION DES TEXTES À L'USAGE DES AUTEURS

1 – Indiquer sous le titre de l'article la qualité et l'adresse institutionnelle de l'auteur
Ex. : Xxxx Xxxxxx, maître de conférences en histoire contemporaine, université de X., groupe de recherches de rattachement.

2 – Remplacer les majuscules par des petites capitales pour les noms d'auteurs et les siècles : XVe siècle et non XVe siècle.
Accentuer les majuscules.

3 – Abréviations : en user le moins possible
Pas d'abréviations pour le nom des revues, surtout pour les revues locales qui ne sont connues que des locaux.
Pour les dépôts d'archives :
- ne pas mettre ADIV ou AD 35 mais : Arch. dép. d'Ille-et-Vilaine, du Morbihan... ;
- préférer Arch. nat. à AN;
- mettre les noms des bibliothèques en entier.

Développer les sigles entre parenthèses lors de leur première occurrence.

4 – Références bibliographiques
- **mettre toujours et partout les prénoms et les noms** (ne pas abréger le prénom par une initiale);
- **utiliser les petites capitales** pour le nom propre et non les majuscules, utiliser les minuscules pour le prénom; les séparer par des virgules.

NOM, Prénom, *Titre de l'ouvrage en italique*, Lieu d'édition, éditeur, « collection » (éventuellement), année, pages.
Une bibliographie peut être donnée en fin d'article si cela est nécessaire.

5 – Forme des notes
Préférer la forme traditionnelle (référence biblio. développée lors de sa première occurrence, abrégée ensuite) à la forme anglo-saxonne (nom, date, page).

6 – Titres et sous-titres
Il est préférable de s'en tenir à deux niveaux. Mais si cela s'avère nécessaire afin de ne pas obtenir de trop longues pages trop compactes, un troisième niveau d'intertitres peut être utilisé.

7 – Cartes et documents photographiques
- Les cartes au trait devront être d'une **EXCELLENTE QUALITÉ GRAPHIQUE** sans collage hasardeux ni légende manuscrite.
- Il est toujours préférable de **FOURNIR LES ORIGINAUX**, sinon, un fichier informatique au format .EPS, .AI pour les cartes et plans ou .TIF pour les photographies. en aucun cas les images seront intégrées au fichier word seulement : **IL FAUT ÉGALEMENT LE FICHIER SOURCE.**

8 – Autres questions non évoquées ici...
consulter la rédaction à l'adresse ci-dessous.

9 – Donnez une adresse mail et téléphone où l'on puisse vous joindre facilement au moment où l'on fait la mise en page de votre article.

Contact

Annie ANTOINE, Secrétaire de l'Association pour la publication des ABPO
université de Rennes 2, Département Histoire,
Place du Doyen-Henri-Le-Moal – 35043 RENNES Cedex
e-mail : *annie.antoine@uhb.fr*

Les manuscrits sont à envoyer à l'adresse ci-dessus

Ouvrage achevé d'imprimer
sur les presses du service reprographique
de l'université Rennes 2 Haute-Bretagne
en avril 2010

Imprimé en France